"十二五"普通高等教育本科国家级规划教材

# 安全心理与行为管理

## （第三版）

ANQUAN XINLI
YU XINGWEI GUANLI

邵 辉 主编

U0222813

化学工业出版社

·北京·

## 内容简介

《安全心理与行为管理》(第三版)通过对心理学、行为学、管理学与安全科学的融合，综合运用这些学科的基本原理、方法，探讨了人的心理与生理过程，研究了生产过程中人的行为与安全生产的关系问题，揭示了人在生产过程中的行为规律，从安全心理与行为管理的角度分析、预测和引导人的安全生产行为。

《安全心理与行为管理》(第三版)共分8章，分别为概论、人的心理特征与安全、生产过程中人的生理心理状态与安全、人的行为与安全、影响人心理与行为的生产环境因素、安全管理行为与安全、安全文化与安全行为管理、心理压力疏导。

《安全心理与行为管理》(第三版)可以作为高等院校安全工程、消防工程、应急技术与管理、安全管理工程等专业的教学用书，也可供企业的安全和技术管理人员参考，也适合作为企业安全管理培训用书，还可作为安全科学与工程专业研究生的辅助教材。

**图书在版编目(CIP)数据**

安全心理与行为管理 / 邵辉主编. — 3 版. — 北京:
化学工业出版社，2024.9

"十二五"普通高等教育本科国家级规划教材

ISBN 978-7-122-45768-4

Ⅰ.①安… Ⅱ.①邵… Ⅲ.①安全心理学-高等学校
-教材 Ⅳ.①X911

中国国家版本馆 CIP 数据核字(2024)第 108070 号

---

责任编辑：杜进祥 高 震 马泽林 孙凤英
责任校对：王鹏飞 装帧设计：韩 飞

---

出版发行：化学工业出版社
 (北京市东城区青年湖南街 13 号 邮政编码 100011)
印 装：河北延风印务有限公司
787mm×1092mm 1/16 印张 16¼ 字数 392 千字
2024 年 10 月北京第 3 版第 1 次印刷

---

购书咨询：010-64518888 售后服务：010-64518899
网 址：http://www.cip.com.cn

---

# 前　言

《安全心理与行为管理》（第二版）自 2017 年再版以来，在安全人才培养与安全生产教育培训方面发挥了积极的作用。"国家安全是民族复兴的根基，社会稳定是国家强盛的前提"。党的二十大报告指出："坚持安全第一、预防为主，建立大安全大应急框架，完善公共安全体系，推动公共安全治理模式向事前预防转型。推进安全生产风险专项整治，加强重点行业、重点领域安全监管。提高防灾减灾救灾和重大突发公共事件处置保障能力，加强国家区域应急力量建设。"教材第三版从安全生产管理的工程应用出发，强化生产过程中人的安全心理调节，促进人的安全行为规范，为安全生产提供支撑保障。

本次修订对第二版教材的章节结构、篇幅进行了适当的调整，对相似的、陈旧的、过于理论化的内容进行了合并、压缩与删除。如取消原第 8 章不安全行为的预防与控制，将其内容压缩为第 4 章的 4.5 节不安全行为预防与控制，增加新的第 8 章心理压力疏导，删除了原 1.2.3.4 安全心理学研究的原则、2.4.4 能力与安全、4.2.1 人的行为模型、5.4 生产环境的振动与安全、6.6 领导行为与安全，同时每章都增加了一定数量的数字化拓展阅读资源（采用二维码扫码阅读），增强读者对最新安全心理与行为管理研究发展趋势的了解。

第三版修订由邵辉担任主编，并对第 1、6、7 章进行了修订。邵小晗老师编写了新增第 8 章心理压力疏导，并对第 2、3、4、5 章进行了修订，同时担负了全书的最后校正工作。另外毕海普老师、葛秀坤老师，研究生田雷、张清清同学对第三版的修订也做了大量的工作。

本次教材修订得到江苏省高等教育教改研究重点课题（解决复杂安全工程问题能力培养的线上线下混合式教学模式研究，苏高教会〔2021〕42 号，2021JSJG127）、国家一流本科专业建设点（安全工程，教高厅函［2019］46 号）、教育部首批虚拟教研室建设培育点（石油化工安全技术课程虚拟教研室，教高厅函［2022］2 号）、安全工程江苏省高校二期品牌专业（苏教高函〔2021〕3 号）、催化协同创新中心"2011 计划"专项项目（能力导向创新型化工环境安全类研究生培养模式研究，ACGM2020-04）等课题项目的资助。同时还得到江苏省教育厅、常州大学有关领导及相关部门的关心与支持，在此向他们表示衷心的感谢！

在本书的编写、修订过程中，参考了大量的资料，特向这些资料的作者致谢，同时对化学工业出版社的大力支持表示感谢！

编　者
2024 年 1 月

# 第一版前言

《安全心理与行为管理》是在心理学、行为学和安全科学的基础上，综合心理学、行为学、管理学、人类工效学等学科的成果而形成的一门独立学科。它通过对人的心理过程、生理行为的研究，揭示人在生产过程中的行为规律，从安全管理的角度分析、预测和引导人的行为，是为保障人类安全、健康和安全生产的一门应用性学科。

《安全心理与行为管理》以生产过程中人的心理过程、心理特征为研究基础，突出生产过程中与事故关联的人的行为研究。人的行为受个性心理、社会心理和环境等因素的影响。生产中引起人的不安全行为、造成的人为失误和"三违"的原因是复杂的。如何从人的心理方面加强对安全的认识和理解，规范人的安全行为，合理有效地进行人的安全行为管理，是现代企业安全管理必须研究的重要问题。人们已认识到通过研究人的心理特征和行为规律，激励安全行为，避免和克服不安全行为，对于预防事故具有重要作用和积极的意义。

本书是作者在多年教学和科研的基础上，考虑到近年来安全工程技术迅速发展的状况，以及广大技术人员和管理人员进行知识更新的需要而编写的。本书从安全心理与行为的基本知识和原理入手，系统地介绍了安全心理与行为管理在安全生产中的应用，阐述了安全心理与行为管理的理论基础。通过对生产过程中人的心理与行为分析，力图从机理上探究人的行为与事故的关系，寻求对人不安全行为的预防和控制对策，为安全生产中人的安全行为管理提供理论与技术支持。

在编写过程中，作者力求将基本理论、分析方法与安全生产中人的具体安全行为问题相结合，既注意提高安全管理理论水平，又注重解决实际问题。在对理论和分析方法的阐述中强调了实用性和可操作性。在风格上力求简明性和趣味性。在表述上力求深入浅出，语言简练明了，案例生动有趣。

本书由常州大学邵辉教授（第1、2章）、邢志祥教授（第5章）、王凯全教授（第8章）、赵庆贤讲师（第4章）、葛秀坤讲师（第6章）、安徽财贸职业学院邵峰高级工程师（第3、7章）编写，邵辉教授承担全书的统调和统审。

在本书编写过程中，作者参阅和利用了大量文献资料，在此对原著作者表示感谢。由于作者水平有限，书中存在一些不当之处，敬请专家、读者批评指正。

本书的编写得到化学工业出版社的大力支持和帮助，一并表示感谢！

**编　者**
**2011 年 1 月**

# 第二版前言

《安全心理与行为管理》自 2011 年出版以来，得到兄弟院校的大力支持与认可，2014 年又被评选为"十二五"普通高等教育本科国家级规划教材。为了更好地发挥《安全心理与行为管理》在安全工程专业人才培养、安全生产教育培训中的积极作用，我们结合多年的教学实践对教材进行了全面修订，形成《安全心理与行为管理》（第二版）。

本次修订以工程教育认证的毕业要求为指导，遵循"培养具有人文社会科学素养、社会责任感，具有健康心理与安全行为范式的、能够在工程实践中遵守职业道德和行为规范、履行责任的安全工程专业人才"的培养目标，重点解决安全生产过程中的安全心理与行为问题。

本次修订在保持原教材章节结构、篇幅的基础上，对相似的、陈旧的、过于理论化的内容进行了适当的合并与删除，增加了案例反思、复习思考题等内容，力求使教材的内容更加易于理解、贴近工程实际。

参加第二版修订的有邵辉、赵庆贤、葛秀坤、邵峰、毕海普、欧红香等老师，邵小晗、张晓磊等老师也做了大量工作，在此向他们的辛勤劳动表示感谢！

本次教材修订得到江苏省教育厅、常州大学、化学工业出版社的大力支持和帮助，得到江苏省高校品牌专业建设工程一期项目（苏教高【2015】11 号，PPZY2015B154）资助，在此一并表示感谢！

编　者
2016 年 12 月

# 目录

# 3 生产过程中人的生理心理状态与安全　72

# 4 人的行为与安全　92

# 5 影响人心理与行为的生产环境因素    **155**

# 8 心理压力疏导 233

# 参考文献 244

## 本书拓展阅读

# 1 概　论

安全是人类生存与发展永恒的主题，习近平总书记在党的二十大报告中强调，"我们要坚持以人民安全为宗旨"。

安全生产是社会文明和进步的重要标志，同时是国民经济稳定运行的重要保障。就学科性质而言，安全科学技术既不单纯地属于自然科学，也不单纯地属于社会科学，国家标准《学科分类与代码》（GB/T 13745—2009）明确提出安全科学技术是位于自然科学与社会科学之间的综合学科。

## 1.1　安全的相关概念与基本原理

### 1.1.1　安全与危险

安全与危险是系统中对立统一的两个方面，它们之间的逻辑关系可用图 1-1 表示。

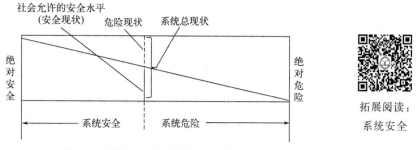

拓展阅读：
系统安全

图 1-1　系统安全与系统危险的关系

由图 1-1 可见，在图的最左边其安全值为 1（即绝对安全），在图的最右边其危险值为 1（即绝对危险）。在实际系统中，这两种状态（或者说绝对安全的系统或绝对危险的系统）都是不存在的。实际系统由于受到当时社会、经济、技术等条件的限制，在社会允许的安全水平下处于这两种状态之间，绝对安全的系统只是安全工作的目标，安全管理就是使系统稳定、渐进地向图的左边发展。

安全与危险的逻辑关系可用式（1-1）表示：

$$s = 1 - R \tag{1-1}$$

式中　$s$——系统的安全性；

　　　$R$——系统的风险。

在工作中，更多的是用"安全"这一正面词语来描述系统的状态（当然也可以从反面用

"危险"来描述系统的状态）。什么是安全？本书引用美国安全工程师学会（ASSE）编写的《安全专业术语辞典》和《英汉安全专业术语辞典》中的安全定义为：

安全意味着可以容忍的风险程度。

该定义包含三层意思：一是人对系统的主观认识；二是可以容忍的风险标准；三是人对系统的主观认识结果与可以容忍的风险标准的比较分析过程。

系统安全的思想认为，世界上没有绝对安全的事物，任何事物中都包含有不安全的因素，具有一定的危险性，现实系统总是在安全与危险的矛盾之中不断发展。

安全是人们通过对系统的危险性和允许接受的限度相比较而确定，安全是主观认识对客观存在的反映，这一过程可用图 1-2 加以说明。

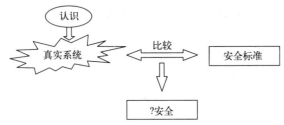

图 1-2　安全的认识逻辑过程

安全工作的首要任务就是在主观认识能够真实地反映客观存在的前提下，在允许的安全限度内，判断系统危险性的程度。在这一过程中要注意：一是认识的客观、真实与全面性；二是安全标准的科学、合理性。安全伴随着人们的一切活动过程，它表达了系统的一种状态，与时、空密切相联系。

为了定性、定量地分析、评价系统的安全性而引入风险的概念。

风险的基本意义就是包含未来结果的不确定性和损失。不确定性表明当风险存在时，至少有两种可能的结果，只是面对风险时无法知道哪种结果将出现。损失说明，后果中有一种可能性是不尽人意的，可能是经济的损失、人员的伤亡、设备的损坏、人的精神或心理方面的痛苦等。风险可以用式(1-2) 表示：

$$R = pL \tag{1-2}$$

式中　　$R$ ——风险；

　　　　$p$ ——危险发生的可能性（概率），是某种危险事件或显现为事故的总的可能性；

　　　　$L$ ——危险的严重度，是某种危险引起事故可能最严重后果的估计。

## 1.1.2　危险源、事故隐患、意外事件、事故的逻辑关系

危险源、事故隐患、意外事件、事故是安全管理中非常重要的几个概念。

（1）危险源　危险源泛指可能导致事故的潜在的不安全因素。任何系统都不可避免地存在某些危险源，而这些危险源只有在发展为事故隐患并在触发事件的触发下才会产生事故。

有关危险源的分类方法很多，现在比较流行的是两类危险源分类：

第一类危险源：根据能量意外释放理论，能量或危险物质的意外释放是伤亡事故发生的本质。于是，把生产过程中存在的，可能发生意外释放的能量（能源或能量载体）或危险物质称为第一类危险源。

第二类危险源：导致能量或危险物质约束或限制措施破坏或失效、故障的各种因素，称

为第二类危险源。它主要包括物的故障、人的失误（不安全行为）和环境因素。

一起伤亡事故的发生往往是两类危险源共同作用的结果。第一类危险源是伤亡事故发生的能量主体，决定事故后果的严重程度；第二类危险源是第一类危险源造成事故的必要条件，决定事故发生的可能性。

（2）事故隐患　　隐患是指隐藏的祸患，事故隐患即隐藏的、可能导致事故的祸患，事故隐患是人们在实践中形成的共识用语，是指人的不安全行为、物的不安全状态或不良的环境因素等。

（3）意外事件　　本书所表达的意外事件是指生产活动偏离了原来设计的路径（或状态），但没有形成伤害（或损失）后果的状态。

（4）事故　　一般是指造成死亡、疾病、伤害、损坏或者其他损失的意外事件。

上述四个概念在系统的时间发展序列中，是同一事物所表现的不同状态，它们之间的逻辑关系可用图 1-3 表示。由图 1-3 可见，在系统中危险源是客观存在的，从危险源发展到事故，在时间的发展序列中要经过若干环节，在这些环节之间都有一定的保护层，只有当所有保护层都失效了，危险源才有可能发展到事故。同时也告诉我们，危险源到事故不是直接的关系，需要经过若干时间节点，这为事故的预防提供了理论依据（包括时间和空间）。

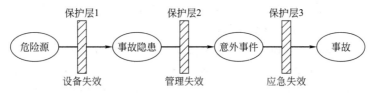

图 1-3　在时间序列上危险源、事故隐患、意外事件、事故的逻辑关系

正确认识与理解危险源、事故隐患、意外事件、事故的逻辑关系，是落实习近平总书记提出的"要加强风险评估与监控预警"安全管理要求，对做好安全生产工作具有重要意义。

## 1.1.3　安全原理

### 1.1.3.1　海因里希工业安全理论

1931 年，美国的 W. H. Heinrich（海因里希）在《工业事故预防》（Industrial Accident Prevention）一书中，阐述了根据当时工业安全实践总结出来的工业安全理论，又称为"海因里希 10 条"，主要内容如下。

（1）工业生产过程中人员伤亡的发生，往往是处于一系列因果连锁的末端事故的结果；而事故常常起因于人的不安全行为和（或）机械、物质（统称为物）的不安全状态。

（2）人的不安全行为是大多数工业事故的原因。

（3）由于不安全行为而受到了伤害的人，几乎重复了 300 次以上没有造成伤害的同样事故。即人在受到伤害之前，已经经历了数百次来自物方面的危险。

（4）在工业事故中，人员受到伤害的严重程度具有随机性质。大多数情况下，人员在事故发生时可以免遭伤害。

（5）人员产生不安全行为主要有以下原因。

① 不正确的态度。

② 缺乏知识或操作不熟练。

③ 身体状况不佳。

④ 物的不安全状态或不良的环境。

（6）防止工业事故的四种有效方法是：工业技术方面的改进；对人员进行说服、教育；人员调整；惩戒。

（7）防止事故的方法与企业生产管理、成本管理及质量管理的方法类似。

（8）企业领导者有进行事故预防工作的能力，并且能把握进行事故预防工作的时机，因而应该承担预防事故工作的责任。

（9）专业安全人员及车间干部、班组长是预防事故的关键，他们工作的好坏对做好事故预防工作有影响。

（10）除了人道主义动机之外，下面两种强有力的经济因素也是促进企业事故预防工作的动力。

① 安全的企业生产效率高，不安全的企业生产效率必然低。

② 事故后用于赔偿及医疗费用的直接经济损失，只不过占事故总经济损失的20％。

海因里希的工业安全理论主要阐述了工业事故发生的因果连锁论、人与物的关系、事故发生频率与伤害严重度之间的关系、不安全行为的原因等工业安全中最基本的问题。

海因里希曾经调查了美国的75000起工业伤害事故，发现98％的事故是可以预防的，只有2％的事故超出人的能力，是不可预防的。在可预防的工业事故中，以人的不安全行为为主要原因的事故占88％，以物的不安全状态为主要原因的事故占10％。

海因里希通过对55万件机械事故的统计分析，其中死亡、重伤事故1666件，轻伤48334件，其余则为无伤害事故，从而得出一个重要结论：在机械事故中，死亡或重伤、轻伤和无伤害事故的比例为1∶29∶300。该比例表明，伤害事故之前已经历了数百次没有带来伤害的事故，也就是说，在每次事故发生之前已经反复出现了无数次不安全行为和不安全状态。应该注意的是，事故是一种意外事件，本身并无轻重之分，只能说事故的结果为无伤害、轻微伤害或严重伤害。

### 1.1.3.2 安全的基本原理

实现活动的安全过程，必须遵循安全的基本原理。

（1）安全系统论原理 安全系统论原理是安全的最基本原理，安全工作必须从系统的角度出发，从系统的结构、功能、运行模式等方面着手，应用系统论的方法与原理对系统进行深入、细致的分析，充分了解和查明系统存在的危险性，评估事故发生的概率和可能产生的危害程度，提出合理、可靠的对策措施，解决生产过程中的安全问题，达到消除危险、防止事故的发生，保障人身财产安全。

拓展阅读：
管理原理

（2）安全信息论原理 安全信息是安全活动的前提与基础，是系统安全状态对外的一种表现。通过对安全信息的了解与研究，可以掌握系统的安全动态变化，适时对系统作出相应的反应，保障系统的过程安全。安全信息论原理就是将信息论的方法与原理应用于安全过程。探讨安全信息的定义、类型、获取、处理、存储、传输与应用技术，为安全过程提供安全信息保障。

（3）安全经济学原理 安全生产需要付出成本，要进行安全投入。从经济学观点出发，要解决两个基本问题：

① 在同时满足安全标准条件下，能否使安全投入和消耗最优；

② 在有限的安全投入条件下，能否使安全实现最大化。

人类的安全水平很大程度上取决于经济水平，经济问题是安全问题最重要根源之一，对安全的相对性、安全标准的时效性具有重大影响。

安全经济学是研究和解决安全经济问题的，它是一门经济学，但又不是一般意义上的经济学。安全经济学原理就是应用经济学的基本原理研究安全的经济（利益、投资、效益）形式和条件，通过对人类安全活动的合理组织、控制和调整，达到人、技术、环境的最佳安全效益。

（4）安全行为原理 安全行为是安全生产的基本前提，而劳动者在生产过程中所表现出来与事故有关的、有意识的动作总和则是不安全行为。安全行为原理就是应用行为学的原理，研究人在生产过程中的安全行为规律，解释人的安全行为动机与需要，为控制人的不安全行为提供方法与理论指导。

（5）安全风险管理原理 安全风险管理原理就是应用安全风险学的基本方法与原理，对生产过程进行风险识别、风险的估测与评价、风险的控制、风险的决策，选择最佳的风险管理控制技术和财务技术，以最小的成本实现最大的安全保障。

（6）安全人机学原理 安全人机学原理就是从安全的角度出发，运用人机工程学、机械工程学、可靠性等理论与方法，为设计制造安全可靠的机器设备提供安全技术资料，对机器设备的结构设计、信息显示及控制设计提出基本的安全要求和设计准则，保证人-机-环系统安全、和谐地运行。

在安全人机学原理中强调"人"的因素，建立以人为核心的理念，指出人在安全中的双重地位，人一方面是安全保护的对象，另一方面人又是安全实现的基础，"人"是安全人机学原理的研究对象。

# 1.2 安全心理学概述

## 1.2.1 安全心理学与人的心理现象

人类在漫长的发展历史中，经历了无数次的事故，留下了惨痛的教训。这些事故为什么发生？它们与人自身有无关系？能否从人的因素角度来预测、预防和控制事故的发生？于是以解释、预测和调控人的行为为目的，通过研究、分析人的行为，揭示人的心理活动规律，最终达到减少或消除事故的科学诞生了，这就是安全心理学。

（1）安全心理学 安全心理学是应用心理学的原理和安全科学的理论，讨论人在劳动生产过程中的各种与安全相关的心理现象，研究人对安全的认识、情感以及与事故、职业病作斗争的意志。也就是研究人在对待和克服生产过程中不安全因素的心理过程，旨在调动人对安全生产的积极性，发挥其防止事故的能力。

人的心理活动发生在头脑内部，是不能直接观察或度量的。那么怎样去了解呢？幸好，心理活动有外部的行为表现，并且人们外显的行为表现是受内隐的心理活动支配的。比如说：你哭是因为你悲伤、你笑说明你高兴，等等。在这里，"哭"的外显行为是由"悲伤"这一内隐心理活动支配产生的。所以，一方面，通过对行为的观察使我们具有了探讨内部心理活动的可能；另一方面，心理活动是在行为中产生，又在行为中得到表现的。上例中，你哭，是因为你受到打击或失去了所爱；你笑，是因为你在工作上取得了成功或得到了满足。心理和行为相互依存、相互影响，二者之间的转换关系遵循一定的规律。

上述"哭"的案例充分说明了心理学研究的方法，心理学是通过人的行为来推测人的心理特点的。俗话说，"万事不开口，神仙难下手"。

当然，不同的社会条件、身体条件、年龄和性别的人，他们的心理活动有很大的不同，对同一件事情的行为反应也并不一样。但它们都受多种共同规律的制约。当掌握了各种心理活动与行为之间的规律时，便可以对人的行为加以解释、预测和调控。比如：教师很希望学生去参加一个活动，他就会说这个活动多么好，多么有意义，值得参加，在其大力鼓动下大多数人都会去了；但如果教师不想让学生去，他就会说这个活动意义不大，问题较多，去了会惹麻烦等等，这样去的人数肯定就少。

总之，心理活动是内隐的，而行为是外显的。外显的行为受内隐的心理活动所支配，反过来，心理活动也只有通过行为才能得到发展与表现。要掌握人的心理规律，必须从研究人的行为入手；而要了解、预测、调节和控制人的行为，则更需要探讨人们复杂的心理活动规律。此外，也要看到，心理活动不是虚无缥缈的，由于它在头脑中产生，必然受生物学规律的支配；同时，人是物种发展中最高等的社会性生物，一切活动都无法摆脱社会、文化方面的影响，这就使得心理学兼有自然科学和社会科学的双重性质了。

（2）人的心理现象　人的心理现象是心理学研究的主要对象，它包括了既有区别而又紧密联系的心理过程和个性心理这两个方面。人的心理现象如图1-4所示。

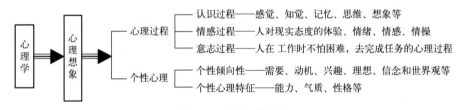

图1-4　人的心理现象

① 心理过程。心理过程是人的心理活动的基本形式，是人脑对客观现实的反映过程。

首先，最基本的心理过程是认识过程，它是人脑对客观事物的属性及其规律的反映，即人脑的信息加工活动过程。这一过程包括感觉、知觉、记忆、思维和想象等。

其次，人在认识客观事物时，决不会无动于衷，总会对它采取一定的态度，并产生某种主观体验，这种认识客观事物时所产生的态度的体验，如喜怒哀乐等，称为情绪和情感。情绪和情感在心理学中略有区别，前者与生理的需要满足有关，后者与社会性的需要满足有关。

最后，在认识与实践的过程中，总会遇到许多困难和挫折，需要人用意志去克服、战胜。人根据对客观事物的认识，自觉地确定目标，并依据目标的调节支配自身的行为，克服困难，力求加以实现的心理过程，称为意志过程。

认识、情感、意志这三个心理过程，虽有区别，但又互相联系、互相促进，是统一心理过程的三个方面。一方面，认识是情感与意志的基础，只有正确、深刻地认识，才能产生强烈的情感和坚强的意志，俗话说，"知之深，则爱之切"，"爱之切"才能"意志坚"。另一方面，情感和意志又会反过来影响认识活动的进行与发展，情感和意志在人的认识过程中发挥过滤和动力的作用，影响着人的认识与判断。同时，情感与意志也是相互影响的，情感对意志行为具有推动或阻碍作用，而意志行为又利于情感的丰富与升华。

② 个性心理。心理过程是人们共有的心理活动。但是，由于每一个人的先天素质和后天环境不同，心理过程在产生时又总是带有个人的特征，从而形成了个人的个性，这就是个性心理。个性心理包括个性倾向性和个性心理特征两个方面。

首先，个性倾向性是指一个人所具有的意识倾向，也就是人对客观事物的稳定态度。它是人从事活动的基本动力，决定着人的行为的方向。其中主要包括需要、动机、兴趣、理想、信念和世界观等。

其次，个性心理特征是一个人身上表现出来的本质的、稳定的心理特点。例如，有的人有数学才能，有的人有音乐才能，这是能力方面的差异。在行为表现方面，有的人活泼好动，有的人沉默寡言，有的人热情友善，这些是气质和性格方面的差异。能力、气质和性格统称为个性心理特征。

个性心理特征和个性倾向性都要通过心理活动而逐渐形成，个性心理一旦形成后又作为主观内因制约心理活动，并在心理活动中表现出来。因而，每个人的各种心理活动必然带有个人本身的特点。事实上，既没有不带个性心理的心理过程，也没有不表现在心理过程之中的个性心理，两者是同一现象的两个侧面。

例如以骄傲个性心理特征而言，在认识过程中常表现为漫不经心、不求甚解。在对待他人的情感上，常表现为孤芳自赏、夜郎自大。在意志上则表现为刚愎自用、独断专横。所以，人的心理活动与个性心理二者有密切关系，它们构成了人的心理现象。

### 1.2.2 安全心理学的产生与发展

安全心理学的产生和发展经历了漫长的理论准备和实践应用的演化过程，如图 1-5 所示。

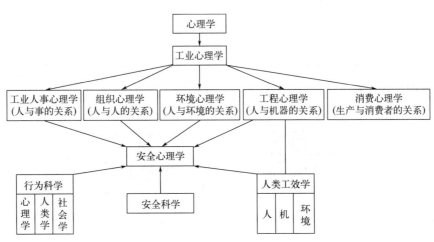

图 1-5 安全心理学的产生与发展

由图 1-5 可见，讨论安全心理学的发生和发展，不能不涉及工业心理学的产生和发展，工业心理学的产生和发展主要经历了下述几个阶段。

（1）20 世纪初泰勒的贡献 20 世纪初，由于工业革命以后机械化普遍推广，市场逐渐扩大，为提高劳动生产率，美国工程师泰勒（Frederick Winslow Taylor）着重进行时间研究。泰勒指出，管理者必须遵守以下四条科学管理原则。

① 对工人操作的每个动作进行科学研究，用以替代老的单凭经验的办法。

② 科学地挑选工人，并进行培训和教育，使之成长。

③ 与工人亲密协作，以保证一切工作都按已发展起来的科学原则去办。

④ 均分资方和工人们之间在工作中的权力和职责，并最终形成双方的友好合作关系。

拓展阅读：
科学管理之父：
弗雷德里克·
温斯洛·泰勒

泰勒的企业管理研究，一方面，科学研究作业方法，即对作业现场进行观察，对收集到的数据进行客观的分析，进而确定"一个最优的作业方法"，从而为企业管理提供有效的手段；另一方面，在工人和管理层之间掀起一场心理革命，以改善双方的关系，为心理学在工业上的应用奠定了基础。

（2）冯特及闵斯特伯格的工作　德国生理、心理学家威廉·冯特（Wilhelm Wundt）1879 年在莱比锡大学建立世界上第一个心理学实验室，用自然科学的方法研究心理现象，使心理学开始从哲学中脱离出来，成为一门独立的科学。这一行动标志着科学心理学的诞生，冯特为此被称为心理学的始祖。

拓展阅读：
威廉·冯特

冯特原是一位哲学家和生理学家，他认为心理学的对象是心理、意识，即人对直接经验的觉知。如何研究呢？他考虑到化学把物质分解成各种元素，如"水"可以分解成"氢"和"氧"。那么心理学是否也可以同样地通过实验方法分解出心理的基本元素呢？根据这一思路，冯特建立了世界上第一个心理学实验室，用实验的方法来分析人的心理结构，冯特的心理学为此被称为"构造主义心理学"。冯特的实验室里研究最多的是感觉和意象。他认为感觉是心理的最基本元素，把心理分解成这样的一些基本元素，再逐一找出它们之间的关系和规律，就可以达到理解心理实质的目的。

他的学生闵斯特伯格（H. Munsterberg）感到对心理学的研究不能关在象牙塔内，而应该应用到实践中去，他最先把心理学的原理应用到工业领域中，因此被誉为工业心理学之父。

（3）霍桑实验　要提高工作效率，不仅要解决好人与事的配合、人与机的配合，还要解决好人与人的配合关系。因此，工业心理学的研究主攻方向从工业个体心理学转向工业群体心理学，这一转变的里程碑就是梅奥（E. Mayo）主持的霍桑实验。

拓展阅读：
乔治·埃尔顿·梅奥

拓展阅读：
霍桑实验

霍桑实验的霍桑是一个美国工厂名，霍桑研究（Hawthome Study，1924 年）持续了 15 年之久，研究发现，影响员工士气的不是物质条件，而是心理因素。美国明尼苏达州一家煤气公司曾对 3000 多名职工进行了工作满意因素的调查，结果发现，首要因素是心理因素。

表 1-1 中所示的结果，颇使一般工业家们感到意外。他们原以为，员工们会把工作报酬列为首要因素。但事实表明，无论男女，工作报酬均列在了工作安全、晋升机会、工作方

式、公司地位之后。这表明，心理因素是影响员工士气的主要因素。在这项研究之后，工业管理的方式开始兼顾到心理因素了。霍桑研究使心理学走入了工业和组织管理学领域。

表 1-1　工作满意因素的等级

| 满意因素 | 男员工所列等级的平均数 | 女员工所列等级的平均数 |
| --- | --- | --- |
| 工作安全 | 3.3 | 4.6 |
| 晋升机会 | 3.6 | 4.8 |
| 工作方式 | 3.7 | 2.8 |
| 公司地位 | 5.0 | 5.4 |
| 工作报酬 | 6.0 | 6.4 |
| 人事关系 | 6.0 | 5.4 |
| 监督管理 | 6.1 | 5.4 |
| 工作时间 | 6.9 | 6.1 |
| 工作环境 | 7.1 | 5.8 |
| 额外福利 | 7.4 | 8.2 |

心理学家在第二次世界大战期间与战后，针对人员选拔、培训与心理疏导等相应的问题开展了系列研究，为工程心理学（亦即人机工程学、人类工效学）的诞生奠下基础。从1958 年开始使用管理心理学（managerial psychology）这个名称代替原来沿用的工业心理学名称，20 世纪 70 年代组织心理学（organizational psychology）这个名称又取代了管理心理学名称，标志着工业心理学又迈向了新的领域。

当今，安全问题越来越引起人们的重视和普遍关注。因此，安全心理学在 20 世纪 80 年代得到迅速发展，成为安全科学的一门新学科，有人将它和人机工程学、系统安全工程并列，誉为现代安全科学的三大理论支柱之一，是工业心理学的一个重要独立分支。

## 1.2.3　安全心理学研究的主要内容、任务、对象与方法

### 1.2.3.1　安全心理学研究的主要内容

安全心理学（safety psychology）是工业心理学领域的一个分支。其主要研究内容如下。

（1）意外事故中人的因素分析　如疲劳、情绪波动、注意力分散、判断错误、人事关系等对事故发生的影响。

（2）工伤事故肇事者的特性研究　如智力、年龄、性别、工作经验、情绪状态、个性、身体条件等与事故发生率的关系的研究。

（3）防止意外事故的心理学对策　如从业人员的选拔（即职业适宜性检查），机器的设计要符合工业心理学要求，开展安全教育和安全宣传，以及培养安全观念和安全意识等。

人是生产力中最活跃的因素，在导致事故发生的种种原因中，人的不良心理和不安全行为是重要的原因，这就要求我们研究并运用安全心理学，探索人的安全心理，从而减少人的不安全因素。

### 1.2.3.2 安全心理学的研究任务

安全心理学是用心理学的原理、规律和方法解决劳动生产过程中与人的心理活动有关的安全问题，其任务是减少生产中的伤亡事故。从心理学的角度研究事故的原因，研究人在劳动过程中心理活动的规律和心理状态，探讨人的行为特征、心理过程、个性心理和安全的关系，发现和分析不安全因素、事故隐患与人的心理活动的关联以及导致不安全行为的各种主观和客观的因素，从心理学的角度提出有效的安全教育措施、组织措施和技术措施，预防事故的发生，以保证人员的安全和生产顺利进行。

### 1.2.3.3 安全心理学的研究对象

安全心理学要研究安全问题，而影响安全的因素很多，既有人本身的问题，也有技术的、社会的、环境的因素。安全心理学并不企图研究所有影响人的安全的因素，而只是从心理学的特定角度研究人的安全问题。安全心理学也要涉及其他因素，但着眼点是讨论分析其他各因素如何影响人的心理，进而影响人的安全，其基本模式可用图1-6表示。

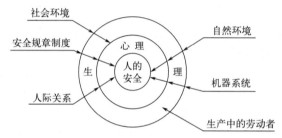

图 1-6 安全心理学研究对象模式

安全心理学的研究对象具体有如下几个方面。

① 研究生产设备、设施、工具、附件如何适合人的生理、心理特点，以便于操作，减轻体力负荷，保持良好姿势，从而达到安全、舒适、高效的目的。

② 研究工作设计和环境设计如何适合人的心理特点。如研究改进劳动组织，合理分工协作，合理的工作制度，丰富工作内容、减少单调乏味的劳动，制定合适的工时定额，适宜的工作空间，适宜的工作场所布置和色彩配置，播送背景音乐，建立良好的群体心理气氛等。

③ 研究人如何适应机器设备和工作的要求。包括通过人员选拔和训练，使操作人员能与机器的要求相适应；研究人的作业能力及其限度，避免对人提出能力所不及的要求。根据现代心理学的学习理论加速新工人的职业培训和提高工人的技术水平及对训练的绩效进行评价等。

④ 研究人在劳动过程中如何相互适应。诸如研究与安全生产有关的人的动机、需要、激励、士气、参与、意见沟通、正式群体与非正式群体、领导心理与行为，建立高效的生产群体等。

⑤ 研究如何用心理学的原理和方法分析事故的原因和规律。诸如研究人的行为、与行为有关的事故模式、人在劳动过程中的心理状态、与事故有关的各种主观和客观的因素（如人机界面、工作环境、社会环境、管理水平、个人因素），特别是个人因素（如智力、健康和身体条件、疲劳、工作经验；年龄、个人性格特征、情绪）以及事故的规律等。

⑥ 研究如何实施有效的安全教育。如根据心理学的规律研究切实可行、不流于形式的安全教育方法，引人注目的能起到宣传效果的安全标语和宣传画，培养工人的安全习惯等。

#### 1.2.3.4 安全心理学的研究方法

安全心理学研究一般遵循客观性、系统性、教育性、发展性的基本原则，其研究方法的主要特点是：

（1）调查研究 包括"看""听""读"三种手段，即观察法、访谈法、问卷法。

① 观察法。观察法是利用视觉器官观察操作者在一定时间内的行为，分析行为是否得当，是否存在不安全的因素，必要时也可采用摄像机等拍摄其动作，分析动作的额度、准确性、协调性。观察法可分为自然观察法和控制观察法。

自然观察法是在不影响被观察对象的行为或活动情况下搜集资料。在观察中，要使被观察者不备戒心，不掺杂私人感情及偏见，从客观立场出发进行深入观察。如观察司机驾驶车辆时的行为，分析行为和事故的关系。

控制观察法大多是在借用仪器条件下，观察操作者操作的额度、准确性、协调性；或模拟出现非常事态时，借用仪器观察操作者的行为特征。

② 访谈法。访谈法包括与有关人员进行交谈（可以是个别或集体交谈），听取他们的意见，观察其态度、表情等行为。谈话时务必使对方了解谈话的目的，减少不必要的顾虑，以求获得有关某一问题的较详细的信息。目前这种方法应用得相当广泛，如安技人员、劳保人员对肇事者及有关人员的访谈即属此类。其优点是深入、灵活，可随时考察回答内容的真实性和可靠性。缺点是不容易整理，访谈结果不易数量化，统计分析也比较麻烦。访谈法基本上可分为两大类：结构型访谈法和无结构型访谈法。前者是根据事先拟好的问题大纲，逐一向被访者提问；后者是就某些问题自由交谈。

③ 问卷法。即书面调查表。要求被调查对象对提出的问题做出确切的回答或给予评议。问卷常要求被调查者对两种截然不同的态度、状态或事物做出明确的回答，这种问卷称为二级表。有些问卷要求被调查者在三至七个等级中做出选择性的回答，如表 1-2 所示。

**表 1-2　评定安全态度的问卷项目的不同量表方式（举例）**

1. 你觉得你单位的安全工作令人满意吗？　　满意 □　　　　不满意 □
2. 你觉得你单位重视安全生产工作吗？　　重视 □　　一般 □　　不重视 □
3. 你常把安全生产挂在心上吗？
从来没有 □　　很少 □　　有时 □　　经常 □　　总是如此 □
4. 你认为发生事故是不可避免的吗？
非常不同意 □　　不同意 □　　有点不同意 □　　说不准 □
有点同意 □　　同意 □　　非常同意 □

（2）心理测量 采用标准化的心理测验或精密的测量仪器，测量受试者的个性心理和心理过程的差异，如能力倾向测验、人格测验、智力测验、感知-运动协调能力的测验等。对安全来说，心理测量在某些工种（如特种作业）特别重要。如美国心理学家闻斯特伯格对司机的心理测量表明，工作 20 年从未出过事故的人，测验的成绩最好，常出事故的司机成绩最差，"平平常常"的司机测验的结果也平常。可见心理测验在安全工作中的重要性。

心理测量应考虑两个基本要素：

1）信度。指测验本身的可靠性或稳定性，测量结果反映所测对象特性的真实程度。如多次测验，结果都不变，则其信度高；如相距甚远，则表示该测验不可靠或不稳定，亦即信度很低。如测验的信度很低，则无法达到测量的目的。信度的种类很多，主要有下列四种：

①重测信度。采用同一种测验，在间隔时间内，对同一受试者做两次测验，以确定信度。

②复本信度。对受试者在同一时间或不同时间，做原本和复本测验。根据两种测验结果，确定信度。所谓原本，是指原来准备用的测验，复本是指与原本性质、内容、指导、型式、题数、难度、鉴别度相同，但试题不同的测验复本。

③折半信度。指将受试者对同一测验的结果，根据题目分成两半，并分别计分，再依分别计分的结果确定信度。

④评分者信度。对无法做客观记分的测验，由两位评分者分别评分，然后就此两种分数间的关系确定信度。

一般而言，相关系数在0.8以上，认为有应用价值。

2）效度。指测量的真实性、准确性，测验结果能否真实地反映测量之目的。一种测验若效度不高，其他条件都是无意义的。所以首先要鉴定效度。一种测验的效度常与一种已被公认的测验或效标（衡量测验有效性的参照标准）相比求其相关系数（亦称效度系数），相关系数高，表示这种测验预料的正确性高，即效度高。效度按侧重面的不同，又可分为：

①内容效度。指测验的内容或材料，能够代表所测特征的程度。估算的办法是按一定标准评价某一测量项目是否具有代表性，其计算公式为：

$$\text{CVR} = \frac{n_e - \frac{N}{2}}{\frac{N}{2}} \tag{1-3}$$

式中　CVR——内容效度系数；

　　　　$n_e$——判断某一测量项目具有代表性的人数；

　　　　$N$——参加判断的总人数。

②效标关联效度。又分同时效度和预测效度，这两种效度都是将某一因素的测量与不同效标（如当前与将来的工作绩效）相比较，求其相关系数，以表明二者之关联或预测符合的程度。

③构思效度。从某一构想理论出发，制订出与该构想有关的心理功能或行为假设，据此设计和编制测验项目，然后由结果求原因，以因子分析或聚类分析方法，求构思效度系数结果，是否符合心理学理论。

（3）实验法　实验法是在控制条件下观察对象的变化，获取事实材料的方法。由于实验法可以控制实验条件，它具有一些其他方法所不具备的优点。

①安全心理实验中的干扰变量。实验不仅要控制自变量，同时要控制干扰变量。需要控制的干扰变量主要有：外部干扰变量（主要是环境因素）、被测试者因素、测量方法和仪器装置的因素、实验主持人的因素等。实验中对自变量和干扰变量的控制要遵守"最大最小控制原则"。

②实验中对干扰变量控制的方法。一般常用的控制方法有：消除法（就是将干扰变量排除在实验之外）、限定法（将干扰因素控制在某种恒定状态）、纳入法（把某种或某些可能对实验结果发生影响的因素也当作自变量来处理，使之按预定要求发生变化并观察和分析这

种变化与因变量变化的关系）、配对法（就是把条件相等或相近的被试对等地分配到控制组与实验组中）、随机法（将参与实验的被试随机地安排在实验组与控制组内）。

严格控制变量是实验室实验的优点，但同时也带来人为化和降低效度的缺点。因此，将实验室研究结果用于实际时要谨慎。为克服这一缺点，在安全心理学研究中常以现场实验相补充。

（4）模拟仿真　模拟是以物质形式或观念形式对实际物体、过程和情境的仿真。模拟通常分物理模拟和数学模拟。物理模拟要通过与实体相似的物理模型来进行。物理模拟实验逼真度高，实感性强，具有类似现场实验的基本特点，而且可消除现场实验所不可避免的干扰因素的影响。它兼有实验室实验和现场实验的优点。因此是安全心理学研究的重要方法。在信息技术和计算机技术高度发展的今天，使得非常复杂的心理过程模拟仿真已成为可能，并在安全心理学的研究中应用越来越广泛。

## 1.2.4　安全心理学在安全工作中的作用

安全心理学是以探讨人在安全生产过程中的行为和心理活动规律为目标的科学，正确应用安全心理学，发挥其在安全生产中的作用，有效地推动社会的安全与进步。

（1）安全心理学的意义　安全心理学的意义可分为对个人和社会两个方面。

对个人讲，通过描述和解释各种与安全有关的心理现象和心理活动历程，加深人们对自身在安全生产中的了解。目前人们对许多与安全相关的心理现象和行为的了解还停留在"知其然，但不知其所以然"的水平。通过学习安全心理学，可以了解自己的某些不安全行为为什么会出现，潜藏在这些行为背后的心理活动和活动的规律是怎样的，还可以发现自己在生产劳动过程中受到了哪些因素的影响，自己如何形成现在的性格和气质特点等一系列与自身有关的安全问题。此外，安全心理学不仅提供了"是什么""为什么"的答案，更重要的是告诉人们"怎么样"解决问题。当我们发现自己存在的一些不良的心理品质和习惯时，比如工作时精力容易分散、经常莫名其妙地急躁等，就可以寻求安全心理学的帮助。

对于社会来说，安全心理学在社会的生产、生活等方面都发挥着重要的作用。例如，安全心理学告诉人们该如何合理地设置生产环境，以最有效的方式安排作业流程，让人们在理想的工作氛围中发挥自己最大的潜力并保证安全。

（2）安全心理学在安全生产中的应用　安全心理学的原理、规律和方法可被运用在预防事故、进行安全教育以及分析处理事故等方面。

① 安全思想淡漠、自我保护意识不强常常是造成事故的重要原因。因此，研究和分析生产过程中人们对自身安全问题的心理现象，运用动机和激励的理论，激发职工安全意识，使安全生产成为职工自发的要求，这是做好安全工作的重要保证。

② 通过安全心理学对主观和客观心理现象的分析，可以帮助管理人员认清安全生产中的有利因素和不安全因素，对各种不安全因素进行整改，从而调动广大职工安全生产的积极性。

③ 运用安全心理学的学习理论，做好职工的安全技术培训和安全思想教育工作，特别是运用心理学的学习理论，对从事化工、电气、起重、运输、锅炉、压力容器、爆破、焊接、煤矿井下、瓦斯检验、机动车辆驾驶、机动船舶驾驶等危险性大的特种作业人员进行专业的安全技术教育。

④ 对影响系统运行或与安全生产有关键作用的岗位，通过合适的职业选择，选拔合适

的人选。

⑤ 对职工的不安全行为及其心理状态进行研究分析，以便采取有效的对策和措施。

⑥ 根据大量原始资料，通过统计分析处理，找出事故产生原因及其变化规律。有时为了找出事故的隐患，防止以后不再发生同类原因的事故，以及采取最适宜的预防措施，常常需要对事故个案进行心理学分析。

⑦ 对事故主要责任者、肇事者在发生事故前的心理状态、情绪以及个人的个性心理特征、行为、习惯等进行深入分析，以阐明发生事故的原因，进行安全教育和采取必要措施，杜绝以后再发生同样事故。

⑧ 从知觉、情感、意志、行为四个方面，对一些经常有不安全行为的职工，给予积极的心理疏导，并将其列为重点的安全教育对象；对他们的性格、气质、能力进行全面分析，根据他们的特点逐步引导他们改变对安全不利的心理素质，建立良好的安全心理素质。

⑨ 运用安全心理学的知识，对生产设备、机具、安全保护装置、工作场所以及工作环境经常进行工程心理学（人机工程学、人类工效学）的研究，使设备、机具符合人的生理心理特点，工作场所适合人的操作，工作环境不影响人的安全和健康，从而达到操作方便、减轻劳动强度、节约劳动时间、提高工作效率、充分利用设备能力、降低能耗、减少事故的目的。

⑩ 运用心理学原理和有关知识，进行经常性的、行之有效的安全教育。

# 1.3 安全行为概述

## 1.3.1 行为的基本原理

心理学认为，需要产生动机，动机支配行为。有了动机，就要选择或寻找目标，然后进行实现目标的行为。需要得到满足，紧张、不安和不满消除，新的需要又重新发生，再形成下一个行为。这样周而复始，直到人的生命终止。行为的原理模式可用图 1-7 表示。

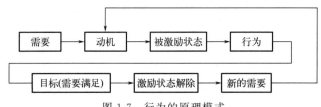

图 1-7　行为的原理模式

需要是一切行为的动因，动机是为满足某种需要而进行活动的念头和想法。研究行为的基本原理"需要-动机-行为"之间的关系，可以透过现象看本质，为指导人的安全行为提供理论指导。

### 1.3.1.1 人的本质

早在人类刚刚脱离动物界的时候，就已经开始了有关自身的奥秘与意义的思考。一般认为人本质上应该是精神的、族类的、按伦理规范行动的，是一切社会关系的总和。人的本质可从以下 3 个方面理解。

① 人的本质不存在于孤立的个人之中，而是存在于人与人的社会关系中。

② 社会关系是多方面、多层次的，因而人的本质也是复杂的、多层次的。

③ 由于人的本质是由社会关系决定的，人们的社会关系不同，本质也就不同。社会关系的性质决定了人的本质的性质。

人具有自然属性和社会属性。

自然属性是指人的肉体存在及其特性。人的自然属性是人在生物学上区别于其他动物的特点，包括生理结构、生理机能和生理需要等。这是人的社会属性的生理基础。因为人是物质自然界长期发展的产物，人与其中发展而来的动物界具有密切的联系和发展进程中的连续性。在人的自然属性的表现形态和生理需求的满足方式等方面，已注入了社会和文化的因素。

人的社会属性是人们基于实践的社会结合中的依赖性，以及人与人、社会集团与社会集团之间生存和发展的相互制约的社会特性。人的社会属性是人们在改造自然和社会的实践活动中逐渐形成和发展起来的。人的社会属性主要表现为以下几个方面。

① 人类共生关系中的依存性。人出生以后就必然会处于一种特定的社会关系之中，并表现出对社会深刻的依赖性。

② 人际关系中物质、精神方面的社会交往。社会交往是社会发展和人类个体发展的必要条件，实质是人们在物质上和精神上相互交流信息、交换生产资料和劳动成果的活动。这种交往活动对人的自我意识、个性形成的发展，满足人自身物质、精神的需要有着重要作用。

③ 社会生活中的道德性。动物在与自己同类相互联系的行动中，完全是受其本能支配的，其行为并无善恶之分。而人则不同，在社会生活中，人有意识，能意识到自己行为的社会后果和自己应承担的责任。因此，人就要在社会交往活动中根据在一定的社会历史条件下形成的社会生活的行为准则来区别善恶，并要对自己的选择和行为的后果负责。

④ 生产活动中的合作性。这是人的社会性的基础内容。人们在劳动过程中的合作性是第一位的，它是决定着人的社会性的其他方面形成与发展的最根本的东西。

与人的本质问题密切相关的是人的价值。人同周围的事物、现象发生的关系，归纳起来有四种，即认识关系、改造关系、审美关系与价值关系。

### 1.3.1.2　行为的概念与特征

（1）行为的概念　关于人的行为是一个非常复杂的问题。什么叫行为？有各种不同的回答，从基本的哲学逻辑概念来说，行为就是人类活动所表现的一切动作。

德国心理学家勒温（K. Lewin）把行为定义为个体与环境交互作用的结果，引入了"个体"的变量，提出了人的行为的基本原理表达式，见式(1-4)。

$$B = f(P \cdot E) \tag{1-4}$$

式中　$B$——人的行为；

　　　$P$——个人的内在心理因素；

　　　$E$——环境的影响（自然、社会）。

式(1-4)表述了人的行为（$B$）是个人的内在心理因素（$P$）与环境的影响（$E$）相互作用所发生的函数或结果。要注意，这里的变量"个人"和"环境"不是相互独立的，而是相互关联的两个变量。

日本的鹤田根据上述模型，提出了事故发生的模型，见式(1-5)。

$$A = f(P \cdot E) \qquad (1\text{-}5)$$

拓展阅读：
库尔特·勒温

即事故（$A$）的发生是由于人的因素和环境因素相互关联、共同作用的结果。

从心理学的角度来说，人的行为起源于脑神经的交合作用，这种交合作用将"个人"与"环境"深入交融，总合形成精神状态，亦即所谓意识。将意识表现于动作时，便形成了行为，而意识本身则成为一种内在行为。

（2）行为的特征　人类行为是有共同的特征的，综合心理学家研究的结果，人类行为的共同特征主要表现为：

① 自发的行为。指人类的行为是自动自发的，而不是被动的。外力可能影响他的行为，但无法引发其行为，外在的权力、命令无法使其产生真正的效忠行为。

② 有原因的行为。指任何一种行为的产生都是有其起因的。遗传与环境可能是影响行为的因素，同时外在条件亦可能影响内在的动机。

③ 有目的的行为。指人类的行为不是盲目的，它不但有起因而且是有目标的。有时候在别人看来毫不合理的行为，对他本人来说却是合乎目标的。

④ 持久性的行为。指行为指向目标，目标没有达成之前，行为是不会终止的。也许他会改变行为的方式，或由外显行为转为潜在行为，但还是继续不断地往目标进行的。

⑤ 可改变的行为。指人类为了谋求目标的达成，不但常变换其手段，而且其行为是可以经过学习或训练而改变的。这与其他受本能支配的动物行为不同，它是具有可塑性的。

研究人的行为共同特征，对探索动机的规律、管理心理活动的规律是有很大帮助的。人的行为的基本单元是动作。所有的行为都是由一连串的动作所组成的。管理工作的重要任务之一，就是要了解、预测与控制一个人在什么时候可能从事什么动作（动作的发生）；同时要了解是什么动机或需要能在某一特定时间唤起某个动作。

（3）行为的种类　行为的种类很多，可以从不同角度对其分类。

按行为主体的不同可分为个人行为和团体行为。

① 个人行为。包括个人的生长、发育、学习、意见等等。

② 团体行为。包括团结、互助、合作、友好、谅解、默契、暗约、分歧、对抗、破坏等等。

按人类活动的不同领域，又可分为管理行为、政治行为、社会行为、文化行为和战争行为。

① 管理行为。包括计划、组织、领导、激励、控制、决策、预测等行为。

② 政治行为。包括选举、公务、行政、民族团结、国际关系等行为。

③ 社会行为。包括社会控制、社会变迁、社会要求、社会保险、社会文明、社会进步、社会发展等行为。

④ 文化行为。包括文化艺术活动、教育活动、体育活动、学术研究等行为。

⑤ 战争行为。包括思想战、心理战、谋略战、团体战、情报战、宣传战、军事战等等。

## 1.3.2　影响人行为的因素

人的行为是复杂、动态的时空过程，具有自发性、多样性、计划性、目的性、持久性、可塑性等特征，并受人的意识水平的调节，受思维、情感、意志等心理活动的支配，同时也受道德观、人生观和世界观的影响。态度、意识、知识、认知决定人的行为水平，因而人的行为表现出差异性。

### 1.3.2.1 影响人行为的个性心理因素

人的心理是与物质相联系的，它起源于物质，是物质活动的结果。心理是人脑的机能对客观现实的映射。人的各种心理现象都是对客观外界的"复写""摄影""反映"，但人的心理反应有主观的个性特征，所以同一客观事物，不同的人反应可能相差甚远。

拓展阅读：
心理

（1）情绪对人的行为影响 情绪是人受客观事物影响的一种外在表现，这种表现是体验又是反应，是冲动又是行为。从行为的角度看，情绪处于兴奋状态时，人的思维与动作较快；处于抑制状态时，思维与动作显得迟缓；处于强化阶段时，往往有反常的举动，如思维与行动不协调、动作之间不连贯等，这是安全行为的忌讳。

（2）气质对行为的影响 气质就是经常所说的性情、脾气，它是人生来就具有的心理活动的动力特征。心理活动的动力是指心理活动的程度（如情绪体验的强度、意志努力的程度）、心理过程的速度和稳定性（如知觉的速度、思维的灵活程度、注意力集中与转移）以及心理活动指向性（如有人倾向于外部事物，从外界获得新的印象；有的人倾向于内心世界，经常体验自己的情绪，分析自己的思想和印象）等。气质使人的心理活动及外部表现都染上个人独特的色彩。

气质对个体来说具有较大的稳定性，虽然气质在后天的环境、教育影响下，也会有所改变，但与其他个性心理特征相比较，气质的变化更为缓慢与困难。俗话说"江山易改，禀性难移"就是指气质具有较大的稳定性，而不易改变的特点。必须指出，气质是人的心理活动与行为的动力特征，而不是活动的动机、目的和内涵。虽然一个人在不同的活动中有不同的动机和内涵，但在各种不同的活动中都会表现出同一气质特点。

气质类型的概念最早由古希腊医生希波克拉底（约前460—前377）提出的，他认为人体内有四种体液，即血液、黏液、黄胆汁和黑胆汁，这四种体液在体内的不同比例就决定了人的气质类型。多血质类型（以血液占优势）、黏液质类型（以黏液占优势）、胆汁质类型（以黄胆汁占优势）、抑郁质类型（以黑胆汁占优势）。在实际生活中，大多数人是这四种类型某些特征的混合。

关于气质的本质，巴甫洛夫通过长时间对动物高级神经活动的研究，确定了人的神经系统具有强度、灵活和平衡性三个基本特征。这三种特征的不同组合，构成了各种各样人的神经系统。巴甫洛夫根据自己的实验和观察，把高级神经活动划分为四种基本类型，它们决定了人的四种气质类型。神经系统的四种基本类型与传统的气质类型相互对应，见表1-3。

表1-3 高级神经活动类型与传统的气质类型对照表

| 神经类型 | 气质类型 | 强度 | 灵活性 | 均衡性 | 特征 |
|---|---|---|---|---|---|
| 兴奋型 | 胆汁质 | 强 | | 不均衡 | 直率热情、精力旺盛、脾气暴躁、情绪兴奋性高、容易冲动、反应迅速、外向性 |
| 活泼型 | 多血质 | 强 | 灵活 | 均衡 | 活泼好动、敏感、反应迅速、好与人交际、注意力易转移、兴趣和情绪易变、外向性 |

续表

| 神经类型 | 气质类型 | 强度 | 灵活性 | 均衡性 | 特征 |
|---|---|---|---|---|---|
| 安静型 | 黏液质 | 强 | 惰性 | 均衡 | 安静稳重、反应缓慢、沉默寡言、情绪不易外露、注意力稳定、善忍耐、内向性 |
| 抑制型 | 抑郁质 | 弱 | | | 情绪体验深刻、孤僻、行动迟缓、很高的感受性、善于观察细节、内向性 |

神经系统的基本类型是气质的生理基础，而气质则是神经系统基本类型的外在表现。研究人的气质类型有助于了解人的行为特点的先天因素，发扬气质的积极方面，克服和改造消极的方面。做到人尽其才、才尽其用。

在客观上，多数人属于各种类型之间的混合型。人的气质对人的行为有很大的影响，使每个人都有不同的特点以及各自工作的适宜性。因此，在工种安排、班组建设、使用安全干部和技术人员，以及组织和管理工人队伍时，要根据实际需要和个人特点来进行合理调配。

（3）性格对人的行为影响　"性格"一词源于希腊文，原意是"特征""标志""属性"或"特性"，是人的个性心理特征的重要方面，人的个性差异首先表现在性格上。性格是人对现实的稳定的态度和习惯化了的行为方式，它贯穿于一个人的全部活动中，是构成个性的核心。应当注意，不是人对现实的任何一种态度都代表他的性格，在有些情况下，对待事物的态度是属于一时情境性的、偶然的，那么此时表现出来的态度就不能算是他的性格特征。同样，也不是任何一种行为方式都表明一个人的性格，只有习惯化了的，在不同的场合都会表现出来的行为方式，才能表明其性格特征。

性格是十分复杂的心理现象，具有各种不同的特征。这些特征在不同的个体身上组成了不同的性格结构模式，使每个人在个性上独具特色。

① 性格结构的静态性

a. 性格的理智特征。性格的理智特征是指在感知、记忆、想象和思维等认识过程中所体现出来的个体差异。如观察是否精确，是否能独立提出问题和解决问题等。

b. 性格的情绪特征。性格的情绪特征是人的情绪活动在强度、稳定性、持续性及稳定心境等方面表现出来的个别差异。

c. 性格的意志特征。性格的意志特征表现在人对自己行为的自觉调节水平方面的个人特点。性格的意志特征集中体现了个体心理活动的能动性。人的行动目的是否明确、人是否能使其行为受社会规范约束、在紧急情况下是否勇敢和果断、在工作中是否有恒心、是否勇于克服困难等，都属于意志特征的内容。

d. 性格的态度特征。这一特征主要指在处理各种社会关系方面所表现出来的性格特征。如对待个人、社会和集体的关系，对待劳动、工作的态度，对待他人和自己的态度等。

② 性格结构的动态性

a. 人的各种性格特征之间彼此密切联系、相互制约，使人的性格在结构上有一个相对的完整性。例如，一个情绪总是乐观开朗的人，与人交往时往往表现得大方直爽。一个虚怀若谷的人，常常伴随有平易近人的性格特点。一个利欲熏心者，常表现出对他人、对工作不负责任、刻薄、吝啬等特点。

b. 人的性格具有相对完整性，但在相对完整的性格中，也有矛盾性。例如《三国演义》

中的曹操，既有勇猛、果断、坚强的特点，又有多疑、敏感、优柔寡断的特点。张飞性情粗暴，但粗中有细。性格矛盾性的存在说明人的性格是非常复杂的。

c. 人的性格的可塑性。人的性格具有相对稳定性，但又不是一成不变的。环境的变化、经历及自身的努力，都可以改变一个人的性格特征。当然，一个人已有的性格越是深刻、稳定，改变他的性格就越不容易。

良好的性格并不完全是天生的，经历、环境、教育和社会实践等因素对性格的形成具有更重要的意义。例如，在生产劳动过程中，如果不注意安全生产、失职或其他原因发生了事故，轻则受批评或扣发奖金，重则受处分甚至法律制裁。而安全生产受到表扬和奖励，在客观上激发人们以不同方式进行自我教育、自我控制、自我监督，从而形成工作认真负责和重视安全生产的性格特征。因此通过各种途径注意培养职工认真负责、重视安全的性格，对安全生产将带来巨大的好处。

性格表现在人的活动目的上，也表现在达到目的的行为方式上。如有的人胸怀坦荡，有的人诡计多端，有的人克己奉公，有的人自私自利等。

人的性格表现多种多样，有理智型、意志型、情绪型。理智型用理智来衡量一切，并支配行动。情绪型的情绪体验深刻、行为受情绪影响大。意志型有明确目标、行动主动、责任心强。

（4）能力对人的行为影响

① 人的能力分类。能力有一般和特殊之分。人要顺利完成一项任务既要具有一般能力，又要具有特殊能力。一般能力是指在很多种基本活动中表现出来的能力，如观察力、记忆力、抽象概括能力等。特殊能力是指在某些专业活动中表现的能力，如数学能力、音乐能力、专业技术能力等。

一般能力与特殊能力在人的活动中的关系是辩证统一的。一方面，某种一般能力在某种活动领域得到特别的发展，就可能成为特殊能力的组成部分。例如，观察能力属于一般能力，但在安全工作中需要区别系统正常与非正常的细节，查看系统的运转状况，从而形成敏锐的安全观察能力。另一方面，在特殊能力得到发展的同时，也发展了一般能力。因为在安全管理过程中培养成的敏锐的观察能力，有可能转移到其他活动领域，表现出他的仔细观察的个人特点。因此，特殊能力是一般能力获得充分发展的某种特殊的心理活动的系统；而一般能力则是在某种特殊能力基础上发展起来的。离开活动，既谈不上一般能力，也谈不上特殊能力。

能力反映了个体完成各种任务的可能性，是对个体能够做什么的评估。能力又可分为心理能力、体质能力和情商。

a. 心理能力。心理能力就是从事心理活动所需要的能力。一般认为，在心理能力中包括7个维度，即算术、言语理解、知觉速度、归纳推理、演绎推理、空间视觉以及记忆力。

不同的工作要求员工运用不同的心理能力。对于需要进行信息加工的工作来说，较高的总体智力水平和语言能力是成功完成此项工作的必要保证。当然，高智商并不是所有工作的前提条件。事实上，在很多工作中，员工的行为要求十分规范，如安全操作规程等。此时，高智商与工作绩效无关。然而，无论什么性质的工作，在语言、算术、空间和知觉能力方面的测验，都是工作熟练程度的有效预测指标。

b. 体质能力。对于那些技能要求较少而规范化程度较高的工作而言，体质能力是十分重要的。比如，一些工作要求具有耐力、手指灵活性、腿部力量以及其他相关能力，因而需要在管理中确定员工的体质能力水平。

研究人员对上百种不同的工作要求进行了调查，确定在体力活动的工作方面包括 9 项基本能力。如表 1-4 所示。个体在每项能力中，都存在着程度上的差异，而且，这些能力之间的相关性极低。所以，一个人在某一项能力中得分高并不意味着在另一项能力得分也高。如果管理者能确定某一工作对这 9 项中每一项能力的要求程度，并保证从事此工作的员工具备这种能力水平，则会提高工作绩效。

表 1-4　9 种基本的体质能力

| 类型 | | 定义 |
|---|---|---|
| 力量因素 | 动态力量 | 在一段时间内重复或持续运用肌肉力量的能力 |
| | 躯干力量 | 运用躯干肌肉(尤其是腹部肌肉)以达到一定肌肉强度的能力 |
| | 静态力量 | 产生阻止外部物体的能力 |
| | 爆发力 | 在一项或一系列爆发活动中产生最大能量的能力 |
| 灵活性因素 | 广度灵活性 | 尽可能远地移动躯干和背部肌肉的能力 |
| | 动态灵活性 | 进行快速、重复的关节活动的能力 |
| 其他因素 | 躯体协调性 | 躯体不同部分进行同时活动时相互协调的能力 |
| | 平衡性 | 受到外力威胁时,依然保持躯体平衡的能力 |
| | 耐力 | 当需要延长努力时间时,保持最高持续性的能力 |

c. 情商（一种新型的能力）。萨洛维和梅耶在早期的论文中提出，情绪智力包含准确地觉察、评价和表达情绪的能力，接近并产生感情以促进思维的能力，理解情绪及情绪知识的能力，调节情绪以助情绪和智力的发展的能力。这种能力包括以下四个方面。

第一，情绪的知觉、鉴赏和表达的能力。从自己的生理状态、情感体验和思想中辨认自己情绪的能力。通过语言、声音、仪表和行为，从他人、艺术作品、各种设计中辨认情绪的能力；准确表达情绪，以及表达与这些情绪有关的需要的能力；区分情绪表达中的准确性和真实性的能力。

第二，情绪对思维的引导和促进能力。情绪对思维的引导能力；情绪影响对信息注意的方向；情绪生动鲜明地对与情绪有关的判断和记忆过程产生积极作用的能力；心境的起伏使个体从积极到消极摆动变化，促使个体从多个角度思考、解决问题的能力，例如快乐可以促进归纳推理和创造性，抑郁可以促进演绎推理和深刻的思考。

第三，对情绪理解、感悟的能力。给情绪贴上标签，认识情绪本身与语言表达之间关系的能力，例如对"爱"与"喜欢"之间区别的认识，理解情绪所传送意义的能力。

第四，对情绪成熟的调节，以促进心智发展的能力。以开放的心情接受各种情绪的能力，包括愉快的和不愉快的；据所获知的信息判断成熟地进入或离开某种情绪的能力；觉察与自己和他人有关的情绪的能力。

这 4 方面能力在发展与成熟过程中有一定的次序先后和级别高低的区分，第一类对于自我情绪的知觉能力是最基本的和最先发展的，第四类的情绪调节能力比较成熟，而且要到后期才能发展。

情商的核心在于强调认知和管理情绪（包括自己和他人的情绪）、自我激励、正确处理人际关系 3 方面的能力。有研究表明，一个人的成就只有 20％来自智商，而 80％都取决于情商。

② 能力结构理论。能力是具有复杂结构的心理特点的总和。能力结构是指构成能力的诸要素相互联系的方式。顺利完成任何活动都需一般能力与特殊能力的诸种结构要素协调配合，形成合理的结构。智力是一般能力的核心。

由于能力是一个十分复杂的心理特征，因而出现了因素构成理论、三维结构模型、层次结构理论、三元智力理论、多元智力理论等不同的能力研究理论。

### 1.3.2.2　影响人行为的社会心理因素

（1）社会知觉对人的行为影响　知觉是眼前客观刺激物的整体属性在人脑中的反映。客观刺激物既包括物也包括人。人在对别人感知时，不只停留在被感知的面部表情、身体姿态和外部行为上，而且要根据这些外部特征来了解他的内部动机、目的、意图、观点、意见等。人的社会知觉可分为以下三类。

① 对个人的知觉。主要是对他人外部行为表现的知觉，并通过对他人外部行为的知觉，认识他人的动机、感情、意图等内在心理活动。

② 人际知觉。人际知觉是对人与人关系的知觉，有明显的感情因素参与其中。

③ 自我知觉。自我知觉指一个人对自我的心理状态和行为表现的概括认识。人的社会知觉与客观事物的本来面貌常常是不一致的，这就会使人产生错误的知觉或者偏见，使客观事物的本来面目在自己的知觉中发生歪曲。产生偏差的原因有：第一印象作用、晕轮效应、优先效应与近因效应、定型作用。

（2）价值观对人的行为影响　价值观是人的行为的重要心理基础，决定着个人对他人和事的接近或回避、喜爱或厌恶、积极或消极。对价值的认识不同，会从其行为上表现出来。

（3）角色对人的行为的影响　在社会生活的大舞台上，每个人都在扮演着不同的角色。有人是领导者，有人是被领导者，有人当工人，有人当农民，有人是丈夫，有人是妻子等。每一种角色都有一套行为规范，人们只有按照自己所扮演的角色的行为规范行事，社会生活才能有条不紊地进行，否则就会发生混乱。角色实现的过程，就是个人适应环境的过程。

### 1.3.2.3　影响人行为的主要社会因素

（1）社会舆论对行为的影响　社会舆论又称公众意见，它是社会上大多数人对共同关心的事情，用富于情感色彩的语言所表达的态度、意见的集合。要社会或企业人人都重视安全，需要有良好的安全舆论环境。一个企业、部门，乃至国家，要想把安全工作搞好，就需要利用舆论手段。

（2）风俗与时尚对个人行为的影响　风俗是指一定地区内社会多数成员比较一致的行为趋向。风俗与时尚对安全行为的影响既有有利的方面，也会有不利的方面，通过安全文化的建设可以实现其扬长避短的目的。

### 1.3.2.4　环境、物的状况对人的行为的影响

人的行为除了内因的作用和影响外，还有外因的影响。环境、物的状况对劳动生产过程的人也有很大的影响。环境变化会刺激人的心理，影响人的情绪，甚至打乱人的正常行动。物的运行失常及布置不当，会影响人的识别与操作，造成混乱和差错，打乱人的正常活动。这一过程可用如下模式表示：

环境差→人的心理受不良刺激→扰乱人的行动→产生不安全行为

物设置不当→影响人的操作→扰乱人的行动→产生不安全行为

【案例反思】 情绪情感与安全：某矿有位 46 岁的老放炮工，一天，得知妻子生了个男孩，中年得子，分外高兴，上班前就请好了假，准备下班后立即赶回家去抱儿子。可是不巧，就在快下班的时候，遇到一块大石塞住了溜斗，想急忙装上炸药准备炸碎那块大石。点火之后"很久"（心理上的时间错觉）未听见炮响，误以为是瞎炮，迫不及待地跑去看，结果炮响人亡。

【案例反思】 个性心理与安全：某年轻司机性格暴躁，几句话不投机就会发火，从不服输。一次，他驾车途中遇到一位慢性子的司机驾驶着大拖车跑在他的前头，他几次逼近拖车鸣笛要超车，可拖车就是迟迟不让，他一气之下猛踩油门强行超车，不料正好与对面的来车迎面相撞，车毁人亡。这类由性格不良引发的事故，真是何止万千。

【案例反思】 生产行为与安全：2023 年 7 月 23 日 14 时 52 分齐齐哈尔第三十四中学体育馆发生坍塌，造成该校 11 名师生失去宝贵生命的严重后果。调查显示，与体育馆毗邻的教学综合楼施工过程中，施工单位违规将珍珠岩堆置体育馆屋顶，受降雨影响，珍珠岩浸水增重，导致屋顶荷载增大、引发坍塌。

## 1.3.3 人的行为与安全

系统安全工程的研究表明，影响安全的因素主要是物的因素、人的因素和环境因素。大量的安全事故证明，导致伤害事故的主要原因中人的原因占了 70％以上，近年来人的因素有上升的趋势。

在生产劳动过程中，人的行为对安全又起着决定性的作用。一项安全技术措施的应用能否被其直接受益人所接受，主要取决于受益人的安全意识和心理、生理等因素。根据动机、情绪、态度和个性差异等因素，不安全行为可分为有意识不安全行为和无意识不安全行为。

### 1.3.3.1 有意识不安全行为

有意识不安全行为是指有目的、有意识、明知故犯的不安全行为，其特点是不按客观规律办事，不尊重科学，不重视安全。如一些人把安全制度、规定、措施视为束缚手脚的条条框框，头脑里根本没有"安全"二字，不愿意改变错误的操作方法或行为，导致事故的发生。有些人懂得安全工作的重要，但是工作马虎，麻痹大意。还有些人明知有危险，迎着危险上，企图侥幸过关，致使事故发生。

### 1.3.3.2 无意识不安全行为

无意识不安全行为是一种非故意的行为，行为人没有意识到其行为是不安全行为。人可能随时随地碰到预先不知道的情况，加上外界源源不断地供给各种信息。因此，就存在如何处理这些信息和采取什么行为的问题。在人机系统中，人正确地处理信息就是正确判断来自人机接口的信息，再通过人的行为正确地操作，从而通过人机接口实现正确的信息交换。人的信息处理能力，核心在于判断，即是以本身记忆的知识与经验为前提，与操作对象的信息和反馈信息进行比较的过程。同时，往往还要受到人的生理和心理因素的限制或影响。

无意识不安全行为，就是在其信息处理过程中，由于感知的错误、判断失误和信息传递误差造成的。其典型因素有如下几种。

① 视觉、听觉错误。

② 感觉、认识错误。

③ 联络信息的判断、实施、表达误差。收讯人对信息没有充分确认和领会。

④ 由于条件反射作用而完全忘记了危险。如烟头突然烫手，马上把烟头扔掉，正好扔到易燃品处引起火灾。

⑤ 遗忘。

⑥ 单调作业引起意识水平降低。如汽车行驶在平坦、笔直的道路上，司机可能出现意识水平降低。

⑦ 精神不集中。

⑧ 疲劳状态下的行为。

⑨ 操作调整错误，主要是技能不熟练或操作困难等。

⑩ 操作方向错误。主要是没有方向显示，或与人的习惯方向相反。

⑪ 操作工具等作业对象的形状、位置、布置、方向等选择错误。

⑫ 异常状态下的错误行为。即紧急状态下，惊慌失措，结果导致错误行为。

### 1.3.3.3 人的安全行为

（1）人的安全行为概念 人的安全行为是人在生产活动过程中对影响系统安全性的外界刺激经过肢体做出的理性的、符合安全作业规范的行为反应，通过人的一系列动作最终达到预期的安全目标。

人的安全行为本身具有目的性、差异性、可逆性、计划性，并受安全意识水平的调节。

行为是文化的外在表现，也是文化引导的结果。要确立良好的安全行为，安全行为文化是重要方面，也是建设安全文化的主要目标。

人的安全行为与事故关系密切，人通过生产和生活中的行为直接或间接地与事故发生联系。

通过对事故规律的研究，人们已认识到，生产事故发生的重要原因之一是人的不安全行为。因此，研究人的行为规律，以激励安全行为，避免和克服不安全行为，对于预防事故有重要作用和积极的意义。由于人的行为千差万别，影响人的行为安全的因素也多种多样。同一个人在不同的条件下有不同的安全行为表现，不同的人在同一条件下也会有各种不同的安全行为表现。

对人的安全行为的研究，就是要从复杂纷纭的现象中揭示人的安全行为规律，以便有效地预测和控制人的不安全行为，使作业者能按照规定的生产和操作要求活动、行事，以符合社会生活的需要，更好地保护自身，促进和保障生产的发展和顺利进行，维护社会生活和生产的正常秩序。

（2）人的安全行为特点 人的安全行为特点是以安全作业规程、技术规程、管理规程等为规范，以人的肢体动作为载体，按照一定的操作方式连接起来的动态过程。

了解和研究人的安全行为的特点对规范人的安全行为和管理，预防事故具有重要意义。例如，如何适应社会经济的发展，建立科学、合理、有效的安全行为规范。再如，如何通过对人的教育、培训，提高人的安全动作水平，保障系统过程安全。

### 1.3.4 安全行为管理的研究内容与方法

#### 1.3.4.1 安全行为管理的研究内容

（1）研究的主要对象　安全行为管理的研究对象是社会、企业或组织中的人和人之间的相互关系以及与此相联系的安全行为现象，探讨个体安全行为、群体安全行为和领导（组织）安全行为等方面的理论和控制方法。

① 个体安全行为的研究。就是要揭示出个体心理活动过程和个性心理特征，研究其心理、生理对行为的影响规律，以达到控制和调整人的行为的目的。分析和研究个体安全心理规律，对于了解安全行为、控制和调整管理安全行为是非常重要的，也是安全管理最基础的工作。

② 群体安全行为的研究。群体是一个介于组织与个人之间的人群结合体。对一个企业来说，群体构成了企业的基本单位。群体的主要特征：a.各成员相互依赖，在心理上彼此意识到对方；b.各成员间在行为上相互作用，彼此影响；c.各成员有"我们同属于一群"的感受。分析、研究和掌握群体安全心理活动状况，是搞好安全管理的重要条件。

③ 领导（组织）安全行为的研究。领导是一种行为与影响力，不是个人的职位，而是引导和影响他人或集体在一定条件下向组织目标迈进的行动过程。促使集体和个人共同努力，实现企业目标的全过程即为领导，而致力于实现这个过程的人则为领导者。企业或组织的领导者对安全管理的认识、态度和行为，是搞好安全管理的关键因素。分析、研究领导安全行为，是安全管理的重要内容。

上述三个方面是处于不同的层次，其相互关系可用图 1-8 表示。

（2）安全行为管理的基本任务　安全行为管理的基本任务是通过对安全活动中各种与安全相关的人的行为规律的揭示，有针对性和实用性地建立科学的安全行为激励理论，并应用于提高安全管理的效率，从而合理地发展人的安全活动，实现高水平的安全生产和安全生活。其目的是控制人的失误，激励人的安全行为。

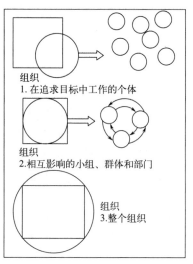

图 1-8　个体、群体和领导（组织）安全行为三者之间的逻辑层次关系

（3）安全行为科学的主要研究内容　安全行为科学的研究内容有：

① 人的安全行为规律的分析和认识；

② 安全需要对安全行为的作用；

③ 劳动过程中安全意识的规律；

④ 个体差异与安全行为；

⑤ 导致事故的心理因素分析；

⑥ 挫折、态度、群体与安全行为；

⑦ 注意在安全中的作用；

⑧ 安全行为的激励；

⑨ 安全行为管理的应用。

### 1.3.4.2　安全行为管理的研究方法

1.3.4.2.1　模型与行为变量的测量

（1）模型　人的行为，无论是个体行为、群体行为还是组织行为，都是非常复杂的现象，为把这一复杂的事物清楚地表达出来，安全行为管理在研究人的行为时，一般通过建立模型的方法来达到这一目的。

（2）模型的概念　模型是对某种现实事物的抽象与简化表示。模型与理论不同，虽然这两者都是对现实事物的抽象，但理论是抽象出事物的本质特征并加以概括，具有普遍的指导意义；而模型则并不一定抽象出本质特征，是根据研究的需要，只抽取事物的某些特征，目的是更清楚地了解事物的真实情况。

（3）模型的分类　模型的种类是多种多样的，可以按不同的标准对其进行分类。

① 按模型产生的形式分，可分为主观模型和客观模型。

主观模型是指人们对某一事物的直觉看法，这种模型比较粗糙，不是运用科学的方法获得的。如某个领导头脑中的用人之道，或对某一工作的设想。

客观模型不同于主观模型，它是用系统、科学分析取代人的直觉，对某一事物进行的描述。如采用科学分析的方法编制出一套干部选拔、任用、培养、提升的程序和制度，就是一个客观模型。

② 按模型的形态分，可分为物理模型与抽象模型。

物理模型是有形的、具体的模型，如医学教学用的人体模型、建筑上所用的建筑模型。

抽象模型是无形的、用符号表示的模型，其主要形式是数学模型。

③ 按模型反映事物的特征分，可分为标准模型和描述模型。

标准模型描述事物应当成为什么样子。

描述模型则表示某事物现在是什么样子。

例如，企业中的规章制度、标准化的操作规程都是标准模型。

④ 按模型的发展变化分，可分为静态模型和动态模型。

静态模型是表示事物静止状态的模型，如一张组织结构图就是一个静态模型。

动态模型则是表示事物发展动向的模型。

（4）模型的结构　任何模型，包括行为模型在内，都是由三个部分组成的，即目标、变量和关系。

① 目标。编制和使用模型，首先要有明确的目标，也就是说，这个模型是干什么用的。如是要预测职工的缺勤率，还是要选拔优秀人员；是要解释职工的工作动机，还是要考察干部的领导作风；是要解释生产率为什么下降，还是要试图解决企业的产品质量问题等。只有明确了模型的目标，才能进一步确定影响这种目标的各种关键变量，进而把各变量加以归纳、综合，并确定各变量之间的关系。

② 变量。变量是事物在幅度、强度和程度上变化的特征。人的行为变量是两个维度的变化。

第一个维度是定性的，不同工作行为的性质各不相同。操作工的行为不同于检修工的行为，生产部门管理人员的行为不同于销售部门管理人员的行为。

第二个维度是定量的，不同性质的行为有不同的计量单位。例如生产绩效可以用产量、错误率、产品不合格率、操作的精确度以及单位时间内完成的工作量作定量的测量，人的工作行为可以用缺勤率、任职时间的长短或态度量表（如测量工人对车间主任的反映）作定量测量。

由此可见，对于人的工作行为，首先要作定性分析，在此基础上确定行为变量的计量单位，进行定量分析。一般来说，行为变量的定性和定量维度都很重要。但从人的工作行为的角度来看，行为变量的定性比较容易，而行为变量的定量研究则比较复杂。

因此，在安全行为管理的研究中，确定了影响行为的重要变量之后，要选择适当的标准测量工具测定这些变量，从而确定有关变量与相应行为之间的关系。

在研究中要测定三种类型的变量，即自变量、因变量和中介变量。因变量就是所要测量的行为反应，而自变量则是影响因变量的变量。在研究中常用的因变量有：安全度、生产率、缺勤率、离职率以及工作满意感等；自变量也是各种各样的，如人的智力、个性、经验以及领导作风、选人方法、奖励制度、组织设计等。

掌握因变量和自变量的概念对于行为研究的设计有重要意义。例如，如果以产量为因变量，以领导作风为自变量，这样就可以设计出三种领导作风（如民主作风、专制独裁作风和放任自流作风）来考察不同领导作风对生产率的影响。又如，以安全度为因变量，以安全工作监督方式为自变量，则可以设计出不同的安全监督方式，考察它们对安全度的影响。

中介变量又称干扰变量，它会削弱自变量对因变量的影响。中介变量的存在会使自变量与因变量之间的关系更加复杂。例如，加强现场安全监督（自变量）会使生产过程的安全度提高（因变量），但这种生产过程的安全度提高与系统的复杂程度相关。这里系统的复杂程度就是中介变量。

③ 关系。确定了目标及影响目标的各种变量之后，还需要进一步研究各变量之间的关系。在确定变量之间的关系时，对何者为因、何者为果的判断，应持谨慎态度，不能因为两个变量之间存在着统计上的关系，就简单地认为它们之间存在着因果关系。

对变量间因果关系的判断，不能轻率，现实生活中有许多表面上看来是因果关系的情况，实际上并不一定是真正的因果关系。例如，有研究表明，身材高的职工比身材矮的职工更有可能成为优秀的职工，但身材高矮不一定就是成为优秀职工的原因，能吃苦耐劳或具有工作责任心可能是成为优秀职工的更重要原因。

1.3.4.2.2　行为变量的测量

对行为变量的测量一般都采用行为变量测量量表。

（1）量表　量表是用于每一被观察单位的测量系统。根据行为变量研究的任务不同，量表测量有关变量的精确程度也各不相同。一般来说，量表可以分为以下四种类型。

① 名称量表。名称量表也可称为类别量表。这种量表要求必须有两个或更多互不包容的类别或范畴来对测量对象分类，并根据规定给测量对象的每一类别赋予数字或其他标志，这些数字和标志仅是符号或称呼，没有任何数量大小和含义。如把人按男女性别分类就是一个最简单的名称量表。在安全行为学中常用的名称量表之一是职业量表。如把职工划分为电工、仪表操作工、机械维修工等。使用名称量表时有一个条件，只能把每个人或每一事物归入一类。此外，在职业量表中有时类别的划分不可能包括所有的职业，在这种情况下可列出"其他"一类，把不适合所列类别的职业归入这一类。

② 等级量表。等级量表用以表示某种变量的等级、顺序特点。这种量表只要求在几个

备选项目中按某种标准排出等级和顺序，不表明各备选项目之间差别的多少。例如，可按危险度分级标准把由 5 个子系统组成的生产系统排成安全性等级顺序：第一（　）；第二（　）；第三（　）；第四（　）；第五（　）。但这种量表无法反映出各子系统之间的差距大小，可能名列第一者与名列第二者之间的安全度差距很小，而名列第四者与名列第五者的安全度差距很大。等级量表上没有各项目间差距的资料。

③ 等距量表。等距量表是以间距相等的记分点对变量进行测量的。这就是说，在量表的任何点上，任何数字的差别，从理论上看都代表一个基本变量的均等差别。这种量表没有绝对的零点，只能作加减的运算，不能作乘除的运算。等距量表一般采用五点量表或七点量表，有时也可采用九点量表等。

④ 比率量表。比率量表既有相等的间距，也有绝对的零点。它具有等距量表的全部特征，只是增加了绝对的零点。

(2) 变量的处理方式　一般来说，在行为研究中，对变量的处理有六种不同的方式，应根据研究任务的不同决定选择合适的处理方式。

① 置之不顾。无论从理论还是从实际方面来看，有些变量是人们在研究中不感兴趣的，或者这些变量对所研究的问题没有什么影响。在这种情况下，可对这些变量采取置之不顾的处理方式。例如，要研究两种不同型号的机器，哪一种会使工人操作起来更为方便、安全。在这种情况下，机器的颜色也是一个变量，但可以认为这个变量无关紧要，因此可以对它置之不顾。

② 随机化。仍以上例来说，尽管我们认为机器的颜色无关紧要，但在研究过程中发现机器的颜色确实对工人的安全操作有某种影响。对这一变量就不能再置之不顾了，这时可以采用随机化的处理方式，也就是说，随机地选择颜色不同的两种类型机器进行多次的比较研究，以排除偶然机遇的影响。

③ 不加控制。在任何研究中，处理一个或更多的变量时，可以采用不加控制、让各变量随意变动的处理方式，然后加以测量。

④ 保持恒定。保持恒定的意思是指在研究中使一个变量保持相同。例如上述关于两种型号机器对工人安全操作的研究，可以使两种型号机器的颜色保持相同，这样，即使颜色对工人的操作有某种影响，也不致影响工人对两种机器操作安全的判断。

⑤ 匹配。各种变量也可采用匹配的方式加以操纵，从而排除某些变量的可能影响。例如，要研究两种不同的安全培训方案对提高职工安全技术水平的影响，但其中要控制性别因素，这样就要使采用不同培训方案的两个培训班男女职工的人数比例相同，这就是匹配。当然，这样说并不一定要求两个培训班里男女的比例各占 50%，而只是男女职工的比例必须相同。

⑥ 规定特定的标准或范畴。这种处理变量的方式是要求规定变量的不同水平。例如要研究某一车间的生产规模对安全度的影响。可以规定由 $100t/d$、$200t/d$、$500t/d$ 组成的生产系统，并研究这些生产规模不同的系统对安全度的影响。

(3) 测量的信度与效度　对于行为变量的测量在许多情况下不同于对物理变量的测量，可以用一把尺子测量某一物体的长度，但对行为变量的测量则没有那么简单。在多数情况下，对人的行为的测量要根据某些问题作出主观的判断或评定，或者说要对一些问卷和测验题目给予回答。这种主观的判断或评定是否可靠、是否有效应加以分析、整理与辨识，这就是测量的信度和效度问题。

① 测量的信度。信度是指测量的稳定性或可靠性，即对人的行为先后数次测量的一致性。大部分的信度指标都是用相关系数表示的，称为信度系数，信度系数越大，说明测量越可靠。

检验测量信度有下述几种方法，适用于检验信度的不同方面。

a. 重测信度。这种方法有时叫做测试再测试法。由同一个人在不同的时间内对同一组人员的行为进行测量和评定，然后计算两次测量或评定的相关系数。为了使前一次测量的记忆不致影响后一次测量，两次测量要有一段间隔时间，有时要间隔若干天或更长时间。一般来说，相关系数达到 0.7 以上，才能认为这种测量是稳定的和可靠的。但是这种方法不能用于知识测验之类的测量，因为对第一次测量的回答会保持在被测者的记忆中，影响第二次测量的真实性。

b. 等值性信度。这种方法是设计和编制两套项目类似的问卷，两套问卷在内容和难度方面是一致的。这种方法也称为平行测试法。用两套问卷对同一被测者进行测量，然后计算它们的相关系数。

重测信度和等值性信度的评定都需要对同一被测者进行两次测量，然而这有时不可能做到，因而需要用一次性的信度评定程序。

c. 一致性信度。对某种行为的测量，其各项目或各问题应当基本上测量同样的东西，这就是说，各个项目或各个问题是内部一致的，这就是一致性信度。

② 测量的效度。测量的效度是指行为测量的有效性，即测量到的是不是所要测量的行为特征。效度是对所要测量的某种行为特征的真实性或正确性的反映。越是正确地把握了目标，这种测量的效度也就越高。

如果说信度是测量本身内部的比较，那么效度则是测量与某种外部标准的比较，因此效度的评估比信度更为复杂。按用途的不同，可把效度分为内容效度、效标关联效度和构思效度。

a. 内容效度。内容效度是指测量项目在多大程度上反映了所要测定的行为特征。如用一组项目测量职工的操作技能，则内容效度反映的是这组项目在多大程度上系统地代表了操作技能。内容效度主要是通过专家的经验判断来评定。

b. 效标关联效度。所谓效标就是为测量规定的标准。效标关联效度是通过测量的分数与一个或几个独立的效标之间的比较来确定的。这两方面相关的程度越高，表明该测量的效度也越好。效标关联效度有同时效度和预测效度。

同时效度是测量的结果与现有的效标（如个人的工作绩效）之间的比较。如果两者的相关程度很高，则表明同时效度很好。

预测效度是指测量结果能够预测人们将来行为的程度，在安全行为管理中，往往需对某类工作人员进行评定，并希望测量结果能预计到被测者将来的工作成绩和表现。因此，在进行实际测量之前，要先确定或检验该测量的预测效度，其做法往往是在正式进行测量之前先进行小样本的测试。预测效度实际上是测量结果与一定时间以后人们行为表现之间的相关程度，这种相关程度越高，表示测量的预测效度也越好。

c. 构思效度。构思效度是指某种测量能测出该项测量赖以建立的理论构思的有效程度。确定构思效度的目的在于检验该测量是否真正测出了研究的理论构思。确定构思效度一般遵循下述程序：首先从某种理论出发提出关于某种或某些行为特征的基本假设；其次根据假设编制测量量表或问卷；再次，根据测量结果，由果溯因，通过各种统计方法（如相关分析、因素分析等）检验测量结果是否符合研究的理论构思。所以，构思效度的评定往往需要用较复杂的统计方法。

### 1.3.4.3 安全行为管理常用的研究方法

（1）观察法　观察是取得直接资料和间接经验的一种重要方法，在没有条件进行访问或实验的场合，观察是取得资料的主要途径。除了观察者运用自己的感觉器官（眼、耳、鼻、舌和皮肤等）直接观察人们的行为外，还运用现代科技手段，如采用录像机和录音机协助观察。有人说："实验是向自然发问，观察是听自然演讲。"观察法多种多样，大体分为两类。

① 参与观察法和非参与观察法。观察者直接参与被观察者的活动，并在共同活动中进行观察的方法称为参与观察法。观察者不参与被观察者的活动，以旁观者身份进行观察的方法称为非参与观察法。

参与观察法的好处是：研究人员以组织成员的身份去观察，使被观察者避免伪装和做作，从而使观察到的资料较为可靠和有效。

参与观察法存在的问题：a. 由于亲自投入现场，作为现场的一员，可能会影响到观察者判断事物的客观性。而非参与观察者就较为客观。b. 在观察别人时，会使别人感到不自然，若要使被观察者不知道是在观察他们的行为，就得创造一个客观的条件，这又是难以办到的。

此外，这两种方法都受到观察者本人的价值观、个性等的影响。

② 自然观察法与控制观察法。观察者在自然真实的情景下观察他人的行为，被观察者不知道自己处于被观察的状况下的观察叫自然观察法。凡是有计划、有系统记录，其结果跟一定的命题相联系而又能经受考核的观察叫控制观察法。

自然观察法的优点是所观察到的结果具有典型性，更易于运用于实际，它的缺点是有时不能肯定被观察者的行为变化是由何种变化引起的，而用控制观察法就会得到弥补。

（2）调查法　调查法是了解被调查者对某一事物（包括人）的想法、感情和满意度的方法，因为有些心理现象可以直接观察到，有些则不能直接观察到，对那些不能直接观察到的心理现象则可以通过调查、访问、谈话、问卷等方法来搜集有关材料。这种方法很有价值，研究者和管理者可以用这种方法来调查职工对组织以及所任工作的满意度，以及影响职工积极性的因素等。

① 调查取样方法。调查法要求研究对象必须有代表性，同时所运用的统计方法也必须恰当。为了使研究的对象具有代表性，样本选择很重要。取样方法有随机抽样、有意抽样和分层抽样。

② 调查法的种类。调查法的种类很多，有时可以单独使用，根据研究需要，有时也会将几种方法结合起来进行。调查法的种类主要有谈话法、问卷法。

（3）心理测验法　心理测验法就是采用标准化的心理测量表或精密的测量仪器，来测量被试者有关的心理品质的研究方法。例如常用的心理测验有能力测验、人格测验、机械能力测验、语言能力测验、机理能力测验、管理能力测验、学术倾向测验、心理健康测验等。

（4）定性与定量法　所谓定性，就是对人与事的特质进行鉴别和确定。比如在人员功能测评中，对各类人员的素质、智能和绩效进行评定，来确定人的质的规定性，而不是量的规定性，但作为对人的客观公正的定性，必须以定量为基础。定性与定量的有机结合，能够发挥测量之长和评定之优。定性与定量相辅相成，缺一不可。定量是定性的基础，定性则是定量的出发点和结果。所以，通过尺度、量表获得的人员特质的数据是定性的客观基础，而不是定性的替代；测试者凭借丰富的经验，对数据进行分析，对各类人员的素质、智能和绩效进行计量、鉴别，对人作出客观公正的评价。

（5）案例法　案例法是研究人员利用组织正式的或非正式的访问谈话，发调查表和实地观察所搜集的资料，以及从组织的各种记录与档案中去搜集有关个人、群体或组织的各种情况，用文字、录音、录像等方式如实地记录下来，提供给相关人员进行研究或讨论、分析。案例法是体现理论与实践、知识与能力、历史与现实、教学与研究、科学与艺术五统一的极好方法。它提供了许多学习和研究的建议，为解决未来实际工作中的问题作了虚拟的培训。

（6）情景模拟法　情景模拟法是根据被试者所担任的职务，测试者编一套与岗位实际情况相似的测试场景，将被测试者放在模拟的工作环境中，由测试者观察其才能、行为，并按照一定规范对测试行为进行评定。情景模拟测评，一般通过公文处理、小组讨论、上下级对话、口试等方法进行。无领导小组讨论，在人员接触、岗位晋升工作中应用广泛，从讨论中可以了解被试者的语言表达、思维、应变、驾驭等方面的能力。由于情景模拟方法具有针对性、客观性、预测性、动态性等特点，所以对人员考核的信度、效度较高，但对主持者的技术要求也比较高。

（7）系统法　以美国学者卡斯特、米勒、罗森茨韦克为代表的系统学派，将系统理论全面运用于管理，经过分析指出，任何组织都可分为目标、技术、管理（工作）、结构、社会心理（人际社会）五个子系统（因素），并特别强调要从总体和相互联系上，研究各种因素对实现组织总目标的作用。他们主张把组织看成是一个与外部环境不断进行物质和信息交流的开放系统。因此，分析研究组织问题离不开环境，要求在研究组织的行为与管理时，既要分析组织内的五个子系统，又要研究与五个子系统紧密相连的外在环境。

（8）实验法　由于人类行为的复杂性，许多变量不容易控制，因而人们很难确定，一定形式的行为就是某一组织特点的直接产物，而实验法能克服现场研究法中的缺点。这种方法要求先假设一个或多个自变量对另一个或另几个因变量的影响，然后设计一个实验，有系统地改变自变量，然后测量这些改变对因变量的影响。例如对工作场所内噪声强度予以不同的改变，以探求噪声强度对工作效率、工作速度是否存在函数关系。

① 实验室实验法。实验室实验是在有意设定的实验室内进行的，通常是借助于各种仪器设备，在严格控制的条件下，通过反复实验而取得精确的数据。这种实验可以模拟自然环境或工作环境中的条件，来研究被试者的某种心理活动，比如对汽车司机的应变实验，可以模拟自然景色，汽车除了没有轮胎，其他都是完好的，司机的前方设一电视屏幕，使被试者有如身临其境，然后让电视屏幕中的马路上突然出现障碍，从而在仪表的控制下检查司机紧急刹车的应变反应。显然，实验室实验多具有人为性，使所得的结果往往与实际情况存在一定的距离。实验室实验多用于对一些简单的心理现象的研究，而对复杂的个性方面的问题，则具有较大的局限性。

② 自然实验法。自然实验法又称现场实验法。这种方法，就是在正常的工作条件下，适当地控制与实际生产活动有关的因素，以促成被试某种心理现象的出现，这种研究有较大的现实意义。自然实验法的优点是：它既可以主动地创造实验条件，又可以在自然情景下进行，因而其结果更符合实际，并且能兼有观察法和实验法的两种优点。但是，它不如观察

法广泛，也不如实验室实验法精确，有时，由于现场条件系统的复杂性，许多可变因素要全部排除或在短期内保持不变，往往很难做到，必须进行周密的计划，并坚持长期观察研究才能成功。

## 1.4 心理学、行为学与安全行为管理

安全行为管理的目的就是通过应用心理学、行为学的基本原理与方法，研究人的心理过程、生理行为与安全生产的关系问题，揭示人在生产过程中的行为规律，从安全管理的角度分析、预测和引导人的行为，为保障人类安全、健康和安全生产服务。

应该注意，人的行为是心理机制与环境相互作用的结果。行为的产生首先需要心理机制的存在才能接受环境的输入，经过一系列的决策或计算对输入进行加工，而后产生明显的行为。安全行为管理与心理学、行为学是密切相关的三个学科，它们都是以人为研究对象。安全行为管理更倾向于对生产过程中与事故关联的人的行为的研究。对事故的研究表明，事故的发生与人的心理和行为因素密切相关。人们已认识到通过研究人的心理特征和行为规律，激励安全行为，避免和克服不安全行为，对于预防事故具有重要作用和积极的意义。它们之间的逻辑关系可用图 1-9 表示。

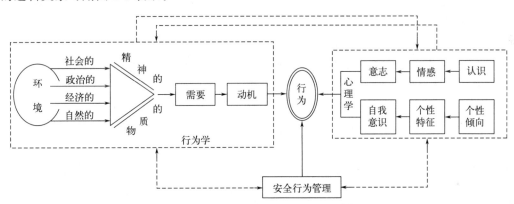

图 1-9 安全行为管理与心理学、行为学的逻辑关系

行为学的理论指出，人的行为受个性心理、社会心理和环境等因素的影响。因而，生产中引起人的不安全行为、造成的人为失误和"三违"的原因是复杂的。对于人为事故原因的分析就不能停留在"行为"这一外观表现层次上，应该进行更为深入的分析。

例如在分析人的不安全行为表现时，应分清是生理还是心理的原因；是客观还是主观的原因。对于心理、主观的原因，主要从人的内因入手，通过教育、监督、检查、管理等手段来控制或调整；对于生理或客观的原因，除了需要管理和教育的手段外，更主要的是从物态和环境的方面进行研究，以适应人的生理客观要求，减少人的失误。行为学中的人的行为模式、影响人行为的因素分析、挫折行为研究、注意与安全行为、事故心理结构、人的意识过程等理论和规律都有助于研究和分析事故的原因。

动机和行为具有复杂的关系，在进行事故责任者的行为分析时，要从分析行为与动机的复杂关系入手，要全面分析个人因素与环境因素相互作用的情况，任何行为都是个人因素与环境因素相互作用的结果，是一种"综合效应"。分析个人因素时，要同时分析外在表现与内在动机。动机和行为不是简单的线性关系，而存在着复杂的联系。

同一动机可引起不同的行为。例如，想尽快完成生产任务，这种动机可表现在努力工作，提高效率；也可能出现蛮干违章，不顾操作规程等等。

拓展阅读：
节约不是
抑制消费

同一行为可出自不同的动机。例如"三违"这类不良行为，有的是有意为之，明知故犯；也有无意失误的情况。

合理的动机也可能引起不合理甚至错误的行为。例如要提高工效，可能会忽视了劳逸结合，造成疲劳工作，从而导致事故。因此，在分析人的安全行为时，要透过现象看本质，从人的动机入手，实事求是地进行分析处理，这样才能既符合实际，又切中其弊。

**【案例反思】** 在巴西海顺远洋运输公司门前立着一块高5m、宽2m的石头，上面用葡萄牙语镌刻着让人心情沉重的关于安全责任、人的心理反应、行为表现的真实故事。

当巴西海顺远洋运输公司接到"环大西洋"号海轮发出的求救信号，派出的救援船到达出事地点时，"环大西洋"号海轮消失了，21名船员不见了，海面上只有一个救生电台有节奏地发着求救的信号。救援人员看着平静的大海发呆，谁也想不明白在这个海况极好的地方到底发生了什么，从而导致这条最先进的船沉没。这时有人发现电台下面绑着一个密封的瓶子，打开瓶子，里面有一张纸条。

（1）一水理查德：3月21日我在奥克兰港私自买了一个台灯，想给妻子写信时照明用。

（2）二副瑟曼：我看见理查德拿着台灯回船，说了句这个台灯底座轻，船晃时别让它倒下来，但没有干涉。

（3）二副帕蒂：3月21日下午船离港台，我发现救生筏施放器有问题，就将救生筏绑在架子上。

（4）二水戴维斯：离港检查时，发现水手区的闭门器损坏，用铁丝将门绑牢。

（5）二管轮安特耳：我检查消防设施时，发现水手区的消防栓锈蚀，心想还有几天就到码头时再换。

（6）船长麦凯姆：起航时，工作繁忙，没有看甲板部和轮机部的安全检查报告。

（7）机匠丹尼尔：3月23日上午理查德和苏勒的房间消防探头连续报警。我和瓦尔特进去后，未发现火苗，判定探头误报警，拆除交给惠特曼，要求换新的。

（8）大管惠特曼：我说正忙着，等一会儿拿给你们。

（9）服务生斯科尼：3月23日13时到理查德房间找他，他不在，坐了一会儿，随手开了他的台灯。

（10）机电长科恩：3月23日14时我发现跳闸了，因为这是出发前出现过的现象，没多想，就将闸合上，没有查明原因。

（11）三管轮马辛：感到空气不好，先打电话到厨房，证明没有问题后，又让机舱打开通风阀。

（12）管事戴思蒙：14时30分，我召集所有不在岗位的人到厨房帮忙做饭，晚上会餐。

......

（21）最后是船长麦凯姆写的话：19时30分发现火灾时理查德和苏勒的房间已经烧穿，一切糟糕透了，我们没有办法控制火情，而且火越来越大，直到整条船都是火。我们每个人都只犯了一点错误，但酿成了船毁人亡的大错。

**复习思考题**

（1）如何理解安全与危险的关系？

（2）简述 $R = pL$ 在安全生产工作中的指导意义。

（3）简述危险源、事故隐患、意外事件、事故的逻辑关系。

（4）正确理解保护层的概念。如何在安全生产管理中恰当地使用保护层？

（5）如何理解与使用工程技术、教育培训及法规标准的安全管理？

（6）综述安全基本原理中关于人的心理与行为的内容。

（7）综述人的心理现象，并举例加以说明。

（8）心理过程的三个阶段分别是认识过程、情感过程与意志过程，你能够区分与把控这三个阶段吗？

（9）安全心理学发展过程中，几个重大贡献是什么？

（10）阐述心理测量中的两个基本要素：信度与效度。

（11）如何理解安全心理学在安全工作中的作用？举例加以说明。

（12）如何理解 $B = f(P \cdot E)$ 这一行为定义？举例说明。

（13）如何理解人的本质？

（14）综述人行为的特征。说明这些特征对行为的影响是什么？

（15）综述影响人行为的因素。如何应用这些影响因素指导行为规范？

（16）什么是无意识不安全行为？如何预防？

（17）如何认识与理解安全行为管理与心理学、行为学的逻辑关系（图 1-9）？对安全行为管理有何指导意义？

（18）如何认识"三违"不良行为，做好行为安全管理？

# 2 人的心理特征与安全

人的心理特征对人的安全行为具有重要的调节与控制作用，本章将从人的心理特征过程与安全、人的生物节律与安全、人的个性心理与安全、与安全密切相关的心理状态等方面进行讨论，探讨人的心理过程与安全的关系。

## 2.1 生活事件与事故

在生活中，那些对人产生显著影响或关键性变化的事件叫做生活事件，生活事件的实质是人与人之间关系的一种表现。人从一生下来，就同他人发生各种关系，首先是与父母，其次是与兄弟、姐妹和家庭其他成员打交道，在情绪、情感、语言、信息的沟通与交流中逐渐形成一定的关系。进入幼儿园，则要和其他小朋友、老师交往。上学以后，与同学、老师之间也会形成同学、师生关系。在工作中，则有同事关系、与工作单位的领导者的关系等。人际关系如何，不仅影响一个人的身心健康和生活质量，而且还会直接或间接影响着工作效率和生产的安全。

为了表征生活事件的影响大小，1967 年美国心理学家霍尔姆斯（T. Holmes）等人通过大量研究设计出一种生活事件转化为应激水平的量表（SRRS），量表中列举了 42 件引起某些生活变化的事件，并依其影响大小给予不同分值，用"生活改变单位"（LCU0～100）的数值表示，见表 2-1。

拓展阅读：
生活事件

表 2-1 社会生活再适应评定量表

| 生活事件 | LCU 平均值 | 生活事件 | LCU 平均值 |
| --- | --- | --- | --- |
| 配偶死亡 | 100 | 坐牢 | 63 |
| 离婚 | 73 | 家庭密切成员死亡 | 63 |
| 夫妻分居 | 65 | 个人受伤或患病 | 53 |
| 结婚 | 50 | 妻子开始工作或退职 | 26 |
| 被解雇 | 47 | 入学或毕业 | 26 |
| 复婚 | 45 | 生活环境条件改变 | 25 |
| 退休 | 45 | 个人习惯改变 | 24 |
| 家庭成员健康状况改变 | 44 | 与领导有矛盾 | 23 |
| 怀孕（夫妻都加分） | 40 | 工作时数或条件改变 | 20 |
| 性功能障碍 | 39 | 迁居 | 20 |

续表

| 生活事件 | LCU 平均值 | 生活事件 | LCU 平均值 |
|---|---|---|---|
| 增加新家庭成员 | 39 | 转入新的集体 | 19 |
| 工作遭遇困难 | 39 | 娱乐方式改变 | 19 |
| 经济状况改变 | 38 | 宗教活动改变 | 19 |
| 密友死亡 | 37 | 社交活动改变 | 18 |
| 工作变动 | 36 | 借贷少于万元 | 17 |
| 与配偶争执增多 | 35 | 睡眠习惯改变 | 16 |
| 抵押借贷逾万元 | 31 | 家庭中共同生活人数改变 | 15 |
| 被取消抵押品的赎回权 | 29 | 饮食习惯改变 | 15 |
| 子女离家出走 | 29 | 度假 | 13 |
| 法律纠纷 | 29 | 圣诞节 | 12 |
| 个人取得显著成绩 | 28 | 轻微的违法行为 | 11 |

根据量表总得分值预计危险程度，如家庭密切成员死亡，尤其是配偶死亡，影响最大，需要最大的再适应，因此定为100LCU，其他事件给予0~100LCU之间的分值。

必须指出，霍尔姆斯等人的量表是根据美国社会和美国人的生活、道德、伦理和价值观念制订的，与我国国情有一定差距。因此有必要根据我国国情、文化背景和社会生活情况制定我国自己的量表。我国于20世纪80年代初引进SRRS，根据我国的实际情况对生活事件的某些条目进行了修订或增删。如上海市精神卫生中心等编制的"正常中国人生活事件评定量表"，湖南医科大学精神卫生研究所杨德淼、张德森编制的"生活事件名称表"，见表2-2。

表2-2 生活事件名称表

| 序号 | 生活事件名称 | 序号 | 生活事件名称 | 序号 | 生活事件名称 |
|---|---|---|---|---|---|
| 1 | 恋爱或订婚 | 17 | 离婚 | 33 | 突出的个人成就 |
| 2 | 恋爱失败、破裂 | 18 | 子女失学(就业)失败 | 34 | 晋升、提级 |
| 3 | 结婚 | 19 | 子女管教困难 | 35 | 对现职工作不满意 |
| 4 | 自己(爱人)怀孕 | 20 | 子女长期离家 | 36 | 工作学习中压力大(如成绩不好) |
| 5 | 自己(爱人)流产 | 21 | 父母不和 | 37 | 与上级关系紧张 |
| 6 | 家庭增添新成员 | 22 | 家庭经济困难 | 38 | 与同事(邻居)不和 |
| 7 | 与爱人父母不和 | 23 | 欠债500元以上 | 39 | 第一次远走异国他乡 |
| 8 | 夫妻感情不好 | 24 | 经济情况显著改善 | 40 | 生活规律重大改变(饮食、睡眠规律改变) |
| 9 | 夫妻分居(因不和) | 25 | 家庭成员重病、重伤 | 41 | 本人退休(离休)或未安排具体工作 |
| 10 | 夫妻两地分居(工作需要) | 26 | 家庭成员死亡 | 42 | 好友重病或重伤 |
| 11 | 性生活不满意或独身 | 27 | 本人重病、重伤 | 43 | 好友死亡 |
| 12 | 配偶一方有外遇 | 28 | 住房紧张 | 44 | 被人误会、错怪、诬告、议论 |
| 13 | 夫妻重归于好 | 29 | 待业、无业 | 45 | 介入民事法律纠纷 |
| 14 | 超指标生育 | 30 | 开始就业 | 46 | 被拘留、受审 |
| 15 | 本人(爱人)做绝育手术 | 31 | 高考失败 | 47 | 失窃、财产损失 |
| 16 | 配偶死亡 | 32 | 扣发奖金或罚款 | 48 | 意外惊吓、发生事故、自然灾害 |

随着经济社会的发展，我国心理学家宁维真、张瑶等人根据我国特点，进一步修订了 SRRS，并命名为"生活经历调查表"（LEES）。

心理学家认为，单位时间内生活改变单位的累计值可以作为度量人的应激强度的指标，得分越高，表明要求人重新调节的程度越大，人的应激水平越高。当生活改变单位的累计值超过一定限度时，强烈的情绪应激足以损害一个人的身心健康和适应环境的能力，使他得病或卷入一场事故中去。两年内 LCU 累计值导致患病或受伤的概率见表 2-3。

表 2-3  两年内 LCU 累计值导致患病或受伤的概率

| LCU 累计值 | 患病或受伤的概率/% | 身体抵抗力和适应环境的能力 |
| --- | --- | --- |
| 50～199 | 9～33 | 强 |
| 200～299 | 30～52 | 有限 |
| >300 | 50～86 | 差～极差 |

有的学者通过研究指出，当某人在过去 18 个月的生活变化单位累计值达 150 时，即表明他很有可能患病或发生事故。因此从安全的角度来说，对在过去一年半中其 LCU 累计值达 150 的人，必须密切加以注意。

死于车祸的驾驶员与其他条件相当的一般驾驶员的生活事件与事故的关系参见表 2-4。

表 2-4  车祸组与对照组的生活事件比较                    单位：%

| 组别 | 人际关系问题 | 失去亲人 | 工作问题 | 经济问题 | 其他问题 |
| --- | --- | --- | --- | --- | --- |
| 车祸组 | 36 | 10 | 31 | 16 | 58 |
| 对照组 | 6 | 6 | 5 | 7 | 16 |

# 2.2  人的心理特征过程与安全

人具有感觉、知觉、意识、记忆、思维、想象、情绪、情感、意志等心理特征过程，这些心理特征在生产过程中对人的行为发挥着重要的控制作用，研究这些人的心理特征与安全的关系，对预防事故有着重要意义。

## 2.2.1  感觉与知觉对安全的影响

### 2.2.1.1  感觉对安全的影响

人的眼睛能够看到五彩缤纷的世界，耳朵能听到各种不同的声音，舌头可以品尝出酸、甜、苦、辣等味道。人们对客观世界的认识和知识都是始于感觉。

如鲍勃·伊登斯一出生就失明，在 51 岁时复明。他在谈及复明后的经历时说："我从来没有想到黄色竟是那么黄！黄色让我感到惊讶，难以形容。红色是我最喜欢的颜色。但是我难以相信这就是红色。天不亮，我就迫不及待地起床，想去看一切我能看见的东西。夜晚，我遥望天空中的星辰和闪烁的光。有一天，我看见一些蜜蜂，它们美极了。我看到一辆卡车流星似的在雨中驶过，在空气中留下一道水雾，它们美极了。我还看见一片凋零的叶子在空中飘荡，让人难以忘怀。世界对我来说是那么美！你们能理解吗？"

（1）感觉的概念  感觉是人常见的、最基本的心理现象，外界的刺激物作用于人的各种感觉器官，经过神经系统的信息加工在人的大脑里就产生了各种各样的感觉。同时，感觉也反映机体内部的刺激。我们能觉察到自身的姿势和运动，感受到内部器官的舒适、疼痛、饥渴等等。所有这些都是在客观事物的作用下，对外部刺激的反应或是对内部刺激的反应。感觉是人对刺激给予感觉器官的直接感受，是对刺激物个别属性的反应。

拓展阅读：
感觉剥夺实验

拓展阅读：
感觉的人性化

感觉虽然反映的是事物的最简单的属性，但在人们的生活和工作中具有重要的意义。

① 感觉为人体提供了内外环境的信息。

② 感觉保证了机体与环境的信息平衡。

③ 感觉是人的一切较高级、较复杂心理现象的基础，是人的全部心理现象的基础。

（2）感觉的种类　感觉的种类是根据分析器的特点以及它们所反映的最适宜的刺激物的不同而划分的。

① 外部感觉。外部感觉接受身体外部的刺激，反映外界事物的个别属性。这类感觉主要有视觉、听觉、嗅觉、味觉、皮肤感觉等。

② 内部感觉。内部感觉是人对机体内的刺激即身体内脏器官的不同状态及机体自身运动的反应，如机体觉、平衡觉、运动觉等。机体觉是由机体内部环境变化作用于内脏感觉器官而产生的内脏器官活动状态的感觉。平衡觉是指机体在作直线加速运动或旋转运动时，能够保持身体平衡并知道其方位的一种感觉。

人对某种刺激的感受性不仅取决于该刺激的性质，同一感受器接受的其他刺激以及其他感受器的机能状态，都会对这一刺激的感受性产生影响，这种影响叫感觉的相互作用。感觉的相互作用有两种形式：一是同一感觉中的相互作用，二是不同感觉之间的相互作用。

（3）感觉的一般规律　感觉的心理规律主要表现在个体的感受性和感觉阈限之间的关系以及感受性变化方面的规律。

① 感受性与感觉阈限

a. 绝对感受性和绝对感受阈限。刺激只有达到了一定的强度才能被人觉察到。要使人知觉到一个刺激，刺激必须具备一定的物理能量，那种刚刚能觉察到的最小刺激量称为绝对感受阈限。绝对感受性是指刚刚能够觉察出最小刺激量的能力。

b. 差别感受性和差别感受阈限。差别感受性是指人对两个刺激量强度差别的感觉能力。差别感受阈限是指刚刚能引起人差别感觉的两个同类刺激物之间的最小差别量。刺激引起感觉后，刺激量的变化并不一定都能引起感觉上的变化。例如，在原有 200 支烛光上再加上 1 支烛光，是觉察不出光的强度有所改变的；一定要增加或减少一定支数的烛光，才能觉察出前后两种光在强度上的差别。为了引起一个差别感觉，刺激必须增加或减少到一定的数量。能觉察出两个刺激的最小差别量称为差别感受阈限或最小觉差。

② 感受性变化规律

a. 适应。适应是由于刺激物对感受器的持续作用而使感受性发生变化的现象。适应可以引起感受性的提高，也可以引起感受性的降低。适应引起的感受性变化是一种暂时性的变化，当刺激条件改变之后，感受性会自然恢复至原有状态。

b. 对比。对比是指感觉的相互作用、相互影响而使感受性发生变化的现象。事物是互相联系、互相影响的，根据刺激物作用时间的不同，感觉对比可以分为同时对比和继时对比。

c. 联觉。联觉是指一种感觉引起另一种感觉的现象，它是感觉相互作用的另一种表现。例如，听到美妙的音乐，使人仿佛看到绚丽的景色，闻到花的芳香，品味美好的佳肴等。红、橙、黄色会使人感到温暖，所以这些颜色被称作暖色；蓝、青、绿色会使人感到寒冷，因此这些颜色被称作冷色。日常生活中，人们常说"甜蜜的声音""冰冷的脸色"等等，都是一种联觉现象。

### 2.2.1.2　知觉对安全的影响

（1）知觉的概念　知觉是在感觉的基础上产生的，是对事物的各种属性、各个部分以及它们之间关系的综合、整体、直接的反映，是个体选择、组织并解释感觉的过程。

知觉的产生以头脑中的感觉信息为前提，以感觉为基础，与感觉同时进行，并对感觉信息进行解释，知觉并非感觉的简单相加，是比感觉的简单相加要复杂得多，也丰富得多的心理现象。知觉和感觉一样，都是刺激物直接作用于感觉器官而产生的，都是人对现实的感性反映形式。离开了刺激物对感觉器官的直接作用，既不能产生感觉，也不能产生知觉。

当外部大量刺激冲击人们的感官时，人们倾向于有选择地接受信息，并把感觉的信息加以整合、组织，形成稳定、清晰的完整映像，这种知觉对感觉信息的组织、加工过程主要依靠人们过去的经验。

（2）知觉的种类　知觉的种类主要有：

① 空间知觉。空间知觉是物体空间特性在人脑中的反映，是个体对物体空间特性即形状、深度、方位、大小等的知觉。形状知觉是个体对物体各个部分排列组合的反映；大小知觉是个体对物体空间尺寸或距离的反映；深度知觉又叫立体知觉或距离知觉，是个体对同一物体的凹凸或不同物体的远近的反映；方位知觉是个体对自身或物体所处位置和方向的反映。

拓展阅读：专门化知觉预测训练

② 时间知觉。时间知觉是对客观事物时间关系，即事物运动的速度、节奏以及延续性和顺序性的反映，是一种以内脏机体感觉为主的复杂知觉过程。世界上一切存在的基本形式是空间和时间，但是时间不像光和声那样有专门的感受器。时间既没有开始也没有结束，从无穷的过去直到无穷的未来。

要判断时间，就必须以某种客观现象作为参考系。作为时间知觉的参照指标有四个方面：自然界的周期性现象、人造的计时工具、有机体的各种节律性活动、以人的活动或活动对象的变化为依据。

③ 运动知觉。运动知觉是个体对物体空间位移的反应，是人的多种器官协同活动的过程。人对客观事物不断变化和变化速度的知觉是通过多种感官的协同活动而实现的。

运动知觉是很复杂的，其产生依赖于一定的条件：首先是物体运动的速度，其次是运动物体离观察者的距离远近。在同样速度下，近物显得快一些，远物显得慢一些。人在观察某一物体是运动还是静止，以及运动速度的快慢，都在与另一物体相比较。这个被比较的物体，就是运动知觉的参考系。

运动知觉的种类有：真动知觉，是对物体真正空间位移的知觉。似动知觉，是指两个静态物体，按照一定的时间依次出现，使人感觉是一个动态的物体。诱动知觉，是指在没有更多的参考标志的条件下，两个物体中的一个在运动，人可能把它们中的任何一个看成是运动的。

④ 错觉。错觉是人们对客观事物不正确的知觉。错觉是在客观刺激物作用下，人脑对客观事物主观歪曲的知觉，是在一定条件下必然产生的，它对安全生产管理具有重要意义。错觉的种类很多，常见的错觉有大小错觉、方位错觉、图形错觉、运动错觉等。

关于错觉产生的原因虽有多种解释，但迄今没有一个公认的解释。从现象上看，错觉的产生可能既有客观的原因也有主观的原因。在客观上，错觉大多是在知觉对象所处的客观环境有了某种变化的情况下产生的。在知觉的情景已经发生变化时，人还以原先的知觉模式进行感知，这是错觉产生的原因之一。在主观上，错觉的产生与过去经验、情绪等因素有关。人对当前事物的感知总是受着过去经验的影响，错觉的产生也受到过去经验的影响。情绪态度也会使人产生错觉。例如，时间错觉，有所谓"度日如年""一日三秋"之感。也有所谓"光阴似箭，日月如梭"之感。战败了的士兵，由于恐惧情绪而产生"风声鹤唳、草木皆兵"的错觉等。

总之，产生错觉的原因是多种多样的，既有客观的因素，也有主观的因素，是一种与客观事物不相符的错误知觉，对人认识事物有一定的消极影响，但了解错觉的原因和规律之后，也可以利用它为安全生产服务。

（3）知觉的基本特征　知觉的基本特征有：

① 知觉选择性。是指人根据当前的需要，对外来刺激物有选择地作为知觉对象进行组织加工的过程。

知觉对象的选择与很多因素有关，客观方面主要有对象与背景的差别性、对象的活动性、刺激物的新颖性；主观方面主要有知觉有无目的和任务、已有的知识经验丰富程度、个人需要、动机、兴趣爱好、定势与情绪状态等。

知觉对象从背景中分离与注意的选择性有关。当注意指向某个客体的时候，该客体就成为知觉的对象，其他客体成了背景，因此注意选择性的规律也就是知觉的对象从背景中分离出来的规律。

② 知觉的整体性。是指人根据自己的知识经验把直接作用于感官的客观事物的多种属性整合为统一整体的组织加工过程。

人的知觉活动有时先反映个别属性，后知觉事物的整体；有时先知觉整体，后反映个别属性。知觉整体性一方面是人在知识经验的基础上对感觉信息的整合过程，另一方面与知觉对象的特性及其各个部分之间的结构成分有密切关系。知觉整体性是知觉积极性和主动性的一个重要方面，它提高了人们知觉事物的能力。

③ 知觉的理解性。人在知觉某一客观对象时，总是利用已有的知识经验去认识它，并用词把它标志出来，这种感性阶段的理解就是知觉的理解性，理解有助于人们整体地知觉事物。

④ 知觉恒常性。是当知觉对象的物理特性在一定范围内发生了变化的时候，被知觉的对象仍然保持相对不变的特性。

知觉恒常性现象在视知觉中表现得很明显、很普遍，一般有大小、亮度、形状和颜色等恒常性。知觉恒常性在我们日常生活、工作和学习中有很重要的意义，它有利于人们正确地认识和精确地适应环境。恒常性消失，人对事物的认识就会失真，工作和学习就会遇到严重的困难。

（4）知觉的影响因素　知觉作为一种心理活动过程，依赖于直接作用于感官的刺激物的特性，对这些特性的加工叫数据驱动加工。

知觉的产生过程还依赖于感知的主体，即社会人，而不是孤立的眼睛、耳朵和鼻子。知觉者对事物的需要、兴趣和爱好，或对活动的预先准备状态和期待，以及他的一般知识经验，都在一定程度上影响知觉的过程和结果。人的知觉系统不仅要加工外部输入的信息，而且要加工在头脑中已经存储的信息，这种对头脑中存储信息的加工叫概念驱动加工。

### 2.2.1.3　感知规律在安全生产中的应用

正确应用感知活动的规律，对指导、规范人的安全生产行为具有重要意义。

（1）安全生产管理中直观感知的基本形式主要有：

① 实物直观。就是在生产活动过程中，通过直接观察实物让人亲身感受事物的真面目，为生产活动的安全进行提供感性的材料。这种直观形式的优点是生动、形象、逼真，有助于正确和精确地理解安全生产知识。其缺点是本质的属性被其他非本质属性掩盖，如用圆盘做圆的直观，就很不容易看出圆心、半径和直径。另外受时间和空间限制，过去社会的生产方式就很难被直接感知。

② 模像直观。模像直观也叫模具直观，指通过图片、图表、模型、幻灯片和教学影像等模拟实物形象而有目的地提供典型的感性材料。这种直观虽然不如实物逼真，但可以人为地突出重点与本质，操作演示也方便灵活，不易受时间和空间限制，可以补充实物直观的不足，为理解安全生产创造有利条件。

③ 言语直观。言语直观是利用语言（书面或口头）的生动具体描述、形象鲜明的比喻、合乎情理的夸张等形式，提供感性认识，唤起对事物的表象，加深对安全生产知识的理解。言语虽然有不受时间、空间限制的优点，但它不如实物、图片等生动、形象、逼真，如果在安全培训中能够根据具体培训内容和培训对象的特点，将言语与呈现实物或模型有机地结合起来，那么安全培训的感知会更精确、全面。

（2）感知觉规律在安全生产教育培训中的应用。根据安全生产教育培训任务的性质，灵活运用各种直观方式。

① 感知对刺激强度依存性的规律。作用于感觉器官的刺激物必须达到一定的强度才能被人们清晰地感知到。因此，在教育培训时要考虑演示对象的大小、颜色、声音等，以使被培训者能清楚地感知到。

② 感觉的对比规律。在性质或强度上对比的刺激物同时或相继地作用于感觉器官时，往往能使人对它们的差别感知特别清晰。例如在安全教育培训中应用对比的颜色，黄、蓝对比或红、绿对比等，以加强人对事物的感知。安全标志色就是对比规律在安全生产中的具体应用。

③ 知觉中对象与背景转换的规律。对象和背景在颜色、形态和程度等方面的差别愈大，知觉的对象就愈清晰地显现出来。因此，在安全教育培训或安全生产中，应用背景把需要知觉的对象衬托出来，使人能够清晰地感知到对象的主要部分，切不可使主要部分成了次要的背景。

④ 根据安全教育培训对象掌握知识的特点使用直观模具。运用直观教具，可使安全教育培训对象在看得见、听得见、感受得到的过程中学习。在使用直观模具时要考虑如何把安

全教育培训对象的具体形象思维引向抽象思维。

⑤ 直观和言语结合，言语在知觉理解性中起着重要作用。使用直观模具时，要伴以言语说明或解释，使直观和言语很好地结合起来。言语与模象、实物直观结合的方式有三种：言语在前，形象在后，主要起动员和提示作用；言语和形象交叉或同时进行，言语主要起引导观察、补充说明重点与难点的作用；言语在形象的后面，主要起总结概括或强化作用。

（3）运用知觉的组织原则，突出直观对象的特点，提高人的安全行为感知。在安全生产中，应按照知觉的组织原则，正确地组织直观对象，如对危险对象的标识标志、安全色、特殊装置等提高人在安全生产中的感知效果。

如根据感知的强度规律，作用于感觉器官的刺激物必须达到一定的强度。因此在危险场所设置报警设备时，报警声音要洪亮，语速要适中、清晰，并配有色彩光，要让工作场所的全体人员听得懂、看得见，达到正确感知安全信息的效果。

在企业的安全生产中，有很多行之有效的安全信息表达手段与方式，在具体应用时要结合企业的实际灵活应用。特别要充分利用信息技术来提高人在生产过程中对安全信息的感知效果。

（4）运用感知规律培养人在安全生产中的观察力。观察是有目的、有计划的知觉，是知觉的高级形式。观察比一般的知觉有更深的解释性，思维在其中起着重要作用，因此观察也被认为是思维着的知觉。

观察力是指有计划、有目的知觉的能力，是智力结构的组成部分，是通过系统的训练逐渐培养起来的。充分运用感知规律培养人在安全生产中的观察力，对提高人的安全行为具有重要意义。

① 明确观察的目的与任务。要改善人的观察力，就需明确观察的目的与任务，提出有效的观察要求，并要求用规范的语言或图画、图表描述所观察的一切，并有效控制自己的行为。

② 制定周密的观察计划。观察需要考虑观察的程序和步骤、观察的要点、可能发生的问题以及具体的要求等。这些充分的准备、周密的计划是引导完成观察任务的必要条件。如果缺乏观察计划性，实际观察中可能会出现手忙脚乱、顾此失彼，从而遗漏重点。

③ 具备观察事物和想象的必要知识。已有知识经验会直接影响观察效果。

④ 掌握一定的观察方法。观察要由近及远、由大到小、由外到内、由整体到部分系统性地观察，同时调动人的多种感官去认识事物的本质。例如，用眼睛去看，用手去摸，用鼻子去闻，用耳朵去听，用口尝一尝，用心去想等。

## 2.2.2 注意对安全的影响

### 2.2.2.1 意识与注意

（1）意识的概念 意识是一个古老而又难解的谜，迄今为止，对于意识人们还没有一个令人满意的定义。

首先，就心理状态而言，"意识"意味着清醒、警觉、注意集中等。

其次，就心理内容而言，"意识"包括可以用语言表达的一些东西，如对幸福的体验、对周围环境的知觉、对往事的回忆等。

再者，在行为水平上，"意识"意味着受意愿支配的动作或活动，与自动化的动作相反。

最后，在更高的哲学水平上，意识是一种与物质相对立的精神实体，由思想、幻想、梦等构成。

意识概念本身很复杂，它可以从不同的角度进行理解。意识是一种觉知、意识是一种高级的心理过程、意识也是一种心理状态。

总之，人的绝大多数活动都要受到意识的监视和控制。例如你抬一抬手，视觉和运动觉、触觉都会把手的动作情况汇报给意识，进而确定手抬的高度，胳膊弯曲的程度；同时，意识还为你决定了抬手的目的，监视着该动作能否达到目的，根据感觉报告的动作情况修改动作方式或结束动作。另外，意识也监视和控制你的心理活动。你思考一个问题，意识知道思考的问题是什么，从哪儿想起，意识为你安排如何思考。意识更要监视你思考到什么地方，遇到什么问题，意识为你确定解决问题的方法，修改解决问题的方法，结束思考等。

（2）意识的局限性与能动性　意识的局限性一方面是由人们的感觉器官的特性决定的，比如说人们看不见波长超过一定范围的光。另一方面是由于意识很难在同一时间容纳过多的东西，比如我们很难一边专注地看书，一边注意到周围发生的一切。

意识的能动性使人们看到的东西不限于外界的刺激，有时候人们还可以看到、听到、触摸到和意识到事实上并不存在的东西。总而言之，意识不是被动地反映世界，人们可以有限度地超越外部的信息内容，在其范围之外建构意识内容，但我们不能过分强调意识的这一特性。

#### 2.2.2.2　注意对安全的影响

（1）注意　注意是心理活动对一定对象的指向和集中。这里的心理活动既包括感知觉、记忆、思维等认知活动，也包括情感过程和意志过程。注意的对象不仅仅是外部的活动和事物，人的内在心理活动和机体状态也可以成为注意的对象。感觉到机体的病痛，意识到自身情绪的变化和意志坚持的程度，都是注意指向内部对象的体现。

指向性和集中性是注意的两个基本特性，指向性和集中性统一于同一注意过程中，保证了注意的产生和维持。

指向性是指心理活动在某一时刻总是有选择地朝向一定对象。因为人不可能在某一时刻同时注意到所有的事物，接收到所有的信息，只能选择一定对象加以反映。指向性可以保证人的心理活动清晰而准确地把握某些事物。

集中性是指心理活动停留在一定对象上的深入加工过程，注意集中时心理活动只关注所指向的事物，抑制了与当前注意对象无关的活动。

（2）注意的功能　主要体现在：

① 选择功能。注意使得人们在某一时刻选择有意义的、符合当前活动需要和任务要求的刺激信息，同时避开或抑制无关刺激。它确定了心理活动的方向，保证人们能够秩序分明、有条不紊地进行工作。

② 保持功能。注意可以将选取的刺激信息在意识中加以保持，以便心理活动对其进行加工，完成相应的任务。如果选择的注意对象转瞬即逝，心理活动无法展开，也就无法进行正常的学习和工作。

③ 调节监督功能。注意可以提高活动的效率，在注意集中时，错误减少，准确性和速度提高。另外，注意的分配和转移保证活动的顺利进行，并适应变化多端的环境。

（3）注意的种类　主要有：

①·无意注意。无意注意是指没有预定目的，也不需要意志努力的注意。无意注意一般是在外部刺激物的直接刺激作用下，个体不由自主地给予关注。另外，无意注意的产生也与主体状态有关。无意注意更多地被认为是由外部刺激物引起的一种消极被动的注意，是注意的初级形式。人和动物都存在无意注意。虽然无意注意缺乏目的性，但因为不需要意志努力，所以个体在注意过程中不易产生疲劳。

引起无意注意的条件来自两个方面：一是客观刺激物的特点，主要有刺激物的强度、刺激物的新颖性、刺激物的对比、刺激物的活动和变化等。二是人的主观状态，主要有个体的需要和兴趣、个体的情绪和精神状态、个体的知识经验等。

② 有意注意。有意注意是指有预定目的，需要意志努力的注意。有意注意是一种积极主动、服从于当前活动任务的注意，它受人的意识的支配、调节和控制，充分体现了人的能动作用。有意注意虽然目的性明确，但在实现过程中需要有持久的意志努力，这容易使个体产生疲劳。因此，了解有意注意产生和维持的条件，才能保证各种心理活动的顺利进行。这些条件主要是，对活动目的的理解程度、对活动的间接兴趣、对活动过程的组织、内外刺激的干扰等。

③ 有意后注意。有意后注意是指有预定目的，但不需要意志努力的注意。它是在有意注意的基础上，经过学习、训练或培养个人对事物的直接兴趣达到的。

有意后注意是一种更高级的注意。它是从有意注意转化来的，转化条件主要有两个：一是对注意对象的直接兴趣，二是对注意对象的操作活动达到自动化水平。有意后注意既有一定的目的性，又因为不需要意志努力，在活动进行中不容易感到疲倦，这对完成长期性和连续性的工作有重要意义。但有意后注意的形成需要付出一定的时间和精力。

（4）注意的外部表现　注意的外部表现有以下三个方面。

① 适应性动作出现。人在注意状态下，感觉器官一般是朝向注意对象的。当注意一个物体，会"注目凝视"；注意一种声音，又会"侧耳细听"；在专注于回忆往事，思考问题时，又常会"若有所思"。当然，最明显的适应性动作就是个体能够跟随组织者的思路，配合做各种操作等。

② 无关动作停止。当人们集中注意时，就会高度关注当前的活动对象，一些与活动本身无关或起干扰作用的动作会相应减少甚至停止。

③ 呼吸运动变化。人在注意时，呼吸常常轻缓而均匀，有一定的节律。但有时在紧张状态下高度注意时，常会"屏息静气"，甚至牙关紧闭，双拳紧握。

### 2.2.2.3　注意品质与注意策略的培养

（1）注意的品质与影响因素

① 注意的广度。注意的广度又称注意的范围，是指一个人在同一时间内能够清楚地把握注意对象的数量。它反映的是注意品质的空间特征。

扩大注意广度，可以提高工作和学习的效率。如汽车驾驶员等职业都需要有较大的注意广度。影响注意广度的因素主要有，注意对象的特点、活动的性质和任务、个体的知识经验等。良好的注意广度能够使人更好地把握整个局面和形势的变化。

② 注意的稳定性。注意的稳定性也称注意的持久性，是指注意在同一对象或活动上所保持时间的长短，这是注意的时间特征。衡量注意稳定性，不能只看时间的长短，还要看这段时间内的活动效率。

注意的稳定性有狭义与广义之分。狭义的稳定性是指注意在某一事物上所维持的时间；广义的稳定性是指注意在某项活动上保持的时间。

影响注意的稳定性的因素有三个方面，一是注意对象的特点，二是主体的精神状态，三是主体的意志力水平。

③ 注意的分配。注意的分配是指在同一时间内把注意指向不同的对象和活动。注意的分配条件是：

一是同时进行的几种活动至少有一种应是高度熟练的。当一种活动达到自动化的熟练程度时，个体就可以集中大部分精力去关注比较生疏的活动，保证几种活动同时进行。

二是同时进行的几种活动有内在联系。有联系的活动才便于注意分配。这是因为活动间的内在联系有利于形成固定的反应系统，经过训练就可以掌握这种反应模式，同时兼顾几种活动。

④ 注意的转移。注意的转移是指根据活动任务的要求，主动地把注意从一个对象转移到另一个对象。注意的转移不同于注意的分散，前者是根据任务需要，有目的地、主动地转换注意对象，为的是提高活动效率，保证活动的顺利完成；后者是由于外部刺激或主体内部因素的干扰作用引起的，是消极被动的。良好的注意转移表现在两种活动之间的转换时间短，活动过程的效率高。影响注意转移的因素有：一是对原活动的注意集中程度；二是新注意对象的吸引力；三是明确的信号提示；四是个体的神经活动类型和自控能力。主动而迅速地转移注意，对各种工作和学习过程都十分重要，例如一个优秀的飞行员在起飞和降落时的五六分钟之内，注意的转移就达 200 次之多。

（2）良好注意品质的培养　良好的注意品质是学习与工作活动的重要条件。一个人如果有较大的注意广度、持久的注意稳定性、较强的注意分配和注意转移的能力，就可以保证心理活动顺利有效地进行。

要扩大注意的广度，需要积累本工作相当的知识经验和一定的素养。

要增强注意的稳定性，就要防止注意的分散。一方面要保证整洁、安静的工作环境，防止外部无关刺激的干扰；另一方面要注重良好习惯的形成和意志力的锻炼，克服内部干扰。

注意的分配在安全生产中有实践意义。对于一些特殊技能的分配，需要特别的训练，增强技能间的协调性。

注意的转移与人的先天的神经活动类型有关，但也可以通过对外在因素的控制和后天训练加以改善和提高。在生产活动中经常需要主动进行注意的转移，在两种活动之间增加一定的信号或言语提示，另外，生产活动安排也要力求合理。当然，提高注意转移能力，根本是提高人对自我行为的监控能力，使它们能够积极主动地服从教学安排，及时转换注意的对象。

（3）注意的认知与调节策略　随着知识经验的积累与成熟，逐渐形成了在生产活动中的注意特点，不断体验自己的注意状态，并学会控制它。注意策略能够有效控制自主学习中的注意行为。

① 设立目标策略。设立注意目标策略是指在生产活动过程中，根据需要对连续不断的生产活动设定一个时间目标、任务目标等，促使自己能够在比较长的时间里集中于同一主题或同一活动上。设立注意目标活动的目的是保持注意的集中性。注意的集中性是排除无关刺激的干扰，而对特定的信息进行专项加工。

②“手握铅笔”策略。这一策略要求人在自主学习与工作中同时将注意指向不同的对

象，一边学习或工作，一边归纳。它亦称为"烂笔头技术"或复述策略。这种策略使得人有时间去选择和运用特定的收集信息的技巧。

③ 自我提问策略。这一策略是指人在学习与工作过程中，对学习与工作的内容不断地提出问题，以至于将自己的注意力始终集中在一些特定和重要的信息上。提问策略的有效运用，能够使注意力保持长久和高度集中。

④ 工作环境构建策略。建立一个良好的学习与工作环境，有利于将注意力集中在学习与工作上。熟悉的环境可以增加安全感，思想放松，减少不安定情绪和分心，从而减少新的不熟悉因素的干扰。学习与工作环境构建还要求考虑其舒适度。舒适意味着需要满足某些心理和生理的需要。只有人在自我感觉舒适的环境中才更有利于把学习与工作状态调整到最佳，才会减少干扰，全身心地投入学习与工作之中。

#### 2.2.2.4 注意规律在安全生产中的应用

在生产过程中，要善于组织员工的注意，培养他们的注意力，注意是安全生产的重要条件。

（1）充分利用无意注意的规律组织生产　无意注意通常由刺激物的特点引起。可以应用这一规律来为实现一定的工作目的服务，但也可能造成工作上的分心。因此要注意利用它的积极的影响，防止它的消极的影响。

首先，要尽量防止那些足以使员工离开工作内容的无意注意。例如车间周围嘈杂的音响、外边的运动情景、有人观望谈笑等。在工作场所内外布置一个安静简朴的环境，尽量减少工作时的各种干扰。

其次，可以利用刺激物的特点来吸引员工对工作内容的注意。例如，在员工不注意时，有提示性措施等，这是一种被动的注意，保持的时间比较短暂，只能作为一种辅助的手段。

（2）运用有意注意的规律组织培训　有意注意有明确的目的性，而且有意志努力地参与。它的主要缺点是容易使个体产生疲劳，从而导致分心。另外，有意注意的活动并不总是符合个体的兴趣和心理需要，有时不免产生厌倦。在生产过程中，要保证员工有良好的有意注意，应注重以下四个方面：

首先，让员工加深对活动的理解。对活动任务的意义理解得越清楚、越深刻，员工完成任务的愿望越强烈，那么与完成这些任务有关的信息就越能引起员工的注意。

其次，让员工清楚了解活动的具体任务，不断组织自己的行为，使自己的注意集中在所要完成的任务上。

再次，让员工学会运用自我提醒和自我命令。在活动的进程中不断地提醒自己，特别是在要求加强注意的紧要关头，自我提醒和自我命令对组织注意起着重要的作用。

最后，让员工在进行智力活动时把智力活动与外部的实际动作结合起来，以便保持注意，更稳定地区分出注意的对象。

（3）运用有意注意与无意注意相互转化的规律来组织安全生产　在生产活动中，如果过分强调或过多地要求员工依靠有意注意来进行工作，工作就容易疲劳。如果单纯依靠无意注意，又不能进行系统的工作。所以一方面要求员工努力集中自己的注意，另一方面也应该使员工对工作本身发生兴趣，把两种注意有节奏地交替轮换，这样，就能使注意长时间地保持和集中。

一般来说，工作之初，员工的注意力往往还停留在工作前的活动等有趣的对象上，因此，通过组织去引起他们对开始工作的有意注意；接着，就要让员工对工作内容发生兴趣，产生无意注意；当逐步进入工作重点与难点时，又应当设法使员工加强有意注意，认真思考与理解，保证工作活动的安全进行。

拓展阅读：
静止眼动

### 2.2.3　记忆对安全的影响

#### 2.2.3.1　记忆概述

记忆是人们认知、学习、工作和生活的基础。

（1）记忆的概念　记忆是过去经历过的事物在头脑中的反映，是刺激作用后在人脑中留下的痕迹与印象。感知过的事物、思考过的问题、体验过的情绪和操作过的动作都可以成为经验而保持在头脑中，成为个体的记忆。

记忆与感觉、知觉一样，都是人脑对客观事物的反映，同属于人的认知过程。但它又和感觉、知觉不同。感觉和知觉是人对当前直接作用于感官的事物的认知，相当于信息的输入，而记忆是对过去经历过的事物的认知，相当于信息的编码、存储和提取。

（2）记忆的作用　洛克在《人类理解论》中说："在有智慧的生物中，记忆之为必要，仅次于知觉。我们如果缺少了它，则我们其余的功能便大部分失去了效用。因此，我们如果没有记忆的帮助，则我们在思想中、推论中和知识中，便完全不能超过眼前的对象。"可见，记忆在人的心理生活中起着极其重要的作用。

首先，记忆是一种基本的心理过程，和其他心理活动密切联系，在协调人的大部分心理功能中发挥作用。从简单的感知到复杂的思维，都必须在记忆基础上进行。知觉之所以具有整体性、理解性和恒常性，就是由于记忆的作用。没有记忆，人就不能分辨和确认周围的事物。没有记忆提供的知识、经验的参与，人也无法解决复杂的问题。因此，在人的心智系统中，记忆居于核心地位。

其次，记忆在个体的学习和心理发展中也有重要作用，它是经验积累和心理发展的前提。人们要发展动作技能，如各种劳动技能，就必须保存动作的经验。人们要发展言语和思维，就必须保存词和概念。一个人某种能力的出现，一种好的或坏的习惯的养成，一种良好的行为方式和人格特质的培养，也都是以记忆活动为前提的。

再次，记忆在人的生活中具有非常重要的意义。记忆联结着人们心理活动的过去和现在，是人们学习、工作和生活的基本机能。

一旦丧失记忆，人将无法正常生活，个体将什么也学不会，他们的行为只能由本能来决定。

（3）记忆的分类　从不同的角度可以对记忆进行分类，此处仅按记忆的内容进行分类表述：

① 形象记忆。形象记忆以过去感知过的事物的形象为内容。它保持事物的感性特征，具有明显的直观性。例如，到过苏州，脑中会留下小桥流水人家的小镇生活景象。

② 语词-逻辑记忆。语词-逻辑记忆以语词、概念、命题、思想为内容，具有概括性、理解性和逻辑性的特点。语词-逻辑记忆是人类储存知识的最主要形式，是人类特有的记忆。

③ 情绪记忆。情绪记忆以个体经历过的情绪和情感为内容。如我们对生活中幸福往事和苦难遭遇的心情记忆。回忆起幸福的往事，人们会沉浸在幸福之中；回忆起苦难的遭遇，人们会难过悲伤。

④ 动作记忆。动作记忆以操作过的动作为内容。如对工艺的操作、驾驶汽车等技能的记忆。动作记忆在获得时较难，但一旦形成，则容易保持、恢复而不易忘记。动作记忆对技术工人尤为重要。

### 2.2.3.2 记忆过程分析

记忆的基本过程可用图 2-1 表示。

（1）识记 识记是人们识别并记住事物的过程。记忆过程开始于识记，识记是保持、回忆和再认的前提。没有识记就不会有对信息的编码、储存、检索和提取。识记是一个人获得知识和经验的过程。

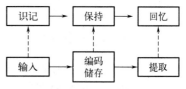

图 2-1 记忆的基本过程

识记的形式是多种多样的，可以划分为不同的种类。根据识记的目的性，可分为无意识记和有意识记；根据识记的理解性，可分为机械识记和意义识记。

识记是记忆的第一环节，做好识记材料的清晰与快捷，是提高记忆效果、防止遗忘的重要步骤。影响识记的主要因素有：识记的目的性、识记材料的意义性及其理解性、识记材料的数量、识记材料的位置、识记方法、把识记内容作为直接操作的对象、识记时的情绪状态等。

（2）保持 保持是识记的事物在头脑中储存和巩固的过程。它是记忆的第二环节，以识记为基础，自身又成为实现回忆的必要前提。保持的效果是在回忆和再认中得到证明和体现的。保持并非原封不动地保存头脑中识记过的材料的静态过程，而是一个富于变化的动态过程。随着时间的推移，保持的内容会发生数量和质量的变化，一是记忆内容中不甚重要的细节部分趋于消失，而主要内容及显著特征能较好地保持，从而使记忆内容简练、概括和合理。二是记忆内容中的某些特点和线索有选择地被保留下来，同时增添某些特征，使记忆内容成为较易理解的"事物"。

（3）遗忘 遗忘是保持的相反过程，是指不能或错误地回忆。保持中的信息漏失或失真是遗忘的主要方面。但是遗忘并不局限于保持的相反过程，遗忘在记忆的基本过程中并非是一个独立的环节，而是涉及记忆的所有环节。识记得不清晰、不牢固本身就蕴含着遗忘，可见，遗忘只是到了回忆阶段才得以表现而已。遗忘的作用也应辩证地看待，我们所需要的信息的遗忘自然是消极现象，但大量非必需信息的遗忘则是积极现象，有利于腾出空间来储存当前更有用的信息。

如何做到使识记的材料得到巩固、持久的保持，是提高记忆效果、防止遗忘的又一重要步骤。影响保持的主要因素有：识记的程度、记忆任务的长久性、记忆材料的性质、识记后的休息、识记后的复习等。

（4）回忆 回忆是对头脑中保存事物的提取过程。这也是记忆的最后一个阶段。识记、保持的最终目的就是在必要时能回忆起它。回忆是人脑对过去经验的重现，但它并不是消极被动的，也不是像照相那样简单地重现原有的全部经验。回忆随着人的活动任务、兴趣、情绪状态、认知结构的变化有所变化。

① 回忆的水平，主要有以下两种。

再现。就是当识记过的事物不在时能够在头脑中重现。这是一种高水平的回忆。再现按目的性可分为无意再现和有意再现。按中介联想可分为直接再现和间接再现等。

再认。再认是当识记过的事物再度出现时能够把它识别出来。人们往往以为不能重现识记过的事物就是遗忘。其实，能识别再度出现的事物，也是回忆，它在人的生活中相当有用且普遍。

② 回忆的种类，主要有：直接回忆和间接回忆；有意回忆和无意回忆。

③ 影响回忆的因素。回忆是记忆的第三环节，识记事物、保持事物都是为了在必要时能回忆事物。如何做到能准确、迅速地把识记、保持的事物提取出来，是提高记忆效果、防止遗忘的最后阶段的重要任务。影响记忆的主要因素是：材料的性质和数量；词语遮蔽效应；回忆时的情绪状态等。

### 2.2.3.3 记忆的品质与能力的培养

（1）记忆的品质 有人记忆力很强，有人却十分健忘。人与人之间记忆力存在着很大的差异，主要体现在记忆四个方面的品质上，这同时也是鉴别一个人记忆力好坏的指标。

① 记忆的敏捷性。是指识记速度的快慢。

② 记忆的持久性。是指识记内容保持时间的长短。

③ 记忆的准确性。就是指记忆的精确程度。

④ 记忆的完备性。这是记忆的提取和应用的速度。

记忆的四个品质是评价记忆力水平的综合指标，它们相互联系、相互影响、相互补充。记忆的各种品质在不同人身上的结合决定其记忆力发展水平。

（2）记忆能力的培养 人与人之间的记忆能力是有差异的，主要表现在记忆的品质在每个人身上以不同的方式与强度组合起来，从而导致不同的记忆力发展水平。但是，人的记忆力并非一成不变，根据自己记忆的品质和记忆规律，通过努力完全可以改善自己的记忆能力。

① 记忆目的要明确、持久，并相对单纯。

② 培养兴趣，记忆力与兴趣密切相关。

③ 采用正确的记忆方法。

④ 合理地复习。

⑤ 改善学习环境，减少分心刺激。

⑥ 改善不利于记忆的情绪状态。

⑦ 科学用脑。

## 2.2.4 思维对安全的影响

### 2.2.4.1 思维概述

（1）思维的概念 思维是人脑对客观现实概括的和间接的反映，它反映的是事物的本质和事物间规律性的联系。如见到火灾，这只是对这些事故现象的知觉，研究为什么会发生事故，发现它们都是"可燃物、助燃物、点火能量"系统在一定条件下综合作用的结果，这就是深入到事物的内在与把握因果关系的思维了。

拓展阅读：
习惯性思维

（2）思维的主要特征 主要体现在：

① 概括性。思维的概括性包含两层意思：一是能找出一类事物所特有的共性并把它们归结在一起，从而认识该类事物的性质及其与他类事物的关系。比如，常说的火灾事故就是各种各样火灾的概括。二是能从部分事物相互联

系的事实中找到普遍的或必然的联系，并将其推广到同类的现象中去，例如事故的致因理论等。

② 间接性。思维的间接性是指思维能对感官所不能直接把握的或不在眼前的事物，借助于某些媒介与头脑加工来进行反映。世界上有许许多多的事物，如果单凭我们的感官或仅仅停留在感知觉上，是认识不到或无法认识的。这是因为，人类感觉器官的结构与机能的限制；时间、空间的限制；事物本身蕴涵或内隐的特点等。

（3）思维的类别　主要有：

① 直观动作思维。这种思维的客体只是思维主体当时正在做的事、直接感知到并正在操作的物体。它们不能在思想上将客体分解或把某些东西联合成一个整体，只能在实际动作时对物体进行分析、综合。

② 直观形象思维。这种思维主要凭借对事物的具体形象的联想来进行。在认识事物做出自己的判断、证明和解释中，通常不依赖一般的原理，而只列举个别的事例。

③ 抽象思维。这种思维是以概念、判断和推理的形式进行的，如数学定理的证明、科学假设的提出、文章中心思想的概括、人物道德品质的分析等。例如，一台机器出了故障，工作人员为了查出问题出在什么地方，拆开机器，检查某些部件，进行某种试验，终于找出原因，修好机器。在这个过程中，直观动作思维似乎占主要地位，但实际上，抽象思维起着重要的作用。

（4）思维的品质　主要体现在：

① 思维的深刻性与广阔性。思维的深刻性指善于透过纷繁复杂的表面现象发现问题本质。思维的广阔性指善于全面地考察问题，从事物的多种多样的联系和关系中去认识事物。思维的深刻性和广阔性是相互联系的，深刻认识事物有赖于依照各种事物的普遍联系和相互制约的特点。全面地去考察事物，能掌握事物的本质与规律也会使考虑问题的广度扩大。

② 思维的独立性与批判性。思维的独立性指善于独立地提出问题，独立地寻找答案。思维的批判性指思考问题时不受别人暗示的影响，能严格而客观地评价、检查思维的结果，冷静地分析一种思想、一种决定的是非、利弊。

③ 思维的逻辑性。思维的逻辑性指思维能遵循逻辑的规律，使思想首尾一贯、不相矛盾、证据充足，达到正确的结论。

④ 思维的灵活性。思维的灵活性指能够根据客观条件的发展与变化，及时地改变先前拟定的计划、方案、方法，寻找新的解决问题的途径。

### 2.2.4.2　思维的过程

思维的过程是从具体到抽象、从抽象到具体的过程，具体可用图 2-2 表示。

图 2-2　思维的过程

（1）分析与综合　是思维过程的起点：

① 分析。分析是在头脑里把事物分解成若干属性、组成部分、方面、要素、发展阶段，而分别加以思考的过程。通过分析活动可以把实际上不能分解的事物在头脑里分开。分析活动使人的认识从事物的表面开始向事物的内部逐步深入下去。

② 综合。综合是在头脑里把事物的组成部分、属性、方面、要素和阶段等，按照一定关系联系起来组成一个整体进行思考的过程。通过综合活动可以使人对事物获得比较完整和全面的认识。

③ 分析与综合的关系。分析与综合是思维过程的两个侧面，在实际思维活动中两者是密不可分的。它们互相依赖、互为条件。分析是以事物综合体为前提的，没有事物综合体，就无从分析；综合则是以对事物的分析为基础的，分析越细致，综合就越全面；分析越准确，综合就越完美。只有分析没有综合，只能形成对事物片面的、支离破碎的认识；只有综合没有分析，只能形成表面的认识。

④ 分析和综合的对象。分析和综合的对象，既可以是客观事物，又可以是事物的知觉形象和记忆表象，还可以是概括性的理论与语言材料。没有对象的分析和综合是不存在的。

⑤ 分析和综合的载体。分析、综合既可以在抽象思维中进行，也可以在形象思维和动作思维中进行；既可以在创造性思维中进行，也可以在习惯性思维中进行。

（2）比较 是思维过程的第二个环节：

① 比较。比较是在头脑里确定事物之间共同点和差异点的思维过程。人们经过分析和综合，认识了事物的诸多特点和属性。为了进一步认识和辨别某一事物，还需要在分析、综合的基础上，对与这一事物相似的或对立的事物进行比较，通过比较找出它们之间的共同点和差别点。

② 比较的意义。比较既可在同中求异，也可在异中求同。人们常从看似相同或相似的事物中找出不同点，从不同的事物中找出共同点。通过比较可以更加深入地认识事物。

（3）抽象与概括 是思维过程的第三个环节：

① 抽象。抽象是在头脑里抽出一些事物的本质属性，而舍弃其非本质属性的思维过程。本质属性指的是这类事物所独有的属性。世界上的任何具体事物，都是十分复杂的，都具有多属性多因素结构。从事物的许多属性中抽出本质属性，一般要经历三个阶段：首先通过分析，找出具体事物的个别属性；其次通过比较，可以找到许多事物之间的共同属性，共同属性又有本质属性与非本质属性之分；最后通过抽象抽出事物的本质属性，而舍弃其非本质属性。

② 概括。概括是在头脑里把抽象出来的事物的若干本质属性，联合起来推广到一类事物，使之普遍化的思维过程。例如"凡是能言语、能思维、能制造工具的动物，都是人。"这样就能概括出"人"的概念的内涵。任何概念、理论都是抽象概括的结果。

③ 抽象与概括的关系。抽象与概括的关系十分密切。如果不能抽出一类事物的本质属性，就无法对这类事物进行概括。而如果没有概括性的思维，就抽不出一类事物的本质属性。抽象与概括是互相依存、相辅相成的。

④ 抽象、概括与分析、综合、比较的关系。抽象是高级的分析，概括是高级的综合。抽象、概括都是建立在比较的基础上的。

⑤ 抽象、概括的工具。抽象与概括是运用语言来进行的。在头脑里进行的抽象概括活动，采用的是内部语言。抽象概括形成的新概念、新知识必须用相应的新词汇把它标记固定下来。

⑥ 抽象、概括的意义。理论意义，抽象概括是一个从具体到抽象，从个别到一般的思维过程，是认识过程的一次"飞跃"，其结果是形成概念和理论。科学的抽象对于人们创造性地认识世界和改造世界具有十分重要的意义。实践意义，人们在学习大量的科学概念和理

论时，必须在分析、综合、比较的基础上，通过自己积极的抽象概括活动，才能真正理解和掌握。

（4）具体化　是思维过程的第四个环节：

① 具体化。具体化是指在头脑里把抽象概括出来的一般概念与理论同具体事物联系起来的思维过程。具体化是认识过程的第二次"飞跃"。它既是一个十分复杂的思维过程，又是一个十分复杂的实践过程。

② 具体化的形式。主要形式有：列举具体事例说明所学理论、运用知识解决具体的问题、运用一般原理创造性地解决实践中的新问题。

③ 具体化的意义。具体化对工作、学习的重要意义，一是有助于加深对知识的理解。在具体化的思维活动中，只有把理论与实践结合起来，把一般与个别结合起来，把具体和抽象结合起来，才能使认识不断深化。二是有助于检验已掌握的知识、技能是否准确。

（5）系统化　是思维过程的最后环节：

① 系统化。系统化是指在头脑里把学到的知识技能分门别类地按一定程序组成层次分明的整体系统的过程。

② 系统化的方法。系统化的方法有分类、划分、编写提纲、绘制图表、编制单元小结、系统复习等。当然，这种系统化并不等同于系统论中系统化的概念。

③ 系统化与分析、综合、比较、抽象、概括和具体化的关系。系统化是在复杂的分析、综合、比较、抽象、概括和具体化的基础上实现的，如果把知识系统化，则更有利于新的知识与旧的知识进行新一轮的分析、综合、比较、抽象、概括和具体化。系统化与它们相辅相成、密不可分。

④ 系统化的意义。系统化对于提高工作与学习质量具有重要意义。这是因为：只有具有系统化的知识结构，才能算作真正融会贯通地理解了知识。系统化的知识易于记忆。只有掌握了系统化的知识，才能在不同条件下灵活运用。

### 2.2.4.3　问题解决

（1）什么是问题解决　人在生活和学习中需要解决各种各样的问题，为此，深入研究分析解决问题时的思维活动过程，探讨提高解题效率的途径具有重大的意义。

① 概念。"问题"通常指个体面临一个不易达到的目标时的情境，即通往目标的途径中存在障碍，称之为遇到了问题。问题解决则是在有特定目标而没有达到目标的手段的情景中，运用特定领域的知识和认知策略实现目标的一种心理活动。

② 思维与问题解决。问题的解决并不都需要思维的参与。有些问题靠本能就能解决，比如手碰到烫的东西怎么办，本能将手缩回来；有些问题靠记忆解决，比如考试时碰到已记住答案的某个问题，只要根据回忆写出来就行。但属于以上情形的问题并不多，绝大多数问题得靠思维解决。

（2）问题解决的程序　问题解决包括一系列相互联系的环节，具体可用图 2-3 表示。

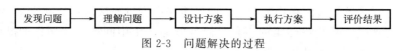

图 2-3　问题解决的过程

① 发现问题。要解决问题，首先得有问题，问题的来源有：被动碰到的（包括别人提出的与客观发生的）；在现实生活中主动发现问题。

② 理解问题。这个阶段是在头脑中构造问题的表征。人们往往对理解问题不太重视，其实许多解决问题的障碍不在于解决问题的策略不当，而是在于关于问题性质的认知表征的建立上存在偏差。

③ 设计方案。这个阶段要探索解决问题所需要的知识和策略。

④ 执行方案。指应用解决问题所需要的知识和策略。

⑤ 评价结果。在最后阶段，则是以整个加工过程作背景，来检验自己的答案，对自己的回答做一个合理的评价。

（3）影响问题解决的心理因素　问题解决受多种因素的影响，有客观因素，也有主观因素。有些因素能促进问题解决，有些因素则妨碍问题解决。这里主要分析影响问题解决的心理因素。

① 呈现的刺激模式。问题情境是指个人面临某种刺激模式不知用何种手段方能达到某个特定目标时的心理困境。刺激模式与个人的知识结构越接近，就越容易选用恰当的知识与策略使问题得到解决。

② 问题的表征。表征是问题解决的一个中心环节，它说明问题在头脑里是如何表现的。问题的表征反映对问题的理解程度，它涉及在问题情境中如何抽取有关信息，包括目标是什么，目标与当前状态的关系，可能运用的解决方法有哪些等。问题表征不同，就会产生不同的解决方案，从而直接影响问题的解决。

③ 定势。定势又称心向，是指主体对一定活动的预先准备状态。在解决问题过程中，如果以前曾以某种想法解决某类问题并多次获得成功，则以后凡是遇到同类问题时，也会重复同样的想法。这种思维的习惯性倾向也称定势。

④ 功能固着。功能固着是一种从物体的正常功能的角度来思考物体的定势。

⑤ 酝酿效应。当人们花了好长时间解决一个问题还是不能成功时，把它搁在一边，几小时、几天或者几星期后再来解决这个问题时，似乎立刻就发现了解决途径，这种现象称为酝酿效应。

⑥ 动机。动机和情绪状态会影响问题解决的效果。在一定限度内，动机强度与解决问题的效率成正比，动机太强或过弱都会降低解决问题的效果。动机太强，会使人的心情过于紧张，注意过度集中于目标，容易忽略问题情境中对于问题解决至关重要的其他线索。动机太弱，又会使人的注意力分散，容易被无关因素引到问题之外。只有在中等强度的动机时，思维灵活，便于较好地解决问题。

⑦ 气质。气质不同的人，面对同样一个问题，其应对方式也各不相同。

### 2.2.4.4　想象

思维与想象有十分密切的关系，研究思维时有必要了解想象。

（1）想象的概念

① 想象。人对头脑中已有的表象进行加工改造形成新形象的过程，称作想象。人的头脑不仅能够产生过去感知过的事物的形象，而且能够产生过去从未感知过的事物的形象。想象不仅能够预先产生活动最终结果的表象，而且能够产生中间产品和制作产品的动作的表象。人借助于这些表象，指导着自己活动的过程。

② 想象与思维。想象和思维有许多重要的共同点，也有所区别。想象也像思维一样，大都是在问题情境中，即在必须探索新的解决方法的情境中产生的，受需要推动。人在满足

自我需要之前就在头脑中想象出需要得到满足时的情境。想象还和思维一样，使人能预见未来。人对自己活动结果的预见有两种超前系统：组织起来的形象系统和组织起来的概念系统。想象是以组织起来的形象系统的形式对客观现实进行超前反映的，思维则以组织起来的概念系统的形式进行超前反映。

③ 想象与现实。想象所产生的新形象是想象者本人没有感知过的或现实生活中还不存在的事物的形象。从这一点说，想象在一定程度上是"超脱"现实的。但这并不意味着它和现实无关。想象实质上仍然和其他心理过程一样，是客观现实的反映。人的想象一般总是受需要与动机的推动，受思想、意图和目的的调节，而个人的需要、动机、思想、意图则受社会生活条件的制约，是社会生活要求的反映。因而人的想象的内容和水平也总要受社会历史条件、社会生产力和科学技术发展水平的制约。

④ 想象的种类。想象活动按其是否带有目的性和自觉性可以分为不随意想象和随意想象。按其新颖性、独立性和创造性的不同，可以分为再造想象和创造想象。

⑤ 想象的功能。想象的功能主要有：预见功能、补充知识经验的作用、代替作用、能调节机体的生理活动过程等。

（2）再造想象

① 再造想象的概念与意义。再造想象就是根据语言的描述或根据图样、图解、符号记录等在头脑中产生新形象的过程。例如，人在察看地图、工程设计蓝图、无线电线路图时头脑中显现出有关事物的形象，就属于再造想象。进行再造想象时，人所想象的事物是他从来没有感知过的，所以，所产生的形象对他个人来说就是"新"的。

再造想象在人的认识活动中有重要的意义。它使人有可能超越个人狭隘的经验范围和时空的限制去获得更多的知识。例如，在安全管理方面，多数人是没有机会（或不允许）经历事故的。但可根据事故的描述和报道，在他的头脑中可以产生生动的事故形象，有利于对事故的理解和管理。

再造想象还可帮助我们更好地理解抽象的知识，使已掌握的知识变得具体生动。如科学研究、技术革新、工程施工等都需要听取别人的叙述或阅读有关的资料，也就是说都需要再造想象的参加。

② 再造想象的条件。再造想象所产生的形象不仅应该是清晰、生动的，而且应该是正确、真实、符合于描述的。为了做到这一点，首先必须正确理解有关事物的描述，了解图样、图解的表现法和各种符号的含义；其次必须储备丰富的有关事物的直观形象的材料，如果缺乏必要的材料，在想象时就可能歪曲事物的形象，或者无法产生所要求的形象。

（3）创造想象

① 创造想象的概念与意义。创造想象是不依据现成的描述而独立地创造出新形象的过程。创造想象的特点是新颖、独创、奇特。创造想象不仅有视觉的想象，而且有听觉、运动觉的想象，也包括情绪的想象。

创造想象是人在进行创造性活动中产生的一种想象活动，没有一种创造性的活动离开创造想象的。自然科学的探索就离不开它。例如，我国魏晋时期数学家刘徽利用割圆术求得圆周率数值为 3.1416，取得光辉成就。他从研究圆内接正六边形开始，逐步增加内接正多边形的边数，其周长和面积分别逼近圆周长和面积，从而求得圆周率。如果没有创造想象，这种割圆术是无法提出的。

② 创造想象的条件。为了成功地进行创造想象，首先必须对有关的事物进行细致的观

察，储备丰富的形象材料。其次必须就有关领域进行深入的研究，掌握必要的知识。人的创造发明，创立新事物的形象，常常受类似事物或模型的启发。此外，创造性思维的能力、丰富的情感生活、正确的理想和世界观也是成功地创造想象的重要条件。

（4）幻想

① 幻想的概念。幻想是指向个人所希望的未来事物的想象过程。幻想是创造想象的一种特殊形式，也是独立地创造新形象的过程。但它和一般的创造想象有以下两点区别，第一，幻想体现个人愿望，幻想所产生的是人所希望、所向往的事物的形象；而一般创造想象则不一定具有这种特点，它所产生的形象可以是人所向往的，也可以不是人所向往的。第二，幻想和创造活动没有直接的联系，它不提供实际的产物。当然这不是说幻想绝对不能和创造活动发生联系，有些幻想往往成为创造想象的准备阶段。

② 幻想的种类。积极有益的幻想，积极的幻想对于人的工作和活动是一种强大的推动力，科学幻想常常是发明创造的先行者。消极无益的幻想，有些人的幻想是违背社会要求，指向错误方向的幻想等。

## 2.2.5 情绪情感对安全的影响

### 2.2.5.1 情绪情感概述

（1）情绪情感的概念　人的情绪情感起源于人的基本需求和各种欲望，是人对客观事物是否符合其需要与愿望、观点而产生的一种态度体验，是与人的自然性和社会性需要相联系的一种内心态度体验。

（2）情绪的表现形式　情绪是在认知层面上的主观体验、在生理层面上的生理唤醒、在表达层面上的外部行为。当情绪发生时，这三个层面同时活动，同时存在，构成一个完整的情绪体验过程。

① 主观体验，是指个体对不同情绪和情感状态的自我感受，"体验"是情绪和情感区别于认知的重要方面。情绪、情感和认知都是心理反应的过程，但是，认知通过概念反映事物，情绪和情感则通过感受和体验反映事物。

② 生理唤醒，在情绪反应时，常常会伴随着一定的生理唤醒，如激动时血压升高，愤怒时浑身发抖，紧张时心跳加快，害羞时满脸通红等。

③ 外部行为，在情绪发生时，人们还会出现一些外部反应过程，这一过程也是情绪表达过程。如高兴时开怀大笑、眉飞色舞，激动时手舞足蹈、语调高昂，悲伤时痛哭流涕，沮丧时两眼无光、垂头丧气、语调低沉。伴随情绪出现的相应的面部肌肉、身体姿势、语音和语调等方面的变化，就是情绪的外部行为。它经常成为人们判断和推测情绪的外部指标。

（3）情绪情感的区别和联系　情绪情感是个体十分复杂的心理现象，它既是在有机体种族发生的基础上产生的，又是人类社会历史发展的产物。动物一般也有情绪表现。但人类在长期的进化过程中，不仅有各种情绪表现，而且有各种复杂的情感体验。心理学上一般把情绪情感合称"感情"。在日常生活中对情绪、情感和感情的区分并不严格。但是，作为科学概念，情绪和情感是相互区别又相互联系的。

① 情绪和情感的区别。情绪通常与有机体的生理需要（如饮食、睡眠等）相联系，为人和动物所共用。而情感通常与个体社会性需要（如交际、友谊、劳动等）相联系，是人类所特有的心理现象。

情绪具有冲动性，并带有明显的外部表现，如悔恨时捶胸顿足，愤怒时暴跳如雷。情绪一旦发生，其强度往往较大，有时个体难以控制。而情感则经常以内隐的形式存在或以微妙的方式流露，并且始终处于意识的调节支配之下。

情绪具有情境性和短暂性的特点，如噪声会引起不愉快的体验，一旦情境不存在或发生变化时，相应的情绪体验就随之消失或改变。而情感则具有稳定性、深刻性和持久性的特征，情感主要是指个体的内心体验和感受，一经产生就比较稳定，一般不受情境左右。

情感具有感染性和移情性。感染性，就是以情动情。即一个人的情感可以感动他人，使他人产生同样的或与之类似的情感；同样，他人的感情也可以感动自己，使自己产生同样的或与之类似的情感。移情性，就是人们不自觉地把自己的感情赋予原本没有感情的外物，结果好像外物也真有这种感情似的。例如，一个人在异常欢乐时，就会觉得山欢水笑；反之，一个人在极度悲伤时，就会觉得云愁月惨。

② 情绪和情感的联系。在现实生活中，人的情绪情感虽各有特点，但其差别是相对的。在现实具体的人身上，情绪情感是交织在一起的，互相联系、互相制约。一方面，情感离不开情绪。稳定的情感在情绪基础上形成，又通过情绪反映得以表达。另一方面，情绪也离不开情感。人的一切情绪表现都要受情感支配或制约，情感决定着情绪表现强度。情绪是情感的外部表现，情感是情绪的本质内容，两者密不可分，往往统一于人们的社会性之中。

（4）情绪的维度及两极性　情绪的维度是指情绪所固有的某些特征，主要指情绪的动力性、激动性、强度和紧张度等方面。这些特征的变化幅度又具有两极性，每个特征都存在两种对立的状态。

① 情绪的动力性有增力和减力两极。一般地讲，需要得到满足时产生肯定情绪是积极的、增力的，可提高人的活动能力。需要得不到满足时产生的否定情绪是消极的、减力的，会降低人的活动能力。但是，在某些情况下，同一情绪既可具有增力性质，也可具有减力性质。恐惧既能抑制个体行动，也可驱使个体动员身体的全部能量应对危险情境。

② 情绪的激动性有激动与平静两极。激动的情绪是一种强烈的、短暂的、外显的情绪状态，如激怒、狂喜、极度恐惧等，它是由一些重要的事件或由出乎意料、超出意志力控制的事件引起的。与激动情绪相对立的是平静情绪。平静的情绪是指一种平稳安静的情绪状态，它是人们正常生活、学习和工作时的基本情绪状态，也是基本的工作条件。

③ 情绪的强度有强、弱两极。情绪体验可以在强度上有不同等级的变化，由弱到强。比如从愉快到狂喜，从微愠到暴怒。在情绪的强弱之间还有各种不同的强度，比如喜，可以从适意、愉快到欢乐、大喜、狂喜。情绪的强度越大，整个自我情绪卷入的程度也越深。情绪强度主要取决于引起情绪的事物对个体所具有的意义，意义越大，引起的情绪就越强烈。

④ 情绪还有紧张和轻松两极。紧张与轻松这一对立的情绪状态，往往在个体活动的关键时刻表现出来。

一般而言，适度的紧张可以促使个体积极行动，但过分紧张，就可能导致个体不知所措，甚至停止行动。

⑤ 情绪的复杂性与单纯两极。情绪的复杂程度存在很大差异。同时，情感的成分十分复杂，我们有时甚至很难用言语来描述它到底是一种什么样的体验。一般认为人类有四种基本的原始情绪，即喜悦、愤怒、悲哀和恐惧，而在此基础上派生出来的一些情绪则比较复杂。

情绪和情感的两极性是相辅相成的。首先，两极相比而存在。没有满意，就无所谓不满意；没有快乐，就无所谓悲哀；没有紧张，就无所谓轻松。两极也不是互相排斥的，如又爱又恨，又喜又悲。两极在一定条件下还可以相互转化。

（5）情绪情感的功能

① 适应功能。人的行为总伴随着一定的情绪和情感状态，情绪和情感是人适应生存的精神支柱。现代社会，由于物质文明和精神文明高度发展，社会变化的速度越来越快，对环境的适应也成为人们经常遇到的问题，情绪调节也就成了适应社会环境的重要手段。

② 动机功能。情绪和情感是激发个体心理活动和行为的动机。作为基本的动机系统，情绪和情感激励个体去从事某些活动，提高活动效率。情绪和情感能够放大内驱力的信号，强有力地激发个体去行动。列宁曾经说："没有人的情感，则过去、现在和将来永远也不可能有人对真理的追求。"

③ 组织功能。情绪情感对认知过程具有组织调节作用。认知过程是主体对事物的属性、本质等的反映，而情绪情感对这种反映具有调节和组织的作用，是一种监测系统。情绪一旦产生，便会影响整个认知过程，使认知过程染上情绪色彩。情绪积极则认知过程也积极，情绪消极则认知也会消极。

④ 感染功能。情绪情感的感染功能是指某人情绪情感的表现会对他人的情绪情感产生影响。当一个人表现出自己的情绪时，其表情动作会被他人所察觉，并引起他人产生相应的情绪反应。

⑤ 迁移功能。情绪情感的迁移功能是指个人把对他人的情感状态迁移到与他人有关的对象上。成语"爱屋及乌"生动地概括了这一情感迁移现象。

### 2.2.5.2 情绪情感的种类与外部表现

（1）情绪的分类 情绪分类的不同观点，在我国古代的先秦时期，对情绪的分类就有"四情""五情"和"七情"的分法。例如，《中庸》将情绪分为喜、怒、哀、乐四种；《黄帝内经》分为喜、怒、悲、忧、恐五种；《左传》分为好、恶、喜、怒、哀、乐六种；《礼记》分为喜、怒、哀、惧、爱、恶、欲七种。其中喜、怒、哀、乐是各种分类中最基本的情绪形式。

1944年，我国心理学家林传鼎通过对《说文》的研究，把其中描述情绪的354个字按其意思划分为18类：安静、喜悦、愤怒、哀怜、悲痛、忧怒、愤恚、烦闷、恐惧、惊骇、恭敬、悦爱、憎恶、贪慾、嫉妒、微惧、惭愧、耻辱。

在国外，法国哲学家笛卡儿提出，人类具有六种原始情绪，即惊奇、爱悦、憎恶、欲望、欢乐、悲哀。艾克曼等人认为，人类具有六种基本情绪，即快乐、惊讶、害怕、悲伤、愤怒、厌恶。伊扎德认为，人类有11种基本情绪，即兴奋、惊奇、痛苦、厌恶、愉快、愤怒、恐惧、悲伤、害羞、轻蔑和自罪感。由此派生的复合情绪有三类，第一类是基本情绪的混合，第二类是基本情绪与内驱力的混合，第三类是基本情绪与认知的混合。复合情绪有上百种，有的能命名，有的则很难命名。

现在一般认为，情绪具有快乐、悲哀、愤怒、恐惧四种基本形式。

（2）情绪状态的类别 情绪状态指在某种事件或情境影响下，在一定时间内所产生的情绪。根据情绪发生的强度、持续的时间和紧张度，可以将情绪分为心境、激情和应激。

① 心境。是一种比较微弱、平静而持久的情绪状态，如心情舒畅、闷闷不乐等。引起心境的原因有很多。工作中的顺境与逆境、事业上的成功与失败、人际关系的亲疏、生活条

件的优劣、健康状况的好坏乃至自然环境的变化等，都可能是导致某种心境的原因。心境也受人格特征影响。心境对个体的学习、工作和生活均有重要的影响。积极的心境使人振奋乐观，既能增强个体克服困难的勇气，提高活动效率，也有益于身体健康；消极的心境则易使人悲观，会降低个体的工作效率。

② 激情。是一种强烈的、爆发式的、为时短暂的情绪状态，如狂喜、暴怒、绝望、恐惧等。如果把心境比喻为"和风细雨"式的情绪现象，那么激情则可描绘成情感生活中的"暴风骤雨"。引起激情的原因是多方面的，对个体具有重大意义的事件、对立的意向或愿望的冲突、过度的抑制或兴奋等，都可能导致激情产生。激情并非都是消极的，它也可以成为激励个体积极行动的巨大力量。

③ 应激。是由出乎意料的紧张状况所引起的情绪状态，是人对意外的环境刺激所做出的适应性反应。应激状态的产生与个体对所面临情境的自我应对能力的评估有关。当个体意识到情境要求已超出了自己的应对能力时，就会处于应激状态。个体在应激状态下的反应有积极和消极之分。积极反应表现为急中生智、力量倍增，个体的体力与智力都得到"超水平发挥"，从而化险为夷、转危为安、及时摆脱困境。消极反应则表现为惊慌失措、意识狭窄、动作紊乱、四肢瘫痪。

（3）情感的分类　情感是与人的社会性需要相联系的内心体验，是人类特有的心理现象之一，具有鲜明的社会性、历史性。人类高级情感主要有道德感、理智感和美感。

① 道德感。是个体根据一定的社会道德标准，在评价自己或他人的行为举止、思想言论和意图时产生的主观体验。

② 理智感。是智力活动过程中，在认识和评价事物时而产生的主观体验。理智感是人类社会特有的心理现象，是在人的认识活动中产生和发展起来的，同时，它对人的认识活动又具有推动作用，成为认识活动的一种内在动力。

③ 美感。是根据一定的审美标准评价事物时所产生的主观体验。美感作为一种主观体验，是由于客观情景引起的。不同的社会、不同的风俗习惯、不同的历史时期，人们的审美标准不同，人们对美的感受也不同。

（4）情绪情感的外部表现　情绪情感的外部表现形式就是表情或表情动作。它是一种独特的情绪语言，是与情绪和情感有关的外显行为。情绪和情感发生时不仅会引起人的生理变化，同时也有外显行为，这种外显行为就是可以观察到的，称之为表情。表情包括情绪在面部、身段姿态和言语上的表现。表情，特别是面部表情，是人际交往的一种重要工具。

① 面部表情。是通过面部肌肉和腺体变化来表现情绪的，是由眉、眼、鼻、嘴的不同组合构成的。研究发现，人的面部表情在两万种以上。因此面部表情是最直接、最丰富和最有效的表达一个人情绪的手段。

② 身段表情。是由人的身体姿态、动作变化来表达情绪的。身段表情主要分为身体表情和手势表情两种。身段表情有时不像面部表情那样容易识别，在掩饰情绪方面也不如面部表情。观察身段表情比观察面部表情更能够判断出真实的情绪。研究表明，面部是情绪信息的最好传达者，腿和脚是最坏的传达者，手和手臂介于两者之间。而在掩饰真实情绪方面，顺序正好相反。

③ 言语表情。是情绪发生时在说话的语音、语调、节奏、速度上的表现。人们在不同的情绪状态下，其言语的声调、节奏和速度不同；而同样的一句话，用不同语调去说，可以表达不同的情绪。

通过面部表情、身段姿态和语调变化可以有效地表达情绪，它们经常相互配合，更加准确或复杂地表达不同情绪。

### 2.2.5.3 情绪情感的调控

（1）情绪调节概述　情绪调节是指个体管理和改变自己或他人情绪的过程，在这个过程中，通过一定的策略和机制，使情绪在生理活动、主观体验、表情行为等方面发生一定的变化。

① 情绪的调节。情绪调节包括所有正性和负性的具体情绪调节，一般人们更容易想到对负性情绪的调节。如愤怒时人们需要克制，悲伤时需要转换环境等。但正性情绪在某些情况下也需要调节。

② 唤醒水平的调节。一般认为，情绪调节主要是调节过高的唤醒水平和强烈的情感体验，但是，一些较低强度的情绪也需要调节。研究表明，高唤醒对认知操作起瓦解和破坏作用，如狂怒会使人失去理智，出现越轨行为。也有人指出，情绪调节包括削弱或去除正在进行的情绪、激活需要的情绪、掩盖或伪装一种情绪。

③ 情绪成分的调节。情绪调节的范围相当广泛，不仅包括情绪系统的各个成分，也包括情绪系统以外的认知和行为等。情绪系统的调节主要是指调节情绪的生理反应、主观体验和表情行为，如情绪紧张或焦虑时，控制血压和脉搏；情绪痛苦时，离开情境使自己开心一点；过分高兴时，掩饰和控制自己的表情动作等。此外还有情绪格调的调节、动力性的调节等，如调节情绪的强度、范围、不稳定性、潜伏期、发动时间、情绪恢复和坚持等。情绪调节的机制是一种自动化的机制，不需要个体的努力和有意识地进行操作。

（2）情绪调节的基本过程　对情绪调节的基本过程可用图 2-4 表示。

图 2-4　情绪调节的基本过程

① 生理调节。生理调节是在一定的生理过程基础上进行的，在调节过程中存在着相应的生理反应变化模式。情绪的生理调节是系统性的，将改变或降低处于高唤醒水平的烦恼、痛苦。

② 情绪体验调节。情绪调节中最重要的就是情绪体验调节。研究表明，当体验过于强烈时，个体会有意识地进行调整。

③ 行为调节。行为调节是个体通过控制和改变自己的表情和行为来实现的。在日常生活中，人们主要是采用两种调节方式，一是抑制和掩盖不适当的情绪表达；二是呈现适当的交流信号。

④ 认知调节。认知调节是基于信息加工过程中情绪与认知的关系而提出的。良好的认知调节包含，知觉或再认唤醒需要调节的情绪，解释情绪唤醒的原因，认识改变情绪的方式和途径，做出改变情绪的决定，设定目标，产生力所能及的调节反应，对反应进行评价，将调节付诸实践。

⑤ 人际调节。人际调节是通过社会调节或外部环境的调节器来调节情绪状态的。个体的动机状态、社会信号、自然环境、记忆等因素在这一过程中都起了重要的作用。

（3）情绪情感的调控方法

① 意识调节法。意识调节法是一种通过自我认识和评价来调控自己情绪的方法。情绪

和情感是人们主观意识到的体验，人们不仅能认识自己的情绪情感，还可以有意识地自觉地调整、改变自己的不良情绪。

② 认知调整法。认知调整法是一种用合乎原则和逻辑性的思维去调控情绪的方法。认知调整法的核心就是要变消极的认知方式为积极的认知方式，多使用积极的暗示性语言，培养自己的理性观念，减少非理性观念导致的负面的不稳定的情绪。

③ 情境转移法。情境转移法就是有意识地把自己的情绪转移到另一个方向上去，使情绪得以缓解的方法，也称注意力转移法。情绪具有情境性，人们在情绪不安的情况下，强迫自己转移心理活动指向的对象，变换情境，可以调节自己的情绪。

④ 语言暗示法。语言暗示法是一种用内部语言或书面语言的形式来自我调节和自我激励的办法。比如，当你遇到愤怒的刺激时，心里默念："息怒！息怒！"当紧张时，心里默念："镇静！镇静！"等。人在不良情绪产生时机体内部堆积很多能量，这些能量得不到释放会感到烦闷难受。

⑤ 合理宣泄法。合理宣泄法就是把不良的情绪能量通过一定的渠道释放出来，以缓冲心理压力恢复心理平衡的方法。宣泄的途径很多，可以通过倾诉、哭泣、书写、运动、找模拟物品出气等多种形式发泄心中的压抑。

⑥ 自然陶冶法。在遇到不顺心的事时，不要一个人闷在屋子里，可以走到大自然中去，到公园，到海边，到湖畔，到青山绿水中欣赏自然的美好与博大，借此陶冶自己的性情，冲掉心中的苦闷，恢复心灵的平静。

⑦ 想象放松法。以最舒服的姿势坐在椅子上，双眼轻轻地闭合，用鼻子呼吸，尽可能慢且深，想象一种令人放松的情景。想象放松法可以使人在短时间内得到放松，获得精神小憩，恢复精力，心里得到安详、宁静与平和。

## 2.2.6 意志对安全的影响

### 2.2.6.1 意志概述

(1) 意志的概念　意志是自觉地确定目的，并为实现目的而支配调节自己的行动，克服各种困难以实现预定目的的心理过程。正是有了意志，人才可能在纷繁复杂的环境中主动提出目的，主动采取行动来积极地改造外部世界以满足自身的需要，意志的产生与社会生产劳动有密切关系。社会生产劳动为意志的产生提出了需要与可能。

(2) 意志行动的特征　人的意志总是与行动紧密联系，所以也把有意志参与的行动称为意志行动。意志行动是人类独有的行动，是指与自觉确定目的、主动支配调节个体活动、努力克服困难相联系的行动。

意志与意志行动既相对独立，又密不可分。意志体现于意志行动之中，是意志行动的主观方面，没有意志行动就没有意志；反过来，意志行动受意志支配，即意志行动必须包含意志，没有意志就没有意志行动。意志行动的特征主要表现在自觉目的性、行为调节功能、与克服困难相联系等方面。

(3) 意志的作用　意志对人的学习、工作、身心健康和人格都有十分重要的影响，主要体现在以下三方面。

① 意志与学习。学习是一项持久、复杂而艰苦的活动，需要付出意志努力才能完成。

② 意志与身心健康。坚强的意志可以帮助个体拥有更健康的体魄。而意志薄弱，遇到

困难后知难而退，消极防范，萎靡不振，则会导致一系列不良的躯体反应，如易疲劳、头昏或头疼等。

③ 意志与人格。意志对个体健全人格的形成与发展有十分重要的作用。"志也，气之帅也。"意志是个体精神的统帅、性格的核心。爱迪生说过，伟大人物最明显的标志，就是他的坚强意志，不管环境变换到何种地步，他的初衷与希望仍不会有丝毫改变，终将克服困难，以达希望的目的。

（4）意志与认识、情感的关系

① 意志与认识的关系。认知指导意志。认识活动是意志行动的前提，对意志行动具有指导作用。意志行动中的自觉目的性是以对客观规律的认识为基础的，人的行动目的是受客观规律制约的。人的目的不是凭空产生的，而是认识活动的结果。只有当人们认识了客观事物发展的规律，并运用规律去改造世界以适应人类的需要时，才能自觉地提出行动目的；只有他的目的和愿望确实符合客观规律时，他的意志行动才能得以实现。

意志主导认知。反过来，意志也影响人的认识活动。人类对世界的探索与认识，离不开意志的导向作用。人对外部世界的认识，必须通过个体的努力，来组织自己的观察活动，维持自己的注意，加强随意记忆和创造性想象，积极开展解决问题的思维活动等，这都离不开意志的努力。

② 意志与情感的关系。情感对意志的影响，积极的情感可以鼓舞人的意志，成为意志的动力；消极的情感可以成为人的意志的阻力，它会削弱人的意志，阻碍人去实现原定目标，使意志行动半途而废。

意志对情感的影响，意志不只是受情感的影响，反过来意志也影响情感。意志能否调节情感受到许多因素的制约，但就人的内部条件而言，它取决于意志和情感之间的对比力量。意志坚强的人，可以控制、调节人的情感；意志薄弱的人就会导致半途而废。

认识、情感和意志是密切联系、相互渗透的。任何意志过程都要受到认识和情感的影响，而认识和情感过程也要受到意志的影响。

### 2.2.6.2  意志行动过程

（1）意志行动过程分析  意志行动一般可以分为采取决定和执行决定两个阶段，具体可用图 2-5 表示。

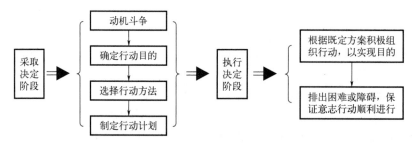

图 2-5  意志行动过程

① 采取决定阶段。这是意志行动的开始阶段，也是准备阶段。它决定意志行动的方向和行动的方法、步骤，是完成意志行动不可缺少的开端。行动的决策包含着动机的斗争、目的的确定、行动方法的选择和计划的制定等。

② 执行决定阶段。执行决定阶段是意志行动的关键阶段，是使头脑里的意图、内心的

愿望、计划和措施付诸实施阶段，意志行动只有经过执行决定阶段，才能达到预定目的。

（2）意志行动中的挫折及其应对　挫折是人们在意志行动过程中，遇到无法克服或自以为无法克服的干扰或障碍，使预定目标不能实现时所产生的紧张状态和情绪反应。"人生逆境十之八九"，生活中随时都会碰到挫折。挫折是对个体意志品质的严峻考验。

当面临挫折时，出于自我保护本能，个体会自发地唤起心理防御机制。心理防御机制是指个体处在挫折与冲突情境时解脱烦恼、减轻紧张以恢复情绪平衡与稳定的一种适应性反应。

① 积极的心理防御机制。人面对挫折，会有多种不同的心理防御机制。能够恰当地使用的心理防御机制，有利于缓解不良情绪，解脱烦恼。例如：转移、抵消、补偿、合理化、压抑、升华、幽默作用等。

② 消极的心理防御机制。消极的心理防御机制不能帮助人们解决问题，反而可能增加烦恼，更加不利于目标的实现。主要表现有过度焦虑、冷漠、攻击、逃避、退化等。

### 2.2.6.3　意志的品质及其培养

（1）意志的品质　意志心理特征在每个个体身上的表现是不同的。良好意志的基本品质是：独立性、果断性、自制性和坚持性。

① 意志的独立性。是指一个人的行动有明确的目的，尤其是能充分地意识到行动效果的社会意义，使自己的行动符合社会要求的一种品质。

② 意志的果断性。是指能根据不断变化的情况，不失时机地采取决断并坚决执行的心理品质。意志的果断性是个人的聪敏、学识、勇敢、机智的有机结合。具有果断性品质的人，善于审时度势，捕捉时机，当机立断，在关键时刻，决不犹豫，不退却。即使在十分危急的情况下，也能镇定自若，赴汤蹈火，大义凛然；当情况发生变化的时候，他又能根据主、客观条件，适时地做出新的决定，并坚决执行。

③ 意志的自制性。就是在意志行动中善于控制自己的情绪、约束自己言行的一种心理品质。这是一种重要的意志品质，它主要表现为：善于促使自己去执行已经采取的决定，并克服不利因素；善于克服盲目冲动行为和克制自己的困惑、恐惧、慌张、厌倦和懒惰等消极情绪。

④ 意志的坚持性。是指在行动中，百折不挠地克服困难，为实现预定的目坚持到底的心理品质。因此，坚持性也叫顽强性或毅力。它表现为长时间坚信自己决定的合理性，并坚持不懈地为实行决定而努力。

（2）意志的培养

① 明确自己的生活目的。生活目的人人都有，但性质、特点各不相同。人的意志行动是为了实现预定目的，培养一个人优良的意志品质，首先是要树立正确而高尚的行动目的。另外要把远近目的有机地结合起来，既要看到近期目的是实现远大目标的一个具体步骤，也要看到具体行动的深远的社会意义。

② 提高情感对意志的支持作用。情感和意志是相互作用的，意志可以在一定程度上调节和控制情绪和情感，而情感反过来又能激励意志，在一定程度上影响意志力的表现。

③ 加强意志的自我培养。意志是一种为实现预定目的，有意识地支配、调节自己行动的心理现象。因此它既可以自我感觉、自我体验，又可以自我培养。要在实践活动中不断地加强意志的自我锻炼，才能形成优良的意志品质。

④ 提高对挫折的承受力。既然挫折不可避免，那么每一个人都应该正视挫折，自觉地同困难作斗争，提高自己的挫折承受力。

⑤ 自觉运用纪律来培养意志品质。纪律反映了集体的共同意志，是做好工作完成任务的基本保证。因此，纪律不仅约束人的行动，更主要的是它给社会成员的行动规定了方向。自觉遵守纪律，可以培养人的优良意志品质，尤其是对意志的自觉性品质和自制力品质的培养具有明显的作用。

据有关统计，在机器或系统故障中有高达 60%～80% 的故障是由于人的失误所引起的，而人的失误又直接受心理素质与不良情绪的影响。每一个体的感觉（知觉）、意识、记忆、思维、情绪、意志等心理过程在具体的生产中表现也不尽相同，对安全生产发挥着不同的作用。正确认识与调节心理过程与安全生产的关系是安全心理与行为管理的关键。

# 2.3　人的生物节律与安全

## 2.3.1　生物节律的概念

生物节律又称生物钟现象，它是一种普遍存在于一切生物体内的自然规律。在自然界中，植物的开花，昆虫的孵化，候鸟的迁徙，都有一定的时间和规律。许多动植物的生理机能和生活习性都存在着随时间的变化而出现周期性变化的现象，它们似乎是受着某种内在时间的控制，这种现象称为"生物钟"。它反映着生物为适应昼夜、季节的变化而进行自我调节的规律，因而也称为生物节律。

拓展阅读：
生物节律

20 世纪初，德国的一位内科医生威尔赫姆·弗里斯和一位奥地利心理学家赫尔曼·斯瓦波达通过长期临床观察发现病人的症状、情感和行为的起伏变化，存在着以 23 天为周期的体力变化和以 28 天为周期的情绪波动规律。大约 20 年后，奥地利的一位大学教授，研究了几百名高中生和大学生的考试成绩以后，发现人的智力也存在着一个以 33 天为周期的波动规律。后来的一些学者经过反复试验，认为每个人从他出生那天起，直至生命终止，都存在着周期分别为 23 天、28 天、33 天的体力、情绪和智力的变化规律，并用正弦曲线绘制出每人的变化周期曲线，如图 2-6 所示。

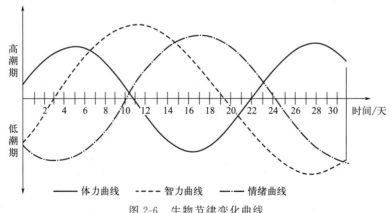

图 2-6　生物节律变化曲线

### 2.3.2　生物节律功能与安全

在每一个周期中，上半周期对人的活动起到一个积极、良好的作用，称为高潮期。体力表现为体力充沛，情绪表现为有创造力，心情愉快、乐观，智力表现为思维敏捷，更具有逻辑性和解决复杂问题的能力。下半周期对人活动有一个消极、抑制的作用，称为低潮期。体力表现为容易疲劳、做事拖拉，情绪喜怒无常、烦躁、意念沮丧，智力表现为注意力不集中、健忘、判断准确性下降。在所有三个周期中，由高潮期向低潮期或由低潮期转向高潮期的那一天称为临界日。在体力周期和情绪周期临界日发生事故的可能性很大；而智力周期临界日在安全方面则认为是不重要的，但如果和其他临界日相重，则产生的综合效果增大。在情绪周期与体力周期的临界日相重时，发生事故的概率更大，双重临界日一年中大约有六次。三重临界日一年中有一次，按生物节律的理论，发生危险的概率将增长到最高程度。

乌克兰学者列申科在一家运输机械厂，用计算机对 1972～1973 年发生的事故进行了分析，结果表明，70％的事故是在临界日或在下半周期消极影响最大的日子发生的。

特别是临界日的事故发生更为频繁，据美国一家保险公司对涉及偶然事故所引起的死亡事故统计，事故的肇事者约有 60％处于生物节律的临界日。表 2-5 是部分国家对临界日与非临界日事故发生状况的对比。

表 2-5　临界日与非临界日事故发生状况的对比

| 单位 | 事故次数/人次 | 临界日所占百分比/％ | 非临界日所占百分比/％ | 备注 |
|---|---|---|---|---|
| 美国金属加工厂、化工厂、纺织厂 | 300 | 70 | 30 | |
| 美国工业部门 | 1200 | 70 | 30 | |
| 美国密苏里州 | 100 | 57 | 43 | 交通事故 |
| 日本治安部 | 1163 | 59 | 41 | 交通事故 |
| 日本沃米公司 | 331 | 59 | 41 | 1963～1968 年交通事故 |
| 瑞士 | 700 | 57 | 43 | |
| 苏黎世城 | 300 | 65.7 | 34.3 | |
| 联邦德国农业机械部门 | 497 | 97.8 | 2.2 | |
| 澳大利亚 | 100 | 79 | 21 | 交通事故 |

应用生物节律理论可以提示人们，在某一时间人的体力、情绪和智力所处的状态是高潮期、低潮期或临界日，这样就可以充分利用生物节律理论来更有效地指导安全生产，提醒操作者的注意，合理安排工作。例如俄罗斯莫斯科、瑞士苏黎世和德国汉诺威交通部门，为所有的司机绘制了生物节律曲线图表，当司机处于低潮期，就发给红色行车证，提醒他们加倍小心；当司机处于体力或情绪临界期，就尽量不让他们出车。莫斯科公交公司某车场运用生物节律来安排轮休，减少了事故 42.9％。表 2-6 列出了美国和日本某些企业在应用生物节律理论的情况。从表中可见，应用生物节律理论对于事故的预防其效果是显著的。

近年来，我国在生物节律理论及其预防事故方面都做了大量的研究工作，取得了一定的成果。如中国铁路济南局劳资处在全局各部门推广生物节律理论，对预防和减少事故起到了积极的作用。原铁道部齐齐哈尔车辆工厂车队，运用生物节律理论指导司机行车后，事故率大大降低。南京化学工业集团公司机械厂运用生物节律安排生产也取得了显著的效果。

表 2-6  应用生物节律理论的结果统计

| 单位 | 时间 | 事故下降率/% | 备注 |
|---|---|---|---|
| 美国联合航空公司维修部门 | 1973.11~1974.11 | 50 | 2800 人运用 1 年 |
| 美国铝制品公司 | 1965 | 18 | 运用第 1 年 |
| 美国铝制品公司 | 1966 | 80 | 运用第 2 年 |
| 日本沃米公司 | 1969 | 50 | 运用第 1 年 |
| 日本小草井汽车公司 | 1969 | 19 | 运用第 1 年 |
| 日本小草井汽车公司 | 1970 | 30 | 运用第 2 年 |
| 日本小草井汽车公司 | 1971 | 46 | 运用第 3 年 |
| 日本明朗公司 | | 减少损失 45 | 运用第 1 年 |
| 日本清野公司 | | 减少差错 35 | 运用 6 个月 |

　　生物节律理论在安全上的应用主要有两个方面，一是事故的回顾分析，二是避开临界日预防事故。从心理学的角度看，人们掌握了自己的生物节律后，可以不断提醒自己，强化自己的安全意识，注意加强自我保护，起到改善心理状态的作用。作为领导、管理人员，掌握了员工的生物节律后，可以适当调度和安排员工的生产岗位，加强安全巡查，做好安全防范工作，从而达到减少或杜绝事故隐患的目的。

　　【案例反思】　某天晚上约 22 时，下着小雨，一年轻职工约了 1 个假期到工地与父母团聚的初中生，打着雨伞、手电到项目营地外的小河沟钓鱼，滑落深约 2m 的潭内溺水而亡。调查发现，所有认识他的人都证明他从未钓过鱼，最近几天也没有跟任何人发生争执，当天晚上是偷偷拿了别人的钓具。这些反常行为，很难让人理解，事后对该职工的生物节律进行统计，发现体力处于低谷区，情绪、智力周期都位于临界日附近。

　　【案例反思】　一位模板工在工作门井拆模，安全带挂在井内立管内，为了省时省力取下了腰部的安全扣，利用身体的重量摆动进行拆模。立管下滑后背部上端的安全扣滑脱后坠，腰间的安全带没挂，坠落至井底，坠落高度约 26m，幸运的是坠落的瞬间抓到了井筒壁面的保温板，将保温板撕下一条带，随同人体一起下落，同时身体紧贴保温板面增加了下坠阻力，且井底堆存了高度约 4~5m 冲毛枪冲下的混凝土松散碎屑，未受伤。事后进行原因分析，正确做法是将背部的安全带挂在井筒上端的钢筋根部，腰部的安全带挂在模板的横围檩上，只有拆完需移动时才能松开腰部的安全带，而当天的异常操作班长无法理解，证明此人从未犯过如此低级错误。此异常引起人员重视，并对他的生物节律进行计算，发现当天他的体力、智力周期都在高潮期，只有情绪位于临界日。

# 2.4　人的个性心理与安全

## 2.4.1　人的个性心理特征

　　一个人身上经常地、稳定地表现出来的整体精神面貌就是个性心理特征，表明了一个人稳定的类型特征，它主要包括性格、气质和能力。个性心理特征虽然是相对稳定的，但当人和环境积极地相对作用时，又是可以改变的。严格来说，每个人的个性心理特征在世上都是独一无二的，它是人与人之间差异的表现。

在生产过程中对待劳动和安全的态度，不同的人表现出不同的个性心理特征。有的认真负责，有的马虎敷衍；有的谨慎细心，有的粗心大意。对安全生产中的工作指导，有的不予盲从，实事求是。有的不敢抵制，违心屈从。在紧急情况或困难条件下，有的人镇定、果断、勇敢、顽强。有的人则惊慌失措、优柔寡断或轻率决定、畏难和垂头丧气。人在安全生产过程中表现出来的个性心理特征与安全存在一定的关系，尤其是一些不良的个性心理特征，常是酿成事故与伤害的直接原因。

【案例反思】 例如，某建筑公司在工地施工中由于违章指挥，用一台只能吊 1t 重量的塔吊去吊一台 2.5t 重的混凝土搅拌机，当将搅拌机起吊到 12m 高，越过三层建筑物，运转 270° 后，下降时由于超重和惯性作用，造成塔吊倾覆，致使操作女工摔伤而死。这起事故的主要原因是现场违章指导。但从事故的直接原因看，也取决于这个操作女工的性格特征，因为这样冒险蛮干明显违反安全操作规程。如果这个女工有高度责任感及自我保护意识，据理力争，对违章指挥加以抵制，那么，这次事故完全可以避免。

【案例反思】 辽宁某矿曾发生一起严重的火灾事故，事故发生 18h 后，在同一地点，发现因一氧化碳中毒和烟雾窒息的遇难者中还有 40% 的人员幸存。为什么在同样情况下，会有不同的结果呢？经调查表明，生存者沉着冷静、不喊不叫，并采取适当的自救措施。死难者，特别是其中的新工人，惊慌失措、到处乱跳、不进行自救，因而心率增高，耗氧量增大，呼吸次数增多，吸入的一氧化碳和有毒的烟雾量也大，从而导致死亡。从这次事故的心理分析中可明显看到，在生死攸关关头，镇定、坚毅、果断、勇敢、顽强的良好个性心理特征给人带来生机。而慌乱、惊怕、胆怯、懦弱、绝望却促进了人员的伤亡。由此可见，个性心理特征与安全工作有着内在的紧密联系，如能通过各种途径培养职工良好的个性心理特征，对企业的安全工作将是极大的促进。

## 2.4.2 性格与安全

性格是人的个性心理特征的重要方面，人的个性差异首先表现在性格上。不同的性格决定了其做事的风格与行为模式，它贯穿于一个人的全部活动中，是构成个性的核心，并在处理各种复杂的社会关系中得以体现。应当注意，不是人对现实的任何一种态度都代表他的性格，在有些情况下，对待事物的态度是属于一时情境性的、偶然的，那么此时表现出来的态度就不能算是他的性格特征。同样，也不是任何一种行为方式都表明一个人的性格，只有习惯化了的，在不同的场合都会表现出来的行为方式，才能表明其性格特征。

### 2.4.2.1 性格的结构

性格是十分复杂的心理现象，具有各种不同的特征。这些特征在不同的个体身上组成了不同的结构模式，使每个人都能在个性上独具特色。可从性格的静态结构和动态特性两方面分析性格。

（1）性格的静态结构

① 性格的理智特征。性格的理智特征是指在感知、记忆、想象和思维等认识过程中所体现出来的个体差异。如观察是否精确，是否能独立提出问题

拓展阅读：
人格理论

和解决问题等。

② 性格的情绪特征。性格的情绪特征是人的情绪活动在强度、稳定性、持续性及稳定心境等方面表现出来的个别差异。

③ 性格的意志特征。性格的意志特征表现了人在自我行为自觉调节水平方面的个人特点。性格的意志特征集中体现了个体心理活动的能动性。人的行动目的是否明确、人是否能使其行为受社会规范约束、在紧急情况下是否勇敢和果断、在工作中是否有恒心、是否勇于克服困难等，都属于意志特征的内容。

④ 性格的态度特征。这一特征主要指在处理各种社会关系方面所表现出来的性格特征。如对待个人、社会和集体的关系，对待劳动、工作的态度，对待他人和自己的态度等。

（2）性格的动态特性　每个人的性格并不是各种特征的简单组合。各种性格特征在每个人身上总是相互联系、相互制约，并且还会以不同的组合表现于人的各种活动中。因此，人的性格结构还具有动态性。性格结构的动态性如下。

① 人的各种性格特征之间彼此密切联系、相互制约，使人的性格在结构上有一个相对的完整性。例如，一个情绪总是乐观开朗的人，与人交往时往往表现得大方直爽。一个虚怀若谷的人，常常伴随有平易近人的性格特点。一个利欲熏心者，常表现出对他人、对工作不负责任、刻薄、吝啬等特点。

② 人的性格具有相对完整性。一个人的性格有多种特征，这些性格特征之间存在着复杂的关联构成了性格的相对完整性。但在不同情景下，其相对完整性又存在矛盾性。如一个人的勇猛果断与其优柔寡断，性格矛盾性的存在说明人的性格是非常复杂的。

③ 人的性格的可塑性。人的性格具有相对稳定性，但又不是一成不变的。环境的变化、经历及自身的努力，都可以改变一个人的性格特征。当然，一个人已有的性格越是深刻、稳定，改变他的性格就越不容易。

人的性格形成主要受人的生理素质、经历和环境、教育等因素的制约。

### 2.4.2.2　性格与安全

人在社会实践活动中，通过与自然环境和社会环境的相互作用，客观事物的影响，将会在个体经验中保存和固定下来，形成个体对待事物和认识事物独有的风格。尽管人的性格是很复杂的，一旦形成后，便会以此比较定型的态度和行为方式去对待和认识周围的事物。不良的性格特征常常是造成事故的隐患。譬如，吊儿郎当、马马虎虎、放荡不羁、不负责任是一些不良的性格特征。有这些性格特征的人，在工作中经常表现出责任心不强，甚至擅自离开工作岗位，并常常因这种擅离岗位而发生事故。

【案例反思】　某化肥厂发生的一起锅炉爆炸事件就是一件沉痛而令人深思的教训。某天晚上该化肥厂正在放电影，正在当班的锅炉工悄悄离开工作岗位去看电影。由于他擅离工作岗位时间太长，造成锅炉严重缺水，当他返回岗位发现险情后，又怕受处分、扣奖金，在惊慌恐乱中，采取了向锅炉进水的错误操作，以期达到掩盖事故目的，不料弄巧成拙，引起锅炉爆炸，几十斤重的碎片飞出现场数百米，造成厂房倒塌，一人死亡，七人重伤，全厂停产一个多月，造成巨大经济损失。从事故发生原因来看，是司炉工擅离工作岗位所致，其实这正是他不良性格特征的暴露，表明他是一个工作不负责任的人，再加上发现险情后的恐惧心理和侥幸心理的驱使，终于造成不可挽回的错误。

有关心理学研究表明，生产中发生的事故常与操作者的性格有一定关联，在同样劳动条件下，某些操作者比起其他人更易出事故，因此研究操作者的性格因素与性格类型对事故的影响是很有必要的。

良好的性格并不完全是天生的，教育和社会实践对性格的形成具有更重要的意义。具有如下性格特征的人容易发生事故。

拓展阅读：
性格因素与
性格类型

① 攻击型性格。具有这类性格的人，常妄自尊大，骄傲自满，工作中喜欢冒险，喜欢挑衅，喜欢与同事闹无原则纠纷，争强好胜，不接纳别人意见。这类人虽然一般技术都比较好，但也很容易出大事故。

② 性情孤僻、固执、心胸狭窄、对人冷漠。这类人性格多属内向，同事关系不好。

③ 性情不稳定者，易受情绪感染支配，易于冲动，情绪起伏波动很大，受情绪影响长时间不易平静，因而工作中易受情绪影响忽略安全工作。

④ 主导心境抑郁、浮躁不安者。这类人由于长期心境闷闷不乐，精神不振，导致大脑皮层不能建立良好的兴奋灶，干什么事情都引不起兴趣，因此很容易出事故。

⑤ 马虎、敷衍、粗心。这种性格常是引起事故的直接原因。

⑥ 在紧急或困难条件下表现出惊慌失措、优柔寡断或轻率决定、胆怯或鲁莽者。这类人在发生异常情况时，常不知所措或鲁莽行事，坐失排除故障、消除事故良机，使一些本来可以避免的事故发生。

⑦ 感知、思维、运动迟钝、不爱活动、懒惰者。具有这种性格的人，由于在工作中反应迟钝、无所用心，也常会导致事故。

⑧ 懦弱、胆怯、没有主见者。这类人由于遇事退缩，不敢坚持原则，人云亦云，不辨是非，不负责任，因此，在某些特定情况下很容易发生事故。

## 2.4.3　气质与安全

气质就是日常所说的性情、脾气，它是一个人生来就具有的心理活动的动力特征。气质是人的高级神经活动类型特征在其活动中的表现，它使人的心理活动及外部表现都染上个人独特的色彩。虽然气质在后天的环境、教育影响下，也会有所改变，但与其他个性心理特征相比较，气质的变化更为缓慢与困难。必须强调，气质是人的心理活动与行为的动力特征，而不是活动的动机、目的和内涵。

### 2.4.3.1　气质类型与测定

(1) 气质类型　有关气质的定义、类型等问题在"1.3.2.1影响人行为的个性心理因素"中已进行了较详细讨论与论述，读者可参阅这部分内容。

(2) 气质的测定　人的神经系统的特性可以在心理学实验室里进行测定，但需要专门的仪器设备和丰富的测试经验，目前普遍是用观察法判断一个人气质。这种方法是根据人的气质特点总是与一定的活动联系在一起的，并外化为一定的行为。因此可以通过观察人的行为来分析其气质特点。

苏联的阿·彼·萨莫诺夫介绍了一种观察测定消防队员气质特征的方法，可供参考。表2-7是萨莫诺夫提出的对神经系统的强度、平衡性和灵活性的测定标准。

表 2-7　萨莫诺夫对神经系统三个特征测试标准

| 强度标准 | 平衡性标准 | 灵活性标准 |
|---|---|---|
| 1. 消防队员在操练中和火场上能否长时间地克服心理障碍；<br>2. 是否害怕困难；<br>3. 在执行任务后能否迅速恢复精力；<br>4. 在火场上独立进行工作后的自我感觉如何（刚毅、积极或是垂头丧气、萎靡不振等）；<br>5. 对新环境的适应能力怎样（能迅速或是慢慢才能适应）；<br>6. 在战斗的危急情况下是否易丧失自制力；<br>7. 在无关刺激物（叫喊声、轰响声、劈裂声等）影响下能否将注意力集中在执行任务上；<br>8. 是否善于交际，还是孤僻、羞怯；<br>9. 在紧急情况下举止表现如何，是坚决果断，能保持镇定和自制力，还是惊慌失措，出现不当的举动；<br>10. 敏感性如何，是否神经过敏，能否长时间地在危险情况下坚持工作，能否迅速克服不良的情绪 | 1. 消防队员在工作时动作急促或是均衡；<br>2. 在不得不等待的情况下是否有忍耐性；<br>3. 在与人交往和集体活动中是否沉着；<br>4. 能否控制住自己的感情冲动，是否暴躁；<br>5. 是否有这种情况，干起事来津津有味，但却不了之；<br>6. 平时情绪如何，是平稳、安定还是经常忽高忽低；<br>7. 是否经常表现出容易受刺激 | 1. 能否迅速投入新的工作，旧方法和旧习惯是否妨碍他从事新的工作；<br>2. 在工作中表现出新的首创精神，或是因循守旧；<br>3. 能否迅速地养成新习惯和掌握新技术；<br>4. 能否迅速适应新的周围环境（如在火场上，在日常生活中，在集体生活和运动竞赛等方面）；<br>5. 在火场上能否迅速做出决定；<br>6. 在回答问题时能多快就考虑出答案 |

萨莫诺夫所列出的这些确定消防队员气质特点的标准，是结合具体的消防工作的特点而作出的。这些标准体现出了消防工作对消防队员气质特征的主要要求，易于被消防部门所掌握，具有一定的实用价值。

在生产实际中，如果有必要，很多职业都可以在心理学家的指导下，结合本职业的特点，制定气质测量的标准。

### 2.4.3.2　气质与安全

在安全管理工作中针对职工不同气质类型特征进行工作安排是非常必要的。

首先，依据各人的不同气质特征，加以区别要求与管理。例如在生产过程中，有些人理解能力强、反应快，但粗心大意，注意力不集中，对这种类型的人应从严要求，要明确指出他们工作中的缺点，甚至可以进行尖锐批评。有些人理解能力较差，反应较慢，但工作细心、注意力集中，对这种类型的人需加强督促，应对他们提出一定的速度指标，逐步培养他们迅速解决问题的能力和习惯。有些人则较内向，工作不够大胆，缩手缩脚，怕出差错，这种类型的人应多鼓励、少批评，尤其不应当众批评。

其次，在各种生产劳动组织管理工作中要根据工作特点妥当地选拔和安排职工的工作。尤其是那些带有不安全因素的工种更应如此，除应注意人的能力特点以外，还应考虑人的气质类型特征。有些工种（如流水作业线的装配工）需要反应迅速、动作敏捷、活泼好动、易于与人交往的人去承担。有些工种（如铁路道口的看守工）则需要仔细的、情绪比较稳定的、安静的人去做。这样既做到人尽其才，有利于生产，又有利于安全。

再者，在日常的安全管理工作中，针对人的不同气质类型进行工作也是十分必要的。例如，对一些抑郁质类型的人，因为他们不愿意主动找人倾诉自己的困惑，常把一些苦闷和烦恼埋在心里。作为安全管理技术人员应该有意识地找他们谈心，消除他们情感上的障碍，使他们保持良好的情绪，以利安全生产。又如在调配人员组织一个临时的或正式的班组时，应注意将具有不同气质类型的人加以搭配，这样，将有利于生产和安全工作的开展。

例如，海洋油气生产作业一线属于环境相对狭小封闭且条件恶劣、工作专业性较强且涉及多学科协同的特殊工作环境。需要工作人员具有心理抗压能力强、自我调节能力强、沟通协作能力强的特质，需要工作人员能够自我排解长时间远离陆地及家庭的孤独与寂寞。

## 2.5　与安全密切相关的心理状态

拓展阅读：
海洋油气生产
作业一线特点

在安全生产中，常见的与安全密切相关的心理状态有如下几种。

（1）省能心理　人类在同大自然的长期斗争和生活中总是希望以最小能量（或者说付出）获得最大效果。当然这有其积极的方面，如经济学中的"投资-效益最大化原理"。这里关键是如何把握"最小"这个尺度，如果在社会、经济、环境等条件许可的范围内，选择"最小"又能获得目标的"较好"，当然应该这样做。但是这个"最小"如果超出了可能范围，目标将发生偏离和变化，就会产生从量变到质变的飞跃。它在安全生产上常是造成事故的心理因素。有了这种心理，就会产生简化作业的行为。

【案例反思】　例如，某铁厂在维修高炉时，发现蒸汽管道上结成一个巨大的冰块，重约0.4t，妨碍管道的维修。工人企图用撬棍撬掉冰块，但未撬动，如采取其他措施则费时、费力，于是在省能心理支配下，在悬冻的冰块下面进行维修。由于振动和散热影响，冰块突然落下打在工人身上，发生人身事故。

再如，省能心理还表现为嫌麻烦、怕费劲、图方便、得过且过的惰性心理。例如，一运输工在运输中已发现轨道内一松动铁桩碰了他的车子，但懒于处理；只向别人交代了一下，在他第二次运输作业中因此桩造成翻车事故，恰好伤害了自己。

（2）侥幸心理　人对某种事物的需要和期望总是受到群体效果的影响，在安全事故方面尤其如此。生产中虽有某种危险因素存在，但只要人们充分发挥自己的自卫能力，切断事故链，就不会发生事故，因此事故是小概率事件。多数人违章操作也没发生事故，所以就产生了侥幸心理。在研究分析事故案例中可以发现，明知故犯的违章操作占有相当的比例。

【案例反思】　例如，某滑石矿运输工人不懂爆破知识，为了紧急出矿，抱着侥幸心理冒险进行爆破作业，结果发生事故，当场被炸死。

（3）逆反心理　某些条件下，某些个别人在好胜心、好奇心、求知欲、偏见、对抗、情绪等心理状态下，产生与常态心理相对抗的心理状态，偏偏去做不该做的事情。

【案例反思】　某厂一工人出于好奇和无知，用火柴点燃乙炔发生器浮筒上的出气口，试试能否点火，结果发生爆炸，自身死亡。

（4）凑兴心理　凑兴心理是人在社会群体中产生的一种人际关系的心理反应，多见于精力旺盛、能量有余而又缺乏经验的青年人。从凑兴中得到心理上的满足或发泄剩余精力，常易导致不理智行为。

【案例反思】　如汽车司机争开飞车，争相超车，以致酿成事故的为数不少。开玩笑过程中导致事故纯属凑兴心理造成的危害。

（5）好奇心理　好奇心人皆有之，是对外界新异刺激的一种反应。以前未见过，感觉很新鲜，乱摸乱动，使一些设备处于不安全状态，而影响自身或他人的安全；因周围发生的事影响正常操作，造成违章事故。

（6）冒险心理　冒险也是引起违章操作的重要心理原因之一。①理智性冒险，明知山有虎，偏向虎山行。②非理智性冒险，受激情的驱使，有强烈的虚荣心，怕丢面子。硬充大胆。

（7）逞能心理　争强好胜本来是一种积极的心理品质，但如果它和炫耀心理结合起来，且发展到不恰当的地步，就会走向反面。①争强好胜，积极表现自己，能力不强但自信心过强，不计后果、蛮干冒险作业。②长时间做相同冒险的事，无任何防护，终有一失。

（8）麻痹心理　麻痹大意是造成事故的主要心理因素之一。行为上表现为马马虎虎、大大咧咧、口是心非、盲目自信。①盲目相信自己的以往经验，认为技术过得硬，保准出不了问题。（以老职工居多）②是以往成功经验或习惯的强化，多次做也无问题。（我行我素）

（9）群体心理　社会是个大群体，工厂、车间也是群体，工人所在班组则是更小的群体。群体内无论大小，都有群体自己的标准，也叫规范。这个规范有正式规定的，如小组安全检查制度等，也有不成文的、没有明确规定的标准，人们通过模仿、暗示、服从等心理因素互相制约。有人违反这个标准，就受到群体的压力和"制裁"。群体中往往有非正式的"领袖"，他的言行常被别人效法，因而有号召力和影响力。如果群体规范和"领袖"是符合目标期望的，就产生积极的效果，反之则产生消极效果。若使安全作业规程真正成为群体规范，且有"领袖"的积极履行，就会使规程得到贯彻。许多情况下，违反规程的行为无人反对，或有人带头违反规程，这个群体的安全状况就不会好。应该利用群体心理，形成良好的规范，使少数人产生从众行为，养成安全生产的习惯。

拓展阅读：
安全仪式与
安全仪式感

**复习思考题**

（1）阐述生活事件的概念。

（2）如何理解生活事件与事故的关系？

（3）阐述感觉与知觉的概念。

（4）错觉能够避免吗？

（5）知觉的基本特征有哪些？

（6）如何应用感知规律指导安全生产？

（7）说明意识与注意的概念，并阐述它们之间的联系与区别。

（8）如何理解注意对安全的影响？

（9）举例说明注意规律在安全生产中的应用。

（10）阐述记忆的概念，说明记忆的作用。

（11）试分析记忆过程，并阐述如何培养记忆的品质与能力？

（12）阐述思维的概念，并分析说明思维的过程。

（13）抽象与概括是思维的重要环节，请结合自己的思维过程，说明抽象与概括环节的过程。

（14）如何理解问题解决？并说明影响问题解决的心理因素是什么？

（15）请结合自身的实践，阐述问题解决的过程。

（16）什么是想象？想象有哪些类型？

（17）阐述想象与思维的区别与关系。

（18）阐述情绪情感概念，并说明它们之间的区别和联系。

（19）综述情绪情感的种类与外部表现。

（20）如何理解情绪情感的迁移功能？

（21）试分析情绪调节的基本过程，并举例说明。

（22）阐述意志的概念与作用。

（23）如何理解意志行为？

（24）试分析意志与认识、情感的关系。

（25）试分析意志行动过程，并说明如何培养意志的品质。

（26）简述生物节律的概念。

（27）阐述生物节律功能与安全的关系，并说明其如何应用。

（28）如何理解人的性格？

（29）个性心理特征有哪些？说明其与安全的关系。

（30）简述性格结构的动态特性。

（31）如何认识与理解气质？

（32）综述与安全密切相关的心理状态，并说明对安全行为的指导意义。

# 3 生产过程中人的生理心理状态与安全

在生产过程中，人在与生产环境、机器设备、其他人员的相互作用时，在生理和心理上将发生一系列的变化，进而呈现不同的生理与心理状态，这些生理与心理状态将直接影响人的行为。正确分析、引导这些心理变化，对安全生产具有重要意义，本章将就生产过程中人的生理心理状态与安全的关系展开讨论。

## 3.1 疲劳与安全

### 3.1.1 疲劳的含义

疲劳是一种特殊的生理与心理过程，它并非由单一的、明确的因素构成，目前对疲劳的理解也有很大的差异。一般来说，在生产过程中，劳动者由于生理和心理状态的变化，产生某一个或某些器官乃至整个机体力量的自然衰竭状态，称为疲劳。疲劳常用疲劳感衡量，疲劳感是人对于疲劳的一种主观体验。如作业效率下降是疲劳的客观反映。

疲劳具有双重性的生理意义，既有积极作用的一面，也有消极作用的一面。

疲劳的积极意义在于它是人体的一种保护性反应。因此，疲劳也可看作是人体对外界环境的一种适应性。当外界刺激过度地反复作用或人体承担的工作负荷强度过大，持续时间过长时，人体正常的代谢活动和稳定的体内环境受到破坏，一些代谢产物得不到清除，其浓度已接近人体所能承受的极限水平。这时，这些积累到一定浓度的有害物质刺激有关组织，为中枢神经系统提供了反馈信息，于是产生了相应的局部或全身的疲劳感觉。疲劳感觉是对机体提出警告信息，机体在采取对不良刺激环境的规避和减轻工作负荷的手段后，就得到了适应性保护。因疲劳引起的机能一时性降低是可以恢复的。

如果疲劳长时间和反复地出现，将对人体产生危害。如果疲劳持续时间很长，可导致难以恢复或甚至不可恢复的永久性变化。长时间的疲劳的严重性还在于，它不仅影响人体的健康，而且降低人的工作效率，增加了发生操作错误和事故的可能性。

### 3.1.2 疲劳产生的机理及原因

#### 3.1.2.1 疲劳产生的机理

疲劳是劳动过程中人体器官或机体发生的自然衰竭状态，是人体能量消耗与恢复相互交替时，中枢神经产生"自卫"性抑制的正常生理过程。目前主要有下述几种论点。

（1）疲劳物质累积理论 在劳动过程中，劳动者体力与脑力的不断消耗，在体内逐渐积累起某种疲劳物质（有人称其为乳酸）。奥博尼（D. J. Oborne）基于生物力学的理论对这一假说又做了进一步的分析，由于乳酸分解后会产生液体，滞留在肌肉组织中未被血液带走，使肌肉肿胀，进而压迫肌肉间的血管，使得肌肉供血越发不足。倘若在紧张活动之后，能够及时休息，液体就会被带走。若休息不充分，继续活动又会促使液体增加。若在一段时间内持续使用某一块肌肉，肌肉间液体积累过多而使肌肉肿胀严重，结果是肌肉内纤维物质的形成，这将影响肌肉的正常收缩，甚至造成永久性损伤。

（2）力源消耗理论 劳动者不论从事脑力劳动还是体力劳动，都需要不断消耗能量。轻微劳动，能量消耗较少，反之亦然。人体的能量供应是有限的，随着劳动过程的进行，体能被不断消耗，于是一种可以转化为能量的能源物质"肌糖原"储备耗竭或来不及补充，人体就产生了疲劳。

（3）中枢系统变化理论 劳动过程中，人的中枢神经系统将会产生一种特殊的功能，即保护性抑制，使肌肉组织不致过度消耗而受损，保护神经细胞免于过分疲劳。如人体疲劳时，尽管想看书，却会不能自制地磕目而睡。在这种意义上，疲劳是对机体起保护作用的一种"信号"。

（4）生化变化理论 在劳动中，由于作业及环境引起体内平衡紊乱而产生了疲劳。即肌肉活动和收缩时，减少了体内葡萄糖的含量，分解为乳酸，并放出热能（121kJ/mol）供肌肉活动，当体内葡萄糖含量不足或供不应求时，就产生明显的疲劳现象。当身体休整后，肝脏重新又源源不断地提供葡萄糖，肌肉本身也有能力将一部分乳酸恢复为葡萄糖，另一部分送回肝脏重新合成，使得劳动状态继续进行下去。

（5）局部血流阻断理论 静态作业（如持重、把握工具等）时，肌肉等长时间来维持一定的体位，虽然能耗不多，但易发生局部疲劳。这是因为肌肉收缩的同时产生肌肉膨胀，且变得十分坚硬，内压很大，将会全部或部分阻滞通过收缩肌肉的血流，于是形成了局部血流阻断。

事实上，疲劳产生的机理可能是上述 5 种理论的综合影响。

### 3.1.2.2 疲劳产生的原因

（1）作业强度与持续时间 劳动负担是作业强度和作业持续时间的函数。作业强度越大，持续时间越长，劳动者就越容易疲劳。

（2）作业速度 作业速度越高越容易导致疲劳。根据劳动定额学研究，每一种作业都有适合于一般作业人员的合理速度，在合理的作业速度下劳动，人可以维持较长时间而不感到疲劳，体能的支出比较少。

（3）作业态度 劳动者的精神面貌和工作动机对心理疲劳影响极为明显。疲劳的动机理论认为，每个人所储存的机体能量并不像打开水龙头就会流出水来那么简单，而只有当人达到一定的动机水平时，那些分配给用于完成特定活动的能量才能得到释放，而当这一部分准备支付的能量消耗殆尽时，就会感到疲劳，尽管此时他还有剩余精力，并没有把他的精力全用完。

（4）作业时刻 在什么时间进行作业也影响疲劳的产生和感受疲劳的程度。比如夜班作业比白天作业容易疲劳。这和人体机能在夜间比白天较低有关。

（5）不良的作业环境　不合适的照明条件、湿度、温度、噪声、粉尘等都会增加作业人员的精神与肉体负担，造成疲劳感。

（6）影响疲劳的具体因素

① 作业类别。能量消耗大的劳动作业、作业速度快、作业种类多变化大且复杂、作业范围广、精密度要求高、注意力要求高度集中、操作姿势特殊、一次性持续时间长、有危险的作业、环境恶劣的作业。

② 作业条件。作业不熟练、睡眠不足、上班时间过长、休息时间不足、平均拘束时间过长、年龄过低或过高、疾病、生理的周期不适。

③ 劳动者的主观条件。劳动情绪低下、劳动兴趣不大、人际关系不和、家事不称心、担负责任重大、对疲劳的暗示、个人性格的不适应。

### 3.1.3　疲劳的表现特征

机体的疲劳有多种形式，主要表现在如下几个方面：

（1）休息的欲望　人的肌肉和大脑经过长时间的大量活动后就会出现"累了"或"需要休息"的疲劳感觉，而且身体的各个部位都会出现疲劳症状，比如颈部酸软、头昏眼花，这些疲劳感觉不仅仅自己感觉很明显，而且周围的人也同样可以感觉到。

（2）心理功能下降　疲劳时人的各项心理功能下降，例如反应速度、注意力集中程度、判断力程度都有相应的减弱，同时还会出现思维放缓、健忘、迟钝等。

（3）生理功能下降　疲劳时人的各种生理功能都会下降，随后进入疲劳状态。①对消化系统来说，会出现口渴、呕吐、腹痛、腹泻、食欲不振、便秘、消化不良、腹胀的现象；②对循环系统来说，会出现心跳加速、心口疼、头昏、眼花、面红耳赤、手脚发冷、指甲嘴唇发紫的现象；③对呼吸系统来说，会出现呼吸困难、胸闷、气短、喉头上火的现象；④对新陈代谢系统来说，会出现盗汗或冷汗、发热的现象；⑤对肌肉骨骼系统来说，会出现肌肉疼痛、关节酸痛、腰酸、肩痛、手脚酸痛的现象。

（4）作业姿势异常　疲劳可以从疲劳人员作业的姿势中看出来。在作业姿势中，立姿最容易疲劳，其次是坐姿，卧姿最不容易疲劳。

据有关资料表明，作业疲劳的姿势特征主要有：①头部前倾；②上身前屈；③脊柱弯曲；④低头行走；⑤拖着脚步行走；⑥双肩下垂；⑦姿势变换次数增加，无法保持一定姿势；⑧站立困难；⑨靠在椅背上坐着；⑩双手托腮；⑪仰面而坐；⑫关节部位僵直或松弛。

疲劳的部位在很大程度上受所从事的职业及工作特点影响，见表3-1。

表 3-1　疲劳部位与职业的关系

| 部位 | 职业、作业及环境 |
|---|---|
| 头部 | 写作、谈话、讲课、听课等用脑程度强的工作；环境充斥 $CO$，$CO_2$，换气不良 |
| 眼部 | 监视作业、计算机作业、显微镜作业、透视、校正、焊接；在低照度条件下作业 |
| 颈部 | 上下观察作业 |
| 耳部 | 听诊作业、铆接等噪声大的作业 |
| 肩部 | 搬运、肩及上肢作业 |
| 腕部 | 手连续动作的作业；钳工、打字、手工研磨等手工作业 |
| 肘部 | 小臂连续性地作业 |

| 部位 | 职业、作业及环境 |
|---|---|
| 胸部 | 吹气以及胸部支承性作业 |
| 腹部 | 摩托车、三轮车驾驶,腹部牵引及推挡作业 |
| 腰部 | 反复前屈、举重向上的作业 |
| 臀部 | 坐位不适、坐位时间长 |
| 背部 | 前屈及蹲下作业 |
| 手指部 | 打字、包装、写字、敲击、剪纸等长时间用手指的作业 |
| 膝部 | 蹲下过久地作业 |
| 大腿部 | 蹲下及重体力劳动 |
| 下腿部 | 站立作业及下肢劳动 |
| 手掌部 | 锤工、石工等用力握紧的作业 |
| 足部 | 站立作业,步行作业 |

（5）工作的质量和数量下降　疲劳会导致工作质量和速度下降，差错率或事故增加。

【案例反思】　据中国国家统计局交通事故统计报告，2020 年中国交通事故发生数量 244674 起，交通事故直接财产损失金额为 131360.6 万元。在众多引发交通事故的因素中，驾驶疲劳显得尤为突出。据不完全统计，至少 21% 的交通事故的诱因是驾驶疲劳。

## 3.1.4　疲劳的分类

对于疲劳的种类，有许多不同的分类方式，下面就疲劳的不同分类做简要介绍。

### 3.1.4.1　根据疲劳发生的功能特点进行分类

从疲劳发生的功能特点来看，可以将疲劳分为生理性疲劳和心理性疲劳。

（1）生理性疲劳　生理性疲劳是指人由于长期持续活动使人体生理功能失调而引起的疲劳。例如铁路机车司机长时间地连续驾驶之后，会出现盗汗或者出冷汗、心跳变缓、手脚发冷或者发热、尿液中出现糖分和蛋白质等现象，这些都是生理性疲劳的表现。

生理性疲劳又可以分为肌肉疲劳、中枢神经系统疲劳、感官疲劳等几种不同的类型。

① 肌肉疲劳。是指由于人体肌肉组织持久重复地收缩，能量减弱，从而使工作能力下降的现象。例如车床员工长时间加班劳动，就会出现腰酸背痛、手脚酸软无力、关节疼痛、肌肉抽搐等。

② 中枢神经系统疲劳。也被称为脑力疲劳，是指人在活动中由于用脑过度，使大脑神经活动处于抑制状态的一种现象。如学生在经过长时间的学习或考试后，会出现头昏脑胀、注意力涣散、反应迟缓、思维反应变慢等。

③ 感官疲劳。是指人的感觉器官由于长时间活动而导致机能暂时下降的现象。例如司机经过长途驾驶后，会出现视力下降、色差辨别能力下降、听觉迟钝的现象。

【案例反思】　肌肉疲劳、中枢神经系统疲劳和感官疲劳这三者是相互联系、相互制约的。如司机，其疲劳主要是中枢神经系统疲劳和感官疲劳，特别是他的视觉器官最先开始疲劳，随之就是肌肉疲劳的发生。这是由于在公路上长时间行驶，必须时时刻刻注意道路上千变万化的状况，使得司机的眼睛和大脑长时间持续保持高度紧张状态，特别是在高速行驶时，司机眼睛的工作负荷很重，大脑要连续不断地处理路上各种突发的情况。在这种情况下，司机的以上两项疲劳很容易出现。

（2）心理性疲劳　心理性疲劳是指在活动过程中过度使用心理能力而使其他功能降低的现象，或者长期单调地进行重复简单作业而产生的厌倦心理。比如车床操作员工，负责的机床工作是长时间不变的，在每天的反复操作中，听到的是同样的机床运转嘈杂声，重复的是同样的操作流程，在这样的情况下，感觉器官长时间接受单调重复的刺激，使得操作员工的大脑活动觉醒水平下降，人显得昏昏欲睡，头脑不清醒，从而会引起心理性疲劳。

### 3.1.4.2　根据疲劳发生的过程进行分类

从疲劳发生的过程来看，可以将疲劳分为急性疲劳、亚急性疲劳、日周性疲劳和慢性疲劳。

（1）急性疲劳　急性疲劳主要是在连续作业中，由于作业姿势不良、作业动作不规范、作业方式不当及作业负荷过大等原因造成的。这一疲劳种类以活动器官的机能不全、代谢物恢复迟缓、中枢性控制不良为特征；自我感觉主要是紧迫感、苦痛和极度疲乏；其症状是肌肉疲劳和疼痛，以及由于全身动作而造成的呼吸循环紊乱、作业准确度降低、心跳阻滞。

（2）亚急性疲劳　主要是指在反复作业中所产生的渐进性不适。它产生的原因，除了急性疲劳的原因以外，还包括休息不适当、作业环境不良。它会使人产生意欲减退、无力感，表现为协调动作的混乱、视觉疲劳、监视能力下降等。

（3）日周性疲劳　日周性疲劳主要是指从前一个劳动日到次日的生活周期的失调，主要是由于负荷负担、劳动时间分配不当、轮班制劳动和不规则生活造成的。它会让人发困、懒倦、集中困难、烦躁，以及产生各种失调症状，表现出作业曲线下降、意识水平降低、全身运动机能不全、出汗过多、虚脱、睡眠不足等。此外，还包括脑力功能减弱、注意力集中不良和信息处理不佳、自律神经系统机能失调。

（4）慢性疲劳　慢性疲劳是在数日到数月的生活中积累过量劳动中产生的，是由于繁忙、过于紧张、得不到休养、生活环境不顺造成的。它使工作者感到疲劳、无力，表现为作业能力低下、身体调节不良、情绪不稳、失眠，导致睡眠不足，腰痛，颈、肩、腕障碍，工作意愿降低，缺勤。

### 3.1.4.3　根据疲劳的发生部位进行分类

从疲劳的发生部位来分，疲劳可以分为局部疲劳和全身性疲劳。前者指人体个别器官的疲劳，后者指整个身体的疲劳。全身性疲劳是由局部疲劳逐步发展而形成的。

### 3.1.5　疲劳的检测方法

目前对于疲劳还没有一种方法能够直接客观地测定和评价。只能通过对劳动者的生理、心理等指标的间接测定来判断疲劳程度。测定疲劳的内容及其有关的方法很多（但基本分为三大类：生化法、生理心理测试法、他觉观察及主诉症状调查法），实际使用时应根据疲劳的种类及作业特点选择测定方法。疲劳的测定方法见表 3-2。

拓展阅读：
瑞典职业
疲劳量表

表 3-2 疲劳的测定方法

| 测定内容 | 测定方法 |
| --- | --- |
| 呼吸机能 | 呼吸数、呼吸量、呼吸速度、呼吸变化曲线、呼气中 $O_2$ 和 $CO_2$ 浓度、能量代谢等 |
| 循环机能 | 心率值、心电图、血压等 |
| 感觉机能 | 触两点辨别阈值、平衡机能、视力、听力、皮肤感等 |
| 神经机能 | 反应时间、闪光融合值、皮肤电反射、色名呼出、脑电图、眼球运动、注意力检查等 |
| 运动机能 | 握力、背力、肌电图、膝腱反射阈值等 |
| 生化检测 | 血液成分、尿量及成分、发汗量、体温等 |
| 综合性机能 | 自觉疲劳症状、身体动摇度、手指震颤度、体重等 |
| 其他 | 单位时间工作量、作业频度与强度、作业周期、作业宽裕、动作轨迹、姿势、错误率、废品率、态度、表情、休息效果、问卷调查等 |

（1）几种常用的疲劳测定方法

① 膝腱反射机能测定法。是通过测定由疲劳造成的反射机能钝化程度来判断疲劳的方法。不仅适于体力疲劳测定，也适宜判断精神疲劳。让被试者坐在椅子上，用医用小硬橡胶锤，按照规定的冲击力敲出被试者膝部，测定时观察橡胶锤（轴长 15cm，重 150g）落下使膝盖腱反射的最小落下角度（称为膝腱反射阈值）。当人体疲劳时，膝腱反射阈值（即落锤落下角度）增大，一般强度疲劳时，作业前后阈值差 $5°\sim10°$；中度疲劳时，为 $10°\sim15°$；重度疲劳时，可达 $15°\sim30°$。

② 触两点辨别阈值测定法。用两个短距离的针状物同时刺激作业者皮肤上两点，当刺激的两点接近某种距离时，被试仅感到是一点，似乎只有一根针在刺激。这个敏感距离称作触两点辨别阈或两点阈。随着疲劳程度的增加，感觉机能钝化，皮肤的敏感距离也增大，根据两点阈限的变化可以判别疲劳程度。测定皮肤的敏感距离，常用一种叫做双脚规的触觉计，可以调节双脚间距，并从标识的刻度读出数据。身体的部位不同，两点阈值也不同。一般测试的部位是右面颊上部取水平方向。其他部位的两点阈值可参考实验数据，见表 3-3 所示。

表 3-3 身体不同部位的两点阈值/mm

| 部位 | 阈值 | 部位 | 阈值 | 部位 | 阈值 |
| --- | --- | --- | --- | --- | --- |
| 指尖 | 2.3 | 面颊 | 7.0 | 胸部 | 36.0 |
| 中指 | 2.5 | 鼻部 | 8.0 | 前臂 | 38.5 |
| 食指 | 3.0 | 手掌 | 11.5 | 肩部 | 41.0 |
| 拇指 | 3.5 | 大足趾 | 12.0 | 背部 | 44.0 |
| 无名指 | 4.0 | 前额 | 15.0 | 上臂 | 44.5 |
| 小指 | 4.5 | 脚底 | 22.5 | 大腿 | 45.5 |
| 上唇 | 5.5 | 手背 | 31.6 | 小腿 | 47.0 |
| 第三指背 | 6.8 | 腹部 | 34.0 | 颈背 | 54.6 |
| 脊背中央 | 67.1 | | | | |

③ 皮肤划痕消退时间测定法。用类似于粗圆笔尖的尖锐物在皮肤上划痕，即刻显现一道白色痕迹，测量痕迹慢慢消退的时间，疲劳程度越大，消退得越慢。

④ 皮肤电流反应测定法。测定时把电极任意安在人体皮肤的两处，以微弱电流通过皮

肤，用电流计测定作业后皮肤电流的变化情况，可以判断人体的疲劳程度。人体疲劳时皮肤电传导性增高，皮肤电流增加。

⑤ 心率值测定法。心率，即心脏每分钟跳动的次数。心率随人体的负担程度而变化，因此，可以根据心率变化来判测疲劳程度；采用遥控心率仪可以使测试与作业过程同步进行。正常的心率是安静时的心率。一般成年人平均每分钟心跳 60～70 次（男）和 70～80 次（女），生理变动范围在 60～100 次/min 之间。吸气时心率加快，呼气时减慢，站立比静坐时快，坐时比卧时快。在作业过程中，一定的劳动量给予作业者机体的负荷和由于精神紧张产生的负担都会增加心率。甚至有时体力负荷与精神负荷是同时发生的，因此心率可以作为疲劳研究的量化尺度，反映劳动负荷的大小及人体疲劳程度。可以用作业时的平均心率、作业刚结束时的心率、从作业结束时起到心率恢复为安静时止的恢复时间来判断疲劳程度。

德国勃朗克通过研究提出，作业时心率变化值最好在 30 次以内，增加率在 22%～27% 以下。

⑥ 色名呼出时间测定法。通过检查作业者识别颜色并能正确呼出色名的能力，来判断作业者疲劳程度。测试者准备几种颜色板，在其上随机排列 100 个红、黄、蓝、白、黑五种颜色，令被试按顺序辨认并快速呼出色名，记录呼出全部色名所需要时间和错误率，以时间长短和错误率的多少来判断疲劳程度。

在这项测试中，辨别、反应时间的长短受神经系统支配，当疲劳时精神和神经感觉处于抑制状态，感官对于刺激不太敏感，于是反应时间长、错误次数多。

⑦ 勾销符号数目测定法。将五种符号共 200 个，随机排列，在规定的时间内只勾掉其中一种符号，要求正确无误。这是一个辨识、选择、判断的过程，敏锐快捷程度受制于体力、脑力状态。因此，从勾掉符号数目的多少可以判别疲劳程度。

⑧ 反应时间测定法。反应时间，是指从呈现刺激到感知，直至做出反应动作的时间间隔。其长短受许多因素影响。如刺激信号的性质、被试的机体状态等。因此，反应时间的变化，可反映被试中枢系统机能的钝化和机体疲劳程度。当作业者疲劳时，大脑细胞的活动处于抑制状态，对刺激不十分敏感，反应时间就长。利用反应时间测定装置可测定简单反应时间和选择反应时间。

⑨ 闪光融合值测定法。闪光融合值是用以表示人的大脑意识水平的间接测定指标。人对低频的闪光有闪烁感，当闪光频率增加到一定程度时，人就不再感到闪烁，这种现象称为融合。开始产生融合时的频率称为融合值。反之，光源从融合状态降低闪光频率，使人感到光源开始闪烁，这种现象称为闪光。开始产生闪光时的频率称为闪光值。融合值与闪光值的平均值称为闪光融合值，亦称为临界闪光融合值（Critical Flicker Fusion，CFF）。量纲为Hz，一般在 30～55Hz 之间。人的视觉系统的灵敏度，与人的大脑兴奋水平有关，疲劳后兴奋水平降低，中枢系统机能钝化，视觉灵敏度降低。虽然 CFF 值因人因时而异，不可能作出一个统一的判断准则，但人在疲劳或困倦时，CFF 值下降，在紧张或不疲倦时则上升。一般采用闪光融合值的如下两项指标来表征疲劳程度。

$$日间变化率 = \frac{休息日后第一天作业后值}{休息日后第一天作业前值} \times 100\% - 100\%$$

$$周间变化率 = \frac{周末作业前值}{休息日后第一天作业前值} \times 100\% - 100\%$$

在正常作业条件下，CFF 值应符合表 3-4 所列标准。

表 3-4　闪光融合值评价标准

| 作业种类 | 日间变化率/% | | 周间变化率/% | |
|---|---|---|---|---|
| | 理想值 | 允许值 | 理想值 | 允许值 |
| 体力劳动 | −10 | −20 | −3 | −13 |
| 脑体结合 | −7 | −13 | −3 | −13 |
| 脑力劳动 | −5 | −10 | −3 | −13 |

在较重的体力作业中，闪光融合值一天内最好降低 10% 左右。若降低率超过了 20%，就会发生显著疲劳。在较轻的体力作业或脑力作业中，一天内最好只降低 5% 左右。无论何种作业，周间降低率最好是 3% 左右。

（2）疲劳症状调查法　对作业疲劳还可以通过对作业者本人的主观感受（自觉症状）的调查统计，来判断作业疲劳程度。调查时应注意，调查的症状应真实、有代表性、尽可能调查全作业组人员、应当及时以避免因记不清楚而不能正确表述。日本产业卫生学会提出的疲劳自觉症状的具体调查内容如表 3-5 所示。疲劳症状分为身体、精神和神经感觉三项，每一项又分为 10 种。调查表可预先发给作业者，对作业前、作业中和作业后分别记述，最后计算分析 A、B、C 各项有自觉症状者所占的比例。

$$各项自觉症状出现率（\%）=\frac{A、B、C 各项分别主述总数}{10×被调查人数}×100\%$$

表 3-5　疲劳自觉症状调查表

| 姓名： | | 年龄： | | 记录：　　年　月　日 |
|---|---|---|---|---|

作业内容：

| 种类 | 身体症状（A） | 精神症状（B） | 神经感觉症状（C） |
|---|---|---|---|
| 1 | 头重 | 头脑不清 | 眼睛疲倦 |
| 2 | 头痛 | 思想不集中 | 眼睛发干、发涩 |
| 3 | 全身不适 | 不爱说话 | 动作不灵活、失误 |
| 4 | 打哈欠 | 焦躁 | 站立不稳 |
| 5 | 腿软 | 精神涣散 | 味觉变化 |
| 6 | 身体某处不适 | 对事物冷淡 | 眩晕 |
| 7 | 出冷汗 | 常忘事 | 眼皮或肌肉发抖 |
| 8 | 口干 | 易出错 | 耳鸣、听力下降 |
| 9 | 呼吸困难 | 对事不放心 | 手脚打战 |
| 10 | 肩痛 | 困倦 | 动作不准确 |

在调查疲劳自觉症状的基础上，还应根据行业和作业的特点，结合其他指标的测定，综合对疲劳状况和疲劳程度进行分析判断。

## 3.1.6　疲劳对安全的影响

在疲劳状态下常常不能对外界现象做出正常的判断，并使预测事故发生的能力明显降低。交通事故统计分析表明，疲劳驾驶是造成交通死亡事故的主要原因之一。例如法国交通事故统计表明，因疲劳驾驶发生的车祸占人身伤害事故的 14.9%，占死亡事故的 20.6%。

我国对华北高速公路 2001～2004 年间发生的事故统计表明，疲劳驾驶引起的事故占总事故的 27%。

从疲劳发生的原因看，主要表现在以下几方面。

① 睡眠不足。睡眠是维持人体身心功能的最基本的条件之一，但睡眠效果受到诸多因素的影响。充分睡眠，可以缓解人在一天工作后的疲劳。睡眠不足，会引起人员生理疲劳。

② 过长加班。对于工作任务重、工作压力大的人员，在长时间加班后会有明显的心理疲劳和身体疲劳。

③ 长期倒班。对于需要 24h 连续生产的工厂、企业，一般采取倒班工作制，在这种工作时间安排制度下，最大的安全隐患就是由于工作制度本身所导致的工作人员在疲劳状态下作业。

倒班制度会使人体生物钟所需要的必要的休息规律被打破。日出而作、日落而息的作息习惯，是在长久的人类进化过程中养成的。研究表明，人自出生以后 3 个月开始，就逐渐形成了较严格的睡眠与觉醒节律，也就是白天觉醒、夜间睡眠，如图 3-1 所示。

拓展阅读：
疲劳中介效应下矿工心理因素对不安全行为的影响

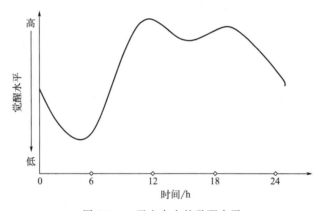

图 3-1　一天之中人的觉醒水平

人在 10 时到 12 时的觉醒水平是最高的，而在深夜至凌晨时刻觉醒水平最低。人的这种昼夜的生理节奏非常难以改变。曾经有人就这一问题做过实验。让被测试者生活在一间与外界隔绝的房间里，并且以 23h 为一天来安排其生活，也就是说，房间里的一昼夜，比实际的一昼夜要少 1h。这样持续了若干天之后，房间里面的昼夜时间就与外界的完全相反了。在这个时候再次测试被试者的觉醒水平，发现他的昼夜生理节奏并没有发生变化。也就是说，当房间是白昼，而外界是黑夜的时候，被试者的觉醒水平仍然很低。人体的这种节律就像时钟一样，周而复始，循环运转，所以这种节律被称为生物钟。但对于像电力、钢铁、铁路、电信、化工等 24h 都需要有人工作的企业，实行 24h 轮流倒班制度是必需的。正是由于工作时间和休息时间频繁更迭，夜班工作和人的正常生物钟相违背，这种工作制度会对人的生理和心理造成一定的不良影响。

【案例反思】 21 世纪航空领域进入"以人为中心的自动化"时代，更为先进完善的技术和装备对处于中心地位的人的因素提出了更高的要求，在较长时间内，人因将是影响航空安全的关键因素，而疲劳是人因中影响航空安全的重要因素之一。根据美国国家航空航天局（NASA）统

拓展阅读：
疲劳对工人不安全行为的影响

计：送交航空安全报告系统的 261000 起秘密事件报告中有 52000 起已被列为由疲劳引起的，占总数的 20%。由此可见，飞行员疲劳已经成为航空安全方面不可忽视的问题。

### 3.1.7　疲劳的预防与消除

#### 3.1.7.1　疲劳的规律

（1）疲劳可以通过休息恢复　青年人比老年人休息恢复得快，因为青年人机体供血、供氧机能强，在作业过程中较老年人产生的疲劳要轻。体力疲劳比精神疲劳恢复得快。心理上造成的疲劳常与心理状态同步存在和消失。

（2）疲劳有累积效应　未消除的疲劳能延续到次日。当重度疲劳后，次日仍有疲劳症状。这是疲劳积累效应的表现。

（3）疲劳程度与生理周期有关　在生理周期中机能下降时发生疲劳较重，而在机能上升时发生疲劳较轻。

（4）人对疲劳有一定的适应能力　机体疲劳后，仍能保持原有的工作能力，连续进行作业，这是体力上和精神上对疲劳的适应性。工作中有意识地留有余地，可以减轻作业疲劳。

疲劳的积累过程可用"容器"模型来说明，在作业过程中，作业者的疲劳受许多因素的影响。如工作强度、环境条件、工作节奏、身体素质及营养、睡眠等。"容器"模型把作业者的疲劳看成是容器内的液体，液面越高，表示疲劳越大。疲劳源不断地加大疲劳程度，犹如向容器内不断地倾倒液体一样。液面升高到一定程度，必须打开排放开关，降低液面。容器排放开关的功能如同人体在疲劳后的休息。容器大小类似于人体的活动极限，溢出液体意味着疲劳程度超出人体极限。只有不断地适时休息，即"排出液体"，人体疲劳的积累才不至于对身体构成危害。

#### 3.1.7.2　预防和降低疲劳的基本途径

（1）合理设计作业的用力方法

① 合理用力的一般原则。用力方法应当遵循解剖学、生理学和力学原理及动作经济原则，提高作业的准确性、及时性和经济性。

a. 随意性原则。静态直立姿势作业，血液分布不均匀，四肢或躯干任何部分的重心从平衡位置移开，都将增加肌肉负荷，使肌肉收缩，血流受阻，产生局部肌肉疲劳，而局部肌肉疲劳，无疑会向全身蔓延。随意姿势，虽然也使任意部分身体重心移开平衡位置，但由于这种"随意"表现为姿势的不断变化，因此，随着活动肌肉（收缩）与不活动肌肉（舒张）的交替，可使通向肌肉的血流加速，以利于静脉血液回流从而解除疲劳。

b. 平衡性原则。在作业中，采取平衡姿势，可以将力投入完成某种动作的有用功上去，这样可以延缓疲劳的到来或者在某种程度上减少疲劳。比如托举重物，若弯腰拾起，身体随重物被提起方向做反向移动，将有部分能量内耗掉。若先下蹲，举起重物时，随重物上移，人体重心始终在同一纵轴上移动，能够与地面的支持力取得平衡。总之，运用人体自身的重量来平衡负荷是很省力的。

c. 经济性原则。用力中重视动作的自然、对称而有节奏。包括如下几种。

ⓐ 动作对称。可使身体用力后能够保持平衡与稳定。如双手操作时，同时并做，会合

理地使用双手，减轻疲劳程度，提高作业效率。国外有专家指出，若左手稍加训练，效率可达到右手的 80%。

ⓑ 节奏约束。会避免由于动作减速而浪费能量。

ⓒ 动作自然。这是实现平衡性和节奏性的保证。一般动作具有交替性或者对称性。左右两手一手伸、一手屈称作交替运动。双手同时伸或同时屈叫对称运动。交替运动使大脑两半球相互诱导，比单手运动出现疲劳晚。对称运动能使两手处于平衡，减轻体力与精神上的紧张感。不论交替运动还是对称运动都是动作自然的表现。

d. 降低动作等级原则。作业时的动作应符合动作经济原则。要尽可能避免全身性动作，可用手指的作业，最好不用手臂去做，手臂可以完成的作业，就不要动用整个身体。在作业中尽量用较低的动作级别去完成，达到经济省力的目的。人体动作级别分类见表 3-6。

表 3-6　人体动作级别分类

| 级别 | 枢轴点 | 人体运动部位 |
|---|---|---|
| 1 | 指节 | 手指 |
| 2 | 手腕 | 手及手指 |
| 3 | 肘关节 | 前臂、手及手指 |
| 4 | 肩关节 | 上管、前臂、手及手指 |
| 5 | 身躯 | 躯干、上臂、前臂、手及手指 |

② 正确的作业姿势和体位。任何一种作业都应选择适宜的姿势和体位，用以维持身体的平衡与稳定，避免把体力浪费在身体内耗和不合理的动作上。

a. 搬起重物时，不弯腰比弯腰少消耗能量，可以利用蹲位。假若弯腰搬起 6kg 的重物，同样体力消耗的蹲位可以搬起 10kg 的重物。

b. 提起重物时，手心向肩可以获得最大的力量。

c. 搬运重物时，肩挑是最佳负荷方式，而单手夹持要比最佳方式多消耗能量 40%。

d. 向下用力的作业，立位优于坐位，立位可以利用头与躯干的重量及伸直的上肢协调动作获得较大的力量。

e. 推运重物时，两腿间角度大于 90° 最为省力。

f. 负荷方式不同，能量消耗也不同。若以肩挑作为比较的基点，能耗指数为 1，其他负荷方式的能耗如表 3-7 所示。

表 3-7　不同负荷方式下的能耗

| 负荷方式 | 肩挑 | 一肩扛 | 双手抱 | 两手分提 | 头顶 | 一手提 |
|---|---|---|---|---|---|---|
| 能量消耗 | 1.00 | 1.07 | 1.10 | 1.14 | 1.32 | 1.44 |

g. 作业空间的设计要考虑作业者身躯的大小。如作业空间狭窄，往往妨碍身体自由、正常地活动，束缚身体平衡姿势与活动维度，使人容易产生疲劳。

h. 用眼观察时，平视比仰视和俯视效果好，可以减缓疲劳。一般纵向最佳视野在水平视线向下 30° 的范围内，横向最佳视野在 60° 视角范围内。

i. 根据作业特点选择坐位和立位。坐位不易疲劳，但活动范围小；立位容易疲劳，但活动范围大。一般作业中经常变动体位、用力较大、机台旁容膝空间较小、单调感强等适宜立位；而作业时间较长，要求精确、细致、手脚并用等适宜坐位。

（2）合理安排作业休息制度 休息是消除疲劳的最主要途径之一。休息的额度、休息方式、休息时间长短、工作轮班及休息日制度等应根据具体作业性质而定。

① 休息时间。要按作业能力的动态变化适时安排工间休息时间，不能在作业能力已经下降时才安排休息。

"超前"的休息，是对疲劳产生的"预先控制"，防疲劳于未然。因此规定在上班后1.5～2h 之间休息是合理的。短暂的休息时间，不仅不会影响作业者作业潜力的发挥，还会消除即将开始积累起来的轻度疲劳，使作业者产生适应性，将接下来的作业能力水平提到一个新高度。

在高温或强热辐射环境下的重体力劳动，需要多次的长时间休息，每次大约 20～30min，劳动强度不大而精神紧张的作业，应多次休息而每次时间可短暂。精神集中的作业持续时间因人而异，一般，可以集中精神约 2h，之后人的身体产生疲劳，精神便涣散，必须休息 10～15min。

② 休息方式

a. 积极休息。亦叫交替休息。生理学认为，积极休息比消极休息使工作效率恢复快约 60%～70%。如脑力劳动疲劳后，可以做些轻便的体力活动或劳动，可使过度紧张的神经得到调节。

积极休息可以运用在企业现场的作业设计中，如作业单元不宜过细划分。要使各动作之间、各操作之间、各作业之间留有适当的间歇。在劳动组织中进行作业更换。譬如脑体更换及脑力劳动难易程度的更换，使作业扩大化，工作内容丰富化，以免作业者对简单、紧张、周而复始的作业产生单调感。

b. 消极休息。也叫安静休息。重体力劳动一般采取这种休息方式。如静坐、静卧或适宜的文娱活动，令人轻松愉悦。可以根据具体情况划分，以恢复体力为主要目的者，可进行音乐调节；弯腰作业者，可做伸展活动；局部肌肉疲劳者，多做放松性活动；视、听力紧张的作业及脑力劳动，要加强全身性活动，转移大脑皮层的优势兴奋中心。

（3）改善工作内容克服单调感 单调作业是指内容单一、节奏较快、高度重复的作业。单调作业所产生的枯燥、乏味和不愉快的心理状态，称为单调感。

① 单调作业及其特点。单调作业种类很多，例如：各种流水线上的工作，使用机器和工具进行简单、重复操作，自动化工厂控制室的检查、监视和控制作业等。

单调作业的特点：作业简单、变化少、刺激少，引不起兴趣；受制约多，缺乏自主性，容易丧失工作热情；对作业者技能、学识等要求不高，易造成作业者消极情绪；只完成工作的一小部分，对整个工作的目的、意义体验不到；作业只有少量单项动作，周期短，频率高，易引起身体局部出现疲劳和心理厌烦。

② 单调作业引起疲劳的原因。单调作业虽然不需要消耗很大的体力，但千篇一律重复出现的刺激，使人的兴奋始终集中于局部区域，而其周围很快会产生抑制状态，并在大脑皮质中扩散，经过一段时间，就会出现疲劳现象。此外，随着技术不断进步，劳动分工越来越细，使作业在很小的范围内反复进行，这种高度单调的作业，压抑了作业者的工作兴趣，引起极度厌烦和消极情绪，产生心理疲劳。其主要表现为感觉体力不支、注意力不集中、思维迟缓、懒散、寂寞和欲睡等。

③ 单调感的特点。单调感直接影响工作效能。作业时产生的单调感，影响作业者的情绪和精神状态，提前产生疲劳感，造成工作效率降低、错误率增加、工作质量下降。单调感

与生理疲劳不同。疲劳产生于繁重劳动和紧张工作后，有渐进性、阶段性，表现作业能力降低。而单调感在轻松的作业中也会发生，起伏波动，无渐进性、阶段性，作业能力时高时低、不稳定。

④ 避免单调的措施。培养多面手，工作延伸，操作再设计，显示作业的终极目标，动态信息报告，推行消遣工作法，改善工作环境。

（4）改进生产组织与劳动制度　生产组织与劳动制度是产生疲劳的重要影响因素之一，包括经济作业速度、休息日制度、轮班制等。

① 经济作业速度。经济作业速度是指进行某项作业能耗最小的作业速度。按这一速度操作，会经济合理又不易产生疲劳，持续作业时间长。

值得注意的是，最快、最短时间的动作方式可能是有利的，但将加速疲劳的到来，因此短暂的间歇时间是经济作业速度中的必要因素，可运用时间研究的方法，确定适当的宽放率。一般，在传送带上实行自主速率会优于规定速率，对人的心理有积极的影响作用。事实上经济作业速度因人的身体素质、人种以及熟练程度等因素而异。

② 休息日制度。休息日制度直接影响劳动者的休息质量与疲劳的消除。在历史上，休息日制度经历了一定的变革。第一次世界大战以后，许多国家都实行每周工作 56h。第二次世界大战初期，英国将 56h/周延长至 69.5h/周。由于人民的爱国热情，生产在初始阶段上升 10%，但不久又从原水平降低了 12%，随之缺勤、发病、事故也频频增加。第二次世界大战后，许多国家实行 40h/周的工时制度。目前，发达国家的休息日制度的发展趋势是多样化和灵活化，有些国家的周工作时间缩短到 40h 以下。我国现实行了每周五天工作制。面对富余出来的休息时间，中国人原有的工作生活轨迹悄然开始了变化，这必将有利于提高人们的工作生活质量。

③ 轮班制。轮班制分为单班制、两班制、三班制或四班制等。应当根据行业的特点、劳动性质及劳动者身心需要安排轮班方式。如纺织企业的"四班三运转制"，煤炭企业的"四六轮班"，冶金、矿山企业的"四八交叉作业"。国外还实行"弹性工作制""变动工作班制""非全日工作制""紧缩工作班制"等轮班制度。

我国许多企业在劳动强度大、劳动条件差的生产岗位，都实行"四班三运转制"，效果不错，工人作业时精神和体力都处于良好状态，缺勤者少，工效高。这是因为每班只连续 2 天，8 天中分为 2 天早班、2 天中班、2 天夜班，又有 2 天休息。变化是延续而渐进的，减轻了机体不适应性疲劳。

从上面的分析可见，疲劳对安全的威胁是显而易见的。疲劳意味着劳动者的生理、心理机能下降，对安全生产产生种种不利影响，许多事故都是在疲劳状态下发生的，是造成事故的重要原因。大量研究表明，事故发生率较高的时候通常是在工作即将结束的前 2 个小时，一般事故高峰期是上午的 11 点和下午的 4 点，而这个时候正是工人疲劳积累到相当程度的时刻。

## 3.2　心理负荷与安全

### 3.2.1　心理负荷的概念

心理负荷是心理工作负荷的简称，指的是单位时间内人体承受的心理活动工作量，主要出现在监视、监控和决策等不需要明显的体力负荷的场合。有关心理工作负荷的概念，目前在学术界仍有许多不同的看法，其中较为有影响的是 T. B. 谢里登和 D. W. 扬斯的观点。他们认为，心理工作负荷是反映监视、控制、决策等活动工作量的重要指标。

拓展阅读：
心理负荷

一般认为，心理工作负荷可分为信息接受、中枢信息加工、控制反应等。不同功能的信息加工要求心理上做出不同的努力。在同样的输入负荷下，随着动机和经验的增长，人所体验到的心理工作负荷下降。有时在输入负荷变化（如增加）的情况下，操作者可以改变操作策略或改变内在绩效标准，而不改变心理负荷。长期地承受高心理负荷，就有可能损害人的神经系统功能，引起心血管系统、消化系统的疾病，对人的认知能力、情绪状态产生不利的影响。

拓展阅读：
心理负荷研究
的发展过程

### 3.2.2　心理负荷的程度和状态

对于心理负荷的程度，有以下几种不同的测量方式。

（1）主作业测量　根据资源理论，操作的难度增大，它的资源需要也随之增大，剩余资源相应减少，心理工作负荷也相应地随之上升，必然导致操作绩效的下降。因此，只需要测量评定各操作的绩效特征，就可以掌握操作者承受工作负荷的情况。也就是说，通过改变操作的难度同时测定绩效的水平，就可以测量和评定不同工作的负荷状况。

拓展阅读：
工作心理负荷
的效应

（2）辅助作业测量　在从事主作业的同时，进行另外一项辅助作业（或称为次作业），通过测定辅助作业的绩效，从而评价主作业中的工作负荷状态。研究者通过引入新操作（辅助作业）来"吸收"操作者的剩余资源。可以认为，辅助作业的操作绩效与主作业的工作负荷成反比。

（3）生理效应测量　心理工作负荷可以产生各种各样的生理效应。可以通过测量工作负荷对大脑诱发电位、瞳孔直径和心率变异的影响来衡量心理工作负荷的大小。

（4）主观效应测量　心理工作负荷对于身体的主观感受的影响是多种多样的。例如，它可以引发个体对工作态度的改变，可以引起人际关系的不协调。心理工作负荷对主观感受的影响，一般通过设计适当的心理评定量表来测定。

通过以上介绍的几种衡量心理工作负荷程度的方法，可以判断出个体的心理究竟处于何种负荷状态，当各方面的指标都较低的时候，可以认为，个体处于心理低负荷状态。

拓展阅读
眼动指标——
心理负荷测量
的一种指标

一般来说，可把心理低负荷分成两种：①由于操作任务太少，使心理资源闲置而无法紧张起来所形成的心理低负荷状态；②由于操作任务太多，透支心理资源、高度紧张而形成的心理低负荷状态。两种心理低负荷状态都会引起人的警觉水平下降、反应迟钝、心理焦躁不安，从而影响安全生产。

### 3.2.3　心理低负荷状态对操作行为的影响

为完成工作任务并围绕设备要求所形成的行为称为操作行为。操作行为是规范的行为，绝大多数操作行为都必须经过专门的培训来形成并固定下来。良好的操作行为不仅能够提高效率，而且可以避免事故的发生。然而，操作行为由于本身的单调、重复、模式化及行为对象（设备）本身的特性，不可避免地带来了许多心理和行为的异常状态。而这些异常状态恰恰是产生事故的重要根源。

从操作过程来看，任何操作行为都由准备-进行-结束三个阶段组成，其中在任何一个阶段处理不好都可能产生事故。比如，准备时间过长，准备时的行为过于烦琐，将会过早消耗人的心理资源，不利于在以后的操作中保持注意力，并导致在操作中警觉水平的下降。反之，准备不充分，即我们所说的没有进入状态，将会使和操作有关的重要心理资源闲置，同样无法保持注意力，这种心理低负荷状态也降低了人的警觉水平。每次操作都要重复这些单调的行为，时间久了必然产生厌倦和漠视的心理。在操作进行过程中，操作人员之间的连接和配合、操作人员和设备之间的连接和配合是否到位，是决定事故发生的关键所在。在操作结束阶段，最重要的是核查和回检。一般来说，临近上、下班时及临时交接工作，临时组合操作人员的操作，临时操作任务，操作人员临时的操作等最容易出事故。

随着机器自动化程度的提高，机器的功能更先进，而人只能是一个监视者和旁观者，人只是机器的"伺服系统"（伺候和为机器服务），这造成心理资源闲置而无法紧张起来所形成的心理低负荷状态，对操作安全的影响主要是：①人的操作状态不能被有效激活，容易引发事故；②人的警觉水平降低，使事故不能被及时、准确地发现和排除；③人-机之间的关系不匹配，容易带来伤害和事故。

# 3.3　应激效应与安全

## 3.3.1　应激的概念

在生产过程中，当人们面临超出适应能力范围的工作负荷时，就会产生应激反应现象。应激是一种复杂的心理状态，应激现象可以从三个方面来理解。

① 应激是在系统偏离最佳状况时出现的。正常情况下，操作者以一种最佳的方式工作，这时环境条件对操作者有中等程度的要求。如果上述这种要求变得太高或过低，操作者的效绩都将下降，从而偏离最佳状况。因此必须注意，负荷过高和负荷过低都是一种应激源，都会引起应激效应。

拓展阅读：
应激

② 应激是环境要求与操作者能力之间不平衡引起的。应激不仅随环境状况发生变化，而且取决于个体能力、训练和身体状况等因素。同量的负荷可能引起某些人产生应激，而对另外一些人完全不会发生影响。

③ 应激的产生有动机因素的作用。一般认为，当系统偏离最佳状态时，操作者往往通过适当的行动来校正这种偏差，偏离越大，校正的动机越大。校正结果的反馈对操作者行为动机有影响，即随着偏离缩小，动机降低。如果操作者的一系列行动不能减小偏离，达不到降低校正动机时，便会发生应激。

与动机相联系的另一个问题是操作者的意图，只有操作者认识到偏离最佳状态可能造成重大事故以及力图避免这种状况时，应激才会出现。

### 3.3.2 应激源

能引起应激现象的因素很多，主要有如下四个方面。

（1）环境因素　如工作调动、晋升、降级、解雇、待业、缺乏晋升机会、与社会隔绝、失去社会的支持和社会联系、孤立无援、原来的心理活动模式（反应方式）与当前社会环境不相适应、生活空虚无目的等等，都会使人产生应激状态，并伴随产生焦虑、愤怒、敌对、怀疑、抑制、愤恨、绝望和其他负性情绪，这种情绪又加剧了职业性应激反应。

（2）工作因素

① 工作环境。恶劣的工作环境，如噪声、振动、高温、照明不足、有毒有害气体污染、粉尘污染、工作空间过狭等常成为应激的来源。工作环境中的人际关系不协调也是一种重要的应激源，包括主管人员与下属人员之间、工作群体成员之间。在困难的情况下缺乏足够的组织支持也会导致应激，管理人员过多地采用行为监督，尤其是不公开的监督来控制工人的行为时，工人易出现应激反应。缺乏信息沟通、参与管理与决策的机会少，或过多使用惩罚手段或进行不公平的分配等，也是企业常见的应激源。此外，由于职业或工作的需要（如天文气象、水文、自动化生产中的某些单独操作岗位），工作环境中的隔离或封闭也会导致应激的产生。

② 工作任务。工作负荷量过大，可使人的生理、心理负担增大。例如，在危险地段行车或运载危险物品的驾驶工作，长期从事需要高度注意力的工作（如仪表监视），长期担负重体力劳动强度的工作，会由于工作负荷量过大而感受应激。超负荷的脑力劳动已为许多职业（包括工程师、秘书等）的重要应激源。当然，工作负荷过小，从事简单、重复而无需发挥主动性的工作、在无法实现自己的才能时，缺乏自我实现的机会也会形成心理压力。劳动速度是一个重要的劳动负荷因素，特别是在工厂由于对完成任务所采取的方法、速度缺乏自我主动选择或控制时，可以导致应激状态。值得提及的是，由于近代工业组织管理的复杂性和工作负荷太大，越来越成为管理人员心理应激的原因，尤其在高层次管理人员中易于出现，在中层管理人员中，既要受到企业领导者的要求制约，又要接受下属及职工的要求，这是一种困难较大的情况，这种处境的管理人员易于导致应激反应。

③ 工作时间。超时工作（加班）也是一个重要的应激源，延长工作时间不仅打乱了人们的正常生活节律，而且由于休息时间缩短，人的体力和精神得不到应有的松弛，据称，每周超过50h以上的工作能引起心理失调以及冠心病。另一个突出的问题是职工从事夜班工作，一般人在心理和生理上难以适应，而且夜班工作使人与家庭、社会交往相应减少，已成为一种重要的应激源。

（3）组织因素　有两个组织因素对增加工作的应激有特殊的意义。一个是组织的性质、习俗、气氛和在组织中组织雇员参与管理和决策的方式；另一个是以监督方式来自领导者的支持和鼓励个人发展前途等形式反映出来的组织支持。雇员缺乏主人翁责任感，其结果就会出现一种逆反心理。研究表明在组织支持方面不公开的监督和以定期对逆反行为反馈作为特征的监督方式都和高度应激有关。

（4）个性因素　与个性有关的五种应激源如下。

① 从健康方面考虑，人的体质会影响人体对环境的反应能力。由于能力低下或患病而使控制有害刺激的能力有缺陷时，就会增加应激反应。因此，有病的工人可能有产生更大的工作应激的危险性。

② 若工人与任务不匹配，就会产生应激。失配越严重，工人感受到的应激越大，造成失误的可能性也增大。

③ 家庭关系不和谐，经济上拮据，亲人死亡或患严重疾病，子女升学、就业、婚嫁等等都可成为应激源。

④ 外向程度或神经敏感性程度对不同的工作环境也会产生应激。

⑤ 人的心理特性的差异也会影响对应激源的反应程度。

### 3.3.3 应激的效应

在应激状态下，操作者的身心会发生一系列的变化。这种变化是应激引起的效应，称为"紧张"。紧张表现多种多样，主要有以下四大类。

① 生理身体的变化。例如，心率、心率恢复率、氧耗、氧债、皮肤电反应、脑电图、心电图、肌肉紧张、血压、血液的化学成分、血糖、出汗率和呼吸频率等方面都可能发生明显的变化。若每长期处于应激状态，就会导致心血管病和生理紊乱等疾病。

② 心理和态度的变化。表现为无聊、工作不满意、攻击行为、感情冷漠、神经紧张、心理紊乱以及疲劳感等现象。

③ 工作绩效的变化。例如，主操作、辅助操作的工作质量和数量下降，反应时增长，行动迟缓，缺乏注意，缺工和离职率增加。

④ 行为策略和方式的变化。处于应激状态下的操作者往往会出现某些策略或方式上的变化，从而有意或无意地摆脱"超负荷"情境。

### 3.3.4 应激的预防与控制

要消除一切应激的想法是脱离实际的，有时某些应激甚至是必要的，事实上有很多的人是在不利于他们健康的压力下工作的。目前已把很大注意力用来对付物理环境的应激，即创造良好的工作环境。除了物理环境的影响外，还有许多精神方面的应激源的影响必须给予重视。

(1) 人类工效学（工作岗位重新设计） 人类工效学的重新设计包括向工人提供一个对工人身体的要求减少到最小的工作区，这些身体要求对情绪应激来说是有重要意义的。因为它会影响到与应激密切相关的疲劳，还会影响到工人的状况和行为。在确定人类工效学对产生应激和有关控制方针时，有三个方面的因素需要加以注意，通过人类工效学设计，配备一个合适的感觉环境、适当的工作岗位以及舒适的环境条件而使人体每个系统所受到的负荷减少到最小。

(2) 工作设计 工作设计最大的难点是出现在新开发项目的工作中，这些工作没有以往的经验可以借鉴。为使工人对工作活动所提供的工作条件得到满足，工作必须对工人有意义，以便使工人产生一种完成任务的自豪感和自我尊重的积极性。此外，工作任务设计应尽可能充分利用现有的技能，以提高工人的自信心和行为能力，减少应激的产生。

劳动过程的控制在出现工作应激时是一个重要因素，研究表明，缺乏工作控制是生理和心理机能障碍的主要原因之一。通过增加工人工作中做出判断的内容和换一种工作程序，而对工作活动提供更大量的控制，可以减少由机器控制的劳动过程所引起的应激。

工作设计中，一个关键的问题是确定合理的工作负荷。工作负荷往往是由机器的限度或生产能力而不是由操作者的能力来决定的。但是过度的工作负荷会使工人产生疲劳，出现应激反应。

（3）组织管理　消除应激最有效的方法是让工人参与管理，与企业共命运，并贯穿整个工作过程。

对工人进行监督会使工人感觉置身于受机器控制的失去个性的工作环境。当管理人员采用行为监督控制工人行为时，工人会感到工作压力和工作负荷过高，因此产生应激反应。为了使工人能达到最有效的行为并减少应激，管理人员应采用能启发工人的积极工作动力并被工人所支持的管理方法。

（4）个人应对能力　提高个人应对能力是降低工人应激水平的有效方法。有的学者提出了应用心理生理学的方法来减少应激反应，有些已用于工作环境布置。

以上介绍减少应激的方法，在大多数情况下，需要用几种方法结合起来一起使用。首先是采用消除对应激源的暴露。这一点可通过控制产生应激的原因，然后采用人类工效学的方法、工作设计或组织管理手段。有时，不可能完全排除一切应激源，那么应该强调尽可能减少应激产生的负荷。这时可以应用个人应对方法来减轻工人应激的症状。虽然这不是对应激源而言，但通过控制应激反应，的确可以减轻对健康的危害。并非所有个人应对方法都一样有效，每个人都必须亲身体会不同方法并找出哪种方法最适用。

## 3.3.5　紧张心理的调节

职业性紧张（occupational stress）是指人们在工作岗位上受到各种职业性心理社会因素的影响而导致的紧张状态。它不仅与职业、个人、家庭有关，而且更取决于所处的工作环境和社会环境。其导致的后果不仅涉及人的行为和心身健康，而且与安全生产密切相关。因此，如何做好紧张心理调节是至关重要的。

【案例反思】　世界卫生组织指出：健康不仅仅是没有疾病或不虚弱，而是身体、精神的健康和社会适应的完美状态。工作对心理健康有益，但消极的工作环境可能导致身心健康问题。职业紧张普遍存在脑力劳动和体力劳动的各个环节。近年来，劳动密集型电子制造业快速发展，该行业员工的职业紧张的心理问题凸显。有关研究显示，劳动密集型电子企业员工的 JDC（Job Demand Control）职业紧张检出率较高，达 68.7%。主要与其工作单调枯燥、劳动强度大、工作时间长、轮班作业等有关。适度的职业紧张有利于提高员工工作积极性和劳动生产率，而高度的职业紧张可对员工身心健康造成负面影响，除可导致职业倦怠、工作满意度下降、抑郁倾向、失眠以及过劳死等外，还可增加罹患冠状动脉粥样硬化性心脏病和骨骼肌肉疾病的风险。高度或持久的职业紧张可引起一系列身体心理健康危害，如焦虑、工作倦怠、抑郁以及过劳死等，故降低或缓解职业紧张至关重要。

### 3.3.5.1　缓解和消除的对策和措施

（1）创造良好的工作环境　由于紧张是环境因素与机体的应对能力失调所致，因此，消除工作环境中的应激源是极其重要的有力措施。如在企业生产中，改善劳动条件（如噪声控制、防暑降温、改善照明条件等）可缓解生产环境中应激源对人的心理影响。改善安全生产管理的有效性和协调性也极其重要。例如，尽力满足职工的合理需要，人员与职

拓展阅读：
职业紧张与
心理健康

务的合理设计，职工参与管理，正确地应用激励机制，为职工创造一个有利于发挥自身潜力的企业心理环境，这些均有利于缓冲紧张的作用。

（2）提高职工应对紧张的素质　通过培训和教育，可缓解由于工作所致的紧张。因此，加强安全生产知识的教育及特殊技能的培训，可使职工适应安全生产的要求从而缓解紧张。企业定期开展不同类型的竞赛活动，开展有益的文娱活动和体育活动，能陶冶职工的情感，培养积极的情绪，也是缓解紧张的有效途径。要引导职工善于"自我松弛""自我调节"，促进积极的心理活动的形成，对增强控制紧张不利影响的能力也是有所裨益的。

（3）开展职业心理咨询

① 对企业预防紧张性心理不利影响的整体计划，提出切实可行的建议。

② 对职工进行心理教育。特别是各种应对紧张的办法。

③ 帮助处于紧张状态的职工度过"危机期"。

④ 对具有心理障碍的职工进行心理治疗。

### 3.3.5.2　紧张心理的自我控制

当然，要避免过度紧张，从根本上讲，最好是减少应激源，但在实际生产过程中要完全消除应激是不可能的，比较主动的办法是从个体自身做起。关于如何控制紧张心理，减轻心理压力，心理学家们提出了许多办法和建议：

① 要正确认识自己的能力，并做到客观评价，不做超过自己能力过大的职务和工作。简单地说就是要量力而行。

② 提高操作技能，注意积累经验，增强适应能力。

③ 培养自己的稳定情绪、坚定意志和自制力。

④ 进行预演性训练。即在从事每件事之前，预先设想可能出现什么问题，如何解决，事前作好充分的心理准备。这样在实际进行过程中，就会减少对所发生的事件的陌生感，从而就可以做到从容应对、镇定自若。

⑤ 学会时间运筹，做时间的主人。大量的紧张状态是由时间因素引起的。为了避免这种情况，应该很好地计划时间，安排好时间表，并严格执行。在安排工作计划时，时间上要留有一定的冗余度。切忌临时抱佛脚，仓促上阵。

⑥ 平时学习一些控制情绪的方法，如自我说服（自勉）、自我命令、自我激励（如默念"我一定能成功"）、自我分析（分析造成紧张的原因，有针对性地消除它）、自我放松（即通过生物反馈技术，使个体学会控制自主神经系统的水平，如血压、心率等），通过这些方法的训练，可以提高自己的心理承受能力，减缓或消除心理的过度紧张。

⑦ 加强身体锻炼，增强体质。

 **复习思考题**

（1）阐述疲劳的概念及产生的机理。

（2）影响疲劳的因素有哪些？如何根据疲劳的表现特征来预测疲劳？

（3）是否能够使用几种常用的疲劳测定方法？

（4）如何应用疲劳的规律减少疲劳对安全的影响？

（5）简述触两点辨别阈值测点法。

（6）阐述心理负荷的概念，如何判别心理负荷的程度与状态？

（7）如何理解心理负荷与安全行为的关系？

（8）试分析心理低负荷状态对操作行为的影响。

（9）阐述应激的概念，并说明应激现象。

（10）结合自身的实践，谈谈对应激源的认识。

（11）试分析引起应激现象的因素，并说明应激效应。

（12）如何进行应激的预防与控制？

（13）试分析职业性紧张，并说明其预防与控制。

（14）试分析职业紧张与心理健康的关系。

# 4 人的行为与安全

本章将探讨人的行为与安全。其实，人的行为与心理是相互依存、相互影响的，心理活动是内隐的，行为是外显的，外显的行为受内隐的心理活动所支配，内隐的心理活动又是在行为中产生并通过行为得到发展与表现的。一方面我们可以通过对行为的观察和分析来进一步探讨人的内部心理活动；另外一方面，要了解、预测、调节和控制人的行为，也需要探讨人们复杂的心理活动规律，所以，本章与上一章有着内在的逻辑关系。

## 4.1 生产中人的行为

### 4.1.1 行为的实质

#### 4.1.1.1 人的一般行为

人的行为是一个非常复杂的问题，在第 1 章中对行为概念已进行了初步的讨论，不同的心理学派有不同的观点。

早期行为主义心理学认为，行为是由刺激所引起外部可观察到的反应（如肌肉收缩、腺体分泌等），可简单归结为式（4-1）所示的模式：

$$刺激（S）\longrightarrow 反应（R） \tag{4-1}$$

近代"彻底的行为主义"者则把一切心理活动均视为行为。如斯金纳（B. F. Skinner）还把行为区分为 S 型（应答性行为）和 R 型（操作性行为），前者是指由一个特殊的可观察到的刺激或情境所激起的反应，后者是指在没有任何能够观察到的外部刺激或情境下发生反应。在此基础上，工业心理学家梅耶（R. F. Maier）提出式（4-2）所示的模式：

拓展阅读：
行为

$$S（刺激或情境）\longrightarrow O（有机体）\longrightarrow R（行为、反应）\longrightarrow A（行为完成） \tag{4-2}$$

刺激或情境是不可分割的。在生产环境中，如光线、声音、温度以及班组同事或管理人员的言行举止等等，都可以形成刺激，刺激被人感知，便成了情境。

有机体指的是个体由于遗传和后天条件获得的个体的独特性、个性发展的成熟度、学习过的技术和知识、需要、动机、态度、价值观等。

反应或行为包括身体的运动、语言、表情、情绪、思考等。行为完成包括改变情境、生存活动、逃避危险、灾害及他人的攻击等。

梅耶认为，相同的行为（如：违反操作规程、缺乏劳动热情以及工作散漫等）可来自不同的刺激（如：劳动用工制度、工资报酬和奖金、生产管理、个人因素等）；另外，相同的刺激在不同人身上，也可以产生不同的行为；他推而论之，认为相同的管理措施也会使职工产生许多不同的行为。因此，必须因人而异，上下沟通，提供良好的咨询服务，根据具体情况帮助职工解决情绪上和适应上的问题。

#### 4.1.1.2　人在生产中的操作行为

生产中行为的实质是设备、操作环境、操作者的反应之间的函数。因此要分析生产中的行为，就必须考虑设备、操作环境、操作者的反应，我们把生产中的行为统称为操作行为。

操作行为是为完成某一工作任务并围绕设备要求所形成的一系列行为。操作行为是规范的行为，绝大多数操作行为都必须经过专门的培训来形成并固定下来。研究操作行为的目的是提高效率和避免事故的发生。

许多心理学家、管理学家、工效学家都对操作行为进行了卓有成效的探索和研究。泰勒、吉尔布拉斯夫妇的研究充分肯定了一点：在机器和操作人员之间，在操作人员之间可以通过操作行为的合理分配和搭配来提高工作效率。这些研究充分肯定了行为科学对提高生产效率有着重要价值。这些研究成果的应用使我们看到了：动作和动作频率的合理分配可以提高效率；动作中的有效时间和无效时间要加以区分；在机器和操作人员之间肯定有最佳的操作行为；操作人员相互之间应该合理地分配和搭配操作行为。改善和提高操作行为的效率一直是企业面临的重要管理问题，而安全和效率的问题一直是企业无法回避的问题。

操作行为由于本身的单调、重复、模式化及行为对象（设备）本身的特性，不可避免地带来了许多心理和行为的异常状态。而这些异常状态恰恰是产生事故的重要根源。根据在铁路和电力两个行业进行的相关研究，得到以下两方面结论：

① 从操作过程来看，任何操作行为都由准备-进行-结束 3 个阶段组成，其中在任何一个阶段，若组织不好都会产生事故。

② 从操作行为来看，存在着一系列的自保行为（如捷径反应、躲避行为、逃离行为、从众行为等），这些行为影响着整个操作行为的完成，是造成生产事故的重要原因。

拓展阅读：
员工不安全行为
影响因素模型

### 4.1.2　行为的个体差异

相同的行为可来自不同的原因，相同的刺激或情境可以产生不同的行为，这主要取决于行为的个体差异。造成行为个体差异的主要原因有：

（1）遗传因素　人的体表特征在很大程度上受种族、遗传的影响，如身高、体格等，虽也受后天环境因素（如营养、锻炼）的影响，但在某种程度上主要受先天遗传的影响较大。体力和人体尺寸的差异与人的安全行为，在某些场合下往往会表现出来。如在发生异常事件时，值班者若是一个力气较小的女性，她虽然已觉察到危险，但因体力不够，扳不动制动闸，就无法阻止事态恶化。

（2）环境因素　环境是对人的行为影响最大的因素，其影响主要表现在以下几方面：①家庭。家庭是社会组成的基础，是人的主要生活环境之一，其对人的行为有明显深刻的影响，特别是儿童时期，家庭教育和父母的言传身教，对其行为的形成有很大的影响。②学校教育。学校的风气、教师的态度和作风、青少年时代的同学和朋友对人的性格、态度的发展和形成都有重要影响。此外，所受的教育不同，知识水平的高低，对危险的预知和觉察能力也有不同，也导致在安全行为上表现出个体差异。③工作环境和社会经历。工作环境对人的习惯行为有很大的影响，社会经历（包括工作经验）不同，常给人的行为带来差异。如与本工种直接有关的经验不同，常使人在处理异常事件时做出不同反应。④文化背景。不同的文化背景在一定程度上影响了人的观念和价值取向。如美国鼓励人才流动，工人一向以跳槽为荣，工人在退休前都曾在许多工厂干过。而日本却重视终身制，将企业或工厂视为"家族"，转到另一家企业或工厂，则视为"背叛"行为。

（3）心理因素　主要指心理过程和个性心理。心理过程虽是人类共有的心理现象，但具体到个体而言，却往往表现出种种不同特征，因而造成个体行为的不同。再者，由于每个人的能力、性格、气质不同，需要、动机、兴趣、理想、信念、世界观不同，便构成了个体不同的特征。因而决定了每个人都有自己的行为模式，从而给行为带来千差万别的个体差异。

（4）生理因素　人的身体状况不同，使得安全行为也有很大差异。如：对于一个色盲，从事一些需要通过辨别颜色确定信号的工种是不安全的；对于患有某种疾病的人，在从事某种作业时亦可能会出现事故，如高血压患者不宜从事高空作业，有癫痫和皮肤对汽油过敏者不宜从事接触汽油的作业。

### 4.1.3　与安全有关的行为共同特征

人的行为在个体之间尽管千差万别，但存在着一些共同的行为特征。根据相关研究结果，与安全有关的人的行为共同特征主要有：

（1）人的行为空间　心理学家发现，人类有"个人空间"的行为特征，这个空间是以自己的躯体为中心，与他人保持一定距离，当此空间受到侵犯时，会有回避、尴尬、狼狈等反应，有时会引起不快、口角和争斗。此外，人的空间行为还包括独处的个人空间行为。例如，从事紧张操作和脑力劳动时，都喜欢独处而不喜欢外界干扰。否则，注意力会分散，不但效率不高，有时还会发生差错或事故。

与"个人空间"有关的距离有以下四种：

① 亲密距离。指与他人躯体密切接近的距离，此距离有两种，一是接近状态，指亲密者之间的爱抚、安慰、保护、接触、交流的距离。此时身体可以接触或接近。二是正常状态（15～45cm），头、脚互不相碰，但手能相握或抚触对方。

拓展阅读
行为空间

② 个人距离。指个人与他人之间的弹性距离。此距离也有两种，一是接近状态（45～75cm），是亲密者允许对方进入而不发生为难、躲避的距离。但非亲密者进入此距离时有强烈的反应。二是正常距离（75～100cm），是两人相对而立、指尖刚能接触的距离。

③ 社会距离。指参加社会活动时所表现的距离。接近状态为120～210cm，通常为一起工作的距离。正常状态为210～360cm，正式会谈、礼仪等多按此距离进行。

④ 公众距离。指演说、演出等公众场合的距离。其接近状态为360～750cm，正常状态在7.5m以上。

（2）侧重行为　有学者认为，人的大脑由左右两个半球构成，因为大多数人的优势半球是左半球，左半球支配右侧，所以大多数人的惯用侧是右侧。另外，人的选择行为也具有偏向性，日本应用心理学家藤泽伸介在一个建筑物的 T 形楼梯（左右楼梯距离相等，都能到达同一地点）作观察，发现上楼梯的人，左转弯者占 66%，右转弯者只占 34%。而性别、是否带物品、物品持于何侧、哪只脚先迈步等都不是选择左右方向的决定因素。他认为，心脏位于左侧，为了保护心脏，同时用右手的人习惯用有力的右手向外保持平衡，所以常用左手扶着楼梯（或左边靠向建筑物，心理上有所依托）向上走；此外，用右手者右脚有力，表现在步行形态上就是左侧通行。所以无论从生理上还是心理上，左侧通行对人来说，都是稳定的、理想的。

（3）捷径反应　在日常生活和生产中，人往往表现出捷径反应，即为了少消耗能量又能取得最好效果而采用最短距离行为。例如伸手取物，往往是直线伸向物品，穿越空地往往走对角线等。但捷径反应有时并不能减少能量消耗，而仅是一种心理因素而已。如乘公共汽车，宁愿挤在门口，由于人群拥挤消耗能量增多，而不愿进入车厢中部人少处。

（4）躲避行为　当发生灾害和事故时，人们都有一些共同的避难行动（躲避行为）。心理学家通过实验研究表明，沿进来的方向返回，奔向出入口等，是发生灾害和事故躲避行为的显著特征。如对火灾躲避行为的特征是：①以最短路线奔向出入口；②向火烟伸延的方向逃离；③选择障碍物最少的路线走；④顺着墙向亮处走；⑤按左转弯的方向走；⑥沿进来的方向返回；⑦随着人流走；⑧沿走惯的道路和出口走；⑨向着地面方向走（高楼向下，地下室向上）。对于飞来的物体打击，心理学家曾作过试验，对前方飞来的物体打击，约有80%的人会发生躲避行为，有20%的人未作反应或躲避不及。但对上方有危险物落下时，实验研究指出，有41%的人只是由于条件反射采取一些防御姿势。如抱住头部或上身向后仰想接住落下物或弯下腰等。有42%的人不采取任何防御措施，只是僵直地呆立不动（不采取措施的人大多数是女性），只有17%的人离开危险物落下地区，向后方或两侧闪开，并以向后躲避者居多。由此可见，人对于自头顶上方落下的危险物的躲避行为，往往是无能为力的。因此在工厂和建筑工地，被上方落下的物体（如机械零件、钢筋等）撞击死的事故屡见不鲜。因此，在一些作业场所（如建筑工地、钢铁和化工企业等），头戴安全帽是最低限度的安全措施。

（5）从众行为　人遇到突发事件时，许多人往往难以判断事态和采取行动，因而使自己的态度和行为与周围相同遭遇者保持一致，这种随大流的行为称为从众行为或同步行为。女性由于心理和生理的特点，在突发事件时，往往采取与男性同步行为。一些意志薄弱的人，从众行为倾向强，表现为被动、服从权威等。有人作过试验，当行进时突然前方飞来危险物体时，如前方两人同时向一侧躲避，跟随者会不自觉向同侧躲避。当前方两人向不同侧躲避时，第三人往往随第二人同侧躲避。

（6）非语言交流　靠姿势及表情而不用语言传递信息（意愿）的行为称为非语言交流（也称体态交流）。人表达思想感情的方式，除了语言、文字、音乐、艺术之外，还可以用表情和姿势来表达，这也是一种行为。因此，可根据人的表情和姿势来分析人的心理活动。在生产中也广泛使用非语言交流，如火车司机和副司机为确认信号呼唤应答所用的手势，桥式类型起重机或臂架式起重机在吊运物品时，指挥人员常用的手势信号、旗语信号和哨笛信号，都属于非语言的行为。在航运、导航、铁道等交通运输部门广泛使用的通信信号标志，工厂的安全标志，从广义上来说，也属于非语言交流行为的范畴。

【案例反思】　2014年12月31日上海外滩踩踏事件，是一起对群众性活动预防准备不足、现场管理不力、应对处置不当而引发的拥挤踩踏并造成重大伤亡和严重后果的公共安全责任事件，事故造成36人死亡、49人受伤的严重后果，其与发生初始事件后人们的应激心理、躲避行为、从众行为等的心理状态也是密不可分的。这里我们不讨论事故的其他方面责任，而是从安全心理与行为管理的角度去思考分析。

【案例反思】 网络暴力。互联网的快速发展给了越来越多的人在网上发言的权利，而网络的匿名性也导致了网络暴力越来越容易发生，这背后的心理机制就是从众效应。其实，大多数参与网络暴力的人，并没有真正的恶意，只是面对不同观点、不同立场时的情绪宣泄。出于从众心理的安全感，网络上的群体暴力往往是无意识的，当暴力最终伤害到他人时，网络暴力的参与者会将矛头指向最开始煽动和引导群众情绪的人，而不是自身。

# 4.2　人的行为失误与可靠性

在安全生产过程中，人既是生产的主宰者，同时又是生产系统的组成要素，操作者的行为是影响系统安全的关键要素，正确理解人的行为失误、提高人的行为可靠性是人的安全行为管理的重要内容。

## 4.2.1　人失误

### 4.2.1.1　人失误的概念

人的不安全行为是导致许多事故的直接原因，对不安全行为本身的概念有许多争议，也没有一个严格科学的定义。青岛贤司曾指出，从发生事故的结果来看，可能造成伤害事故的行为就是不安全行为。然而，如何在事故发生之前判断人的行为是不是不安全行为，则往往很困难。人们只能根据以往的事故经验，总结归纳出某些类型的行为是不安全行为。

拓展阅读：
人为失误

与工业安全领域长期使用的术语"人的不安全行为"不同，在现代安全研究中采用了术语"人失误"。按系统安全的观点，人也是构成系统的一种元素，当人作为一种系统元素发挥功能时，会发生失误。与人的不安全行为类似，人失误这一名词的含义也比较模糊。现在对人失误的定义很多，其中比较著名的论述有以下两种。

① 皮特（Peters）定义为，人的行为明显偏离预定的、要求的或希望的标准，它导致不希望的时间拖延、困难、问题、麻烦、误动作、意外事件或事故。

② 里格比（Rigby）认为，所谓人失误，是指人的行为的结果超出了某种可接受的界限。换言之，人失误是指人在生产操作过程中，实际实现的功能与被要求的功能之间的偏差，其结果可能以某种形式给系统带来不良影响。根据这种定义，斯文（Swain）等人指出，人失误发生的原因有两个方面的问题，由于工作条件设计不当（即规定的可接受的界限不恰当）造成的人失误以及由于人的不恰当的行为引起的人失误。

综合上面两种论述，人失误是指人的行为的结果偏离了规定的目标，或超出了可接受的界限，并产生了不良的影响。

另外，约翰逊关于人失误的论述如下：

① 人失误是进行生产作业过程中不可避免的副产物，可以测定失误率；

② 工作条件可以诱发人失误，通过改善工作条件来防止人失误比对人员进行说服教育、训练更有效；

③ 关于人失误的许多定义是不明确的，甚至是有争议的；

④ 某一级别人员的人失误，反映较高级别人员的职责方面的缺陷；

⑤ 人们的行为反映其上级的态度，如果凭直感来解决安全管理问题，或靠侥幸来维持无事故的纪录，则不会取得长期的成功；

⑥ 惯例地编制操作程序的方法有可能促使人失误发生。

实际上不安全行为也是一种人失误。一般来讲，不安全行为是操作者在生产过程中发生的、直接导致事故的人失误，是人失误的特例。一般意义上的人失误，可能发生在从事计划、设计、制造、安装、维修等各项工作的各类人员身上。管理者发生的人失误是管理失误，这是一种更加危险的人失误。

### 4.2.1.2 人失误的分类

对人失误进行分类的方法很多，其中下面两种分类方法比较流行。

(1) 里格比按人失误原因将人失误分为随机失误、系统失误和偶发失误三类。

① 随机失误 (random error)。由于人的行为、动作的随机性质引起的人失误。例如，用手操作时用力的大小、精确度的变化、操作的时间差、简单的错误或一时的遗忘等。随机失误往往是不可预测、不能重复的。

② 系统失误 (system error)。由于系统设计方面的问题或人的不正常状态引起的失误。系统失误主要与工作条件有关，在类似的条件下失误可能发生或重复发生。通过改善工作条件及职业训练能有效地克服此类失误。系统失误又有两种情况：工作任务的要求超出了人的能力范围；操作程序方面的问题。在正常操作条件下形成的下意识行动、习惯使人们不能适应偶然出现的异常情况。

③ 偶发失误 (sporadic error)。偶发失误是一些偶然的过失行为，它往往是事先难以预料的意外行为。许多违反操作规程、违反劳动纪律等不安全行为都属于偶发失误。

应该注意，有时对人失误的分类不是很严格的，同样的人失误在不同的场合可能属于不同的类别。例如，坐在控制台前的两名操作工人，为了扑打一只蚊子而触动了控制台上的启动按钮，造成了设备误运转，属于偶发失误。但是，如果控制室里蚊子很多，又缺少有效的灭蚊措施，则该操作工人的失误应属于系统失误。

(2) 按人失误的表现形式，把人失误分为如下三类：

① 遗漏或遗忘 (omission)。

② 做错 (commission)，其中又可分为几种情况：弄错、调整错误、弄颠倒、没按要求操作、没按规定时间操作、无意识地动作、不能操作。

③ 进行规定以外的动作 (extraneous acts)。

除上述两种分类方法外，还有按工作性质进行分类的 HIF (Human Initiated Failure) 分类法以及 PSTE (Personnel Subsystem Test Evaluation) 分类法等。

## 4.2.2 基于人失误的事故模式

人失误往往会导致事故的发生，而人失误的发生是由于人对外界刺激（信息）的反应失误造成的。为研究事故的发生过程，将事故的因果关系按照事物本身发展规律进行逻辑抽象，用简单明了的方式表达出来，作为事故分析和预测的基础，这种形式就是事故模式。事故的模式有很多种，研究事故发生过程中以人的行为失误为主因的事故模式，称为"基于人失误的事故模式"，以区别于其他事故模式。研究与行为有关的事故模式，其意义如下。

① 从个别到抽象，把同类事故逻辑抽象为模式，可以深入研究导致伤亡事故的机理，对减少伤亡事故具有指导意义；

② 可以阐明以往发生过的事故的原因及其影响因素，找出对策，防止发生类似事故；

③ 根据事故模式可以增加安全生产的理论知识，积累安全信息，进行安全教育，用以指导安全生产；

④ 各种模式既是一种安全原理的图示，又是应用了系统工程、人机工程学、安全心理学的原理进行分析的方法；

⑤ 从逻辑框图模式可以向数学模型发展，由定性分析可以向定量分析发展，从而为事故的分析、制订预防对策和预测打下基础。

#### 4.2.2.1 瑟利的事故决策模式

1969年瑟利（J. Surry）根据行为主义心理学的"刺激——→反应"公式提出了"事故决策模式"（accident decision model）。他认为，在事故的发展过程中，人的决策包括三个过程：人对危险的感觉过程、认识过程以及行为响应过程，在这三个过程中，若处理正确，则可以避免事故和损失。否则，会造成事故和损失。瑟利的事故决策模式如图 4-1 所示。

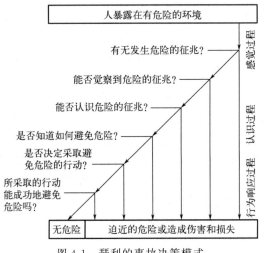

图 4-1 瑟利的事故决策模式

（1）感觉过程　感觉过程包含有无发生危险的征兆和能否觉察到危险的征兆两个步骤：

① 有无发生危险的征兆。有明显征兆的危险易被觉察，但有些危险不易被人的感官所觉察，如煤矿中的瓦斯（甲烷）因其理化特性是无色、无臭，空气中积聚的浓度不能被人的感觉所觉察，必须借助于甲烷检测仪。

② 能否觉察到危险的征兆。这主要取决于显示装置的显示方式是否便于接收、操作者本身的因素，以及周围环境干扰接收信号的程度。这些因素包括：

a. 危险征兆的显示必须有足够的强度，以引起人的注意；

b. 周围环境可干扰信号的接收，如照明不良、噪声过大等；

c. 操作者生理状况，如视力不良、听觉有缺陷、嗅觉不灵、疲劳等都可以妨碍接收信号；

d. 操作者的精神状态，如精神涣散、分心或大脑皮层兴奋、过于集中于某事、过于专心，都会忽略环境中危险的征兆；

e. 简单、单调、重复的工作极易因厌烦导致注意力下降，如在高速公路长时间驾驶可因疲劳或厌烦而使注意力不集中，没有觉察到危险。

（2）认识过程　只有认识到危险，才能谈得上采取避免危险的行动。这过程包括三个步骤：

① 能否认识危险的征兆。这主要取决于操作者对观察危险征兆是否有充分的思想准备，能否在信号显示异常的瞬间完成观察，并能正确理解信号的含义。这在很大程度上取决于安全训练，安全训练计划应包括各种危险征兆所引发的危险后果（造成的伤害和损失）及在没有明显的征兆情况下如何发现和识别可能出现的危险。

② 是否知道如何避免危险。这主要取决于操作者的技术和训练水平及安全知识。

③ 是否决定采取避免危险的行动。这主要取决于操作者的判断和责任感。

危险征兆和发生危险之间存在一种概率关系，即操作者明知有危险征兆，但有时并不意味着即将发生危险，因此需要操作者做出准确的判断。在判断中有时尚需考虑避免与危险行为有关的各种耗费和效益（例如停产时间、经济损失、安全等等）。由于有这样一种概率关系，所以在出现危险征兆时，有些操作者认为发生危险的概率不大，心存侥幸，不积极采取相应行动，致使发生危险。责任感是决定是否采取行动的又一重要因素，有些人由于安全责任感不够，即使看出危险征兆并意识到必须采取行动，他们也可能不采取任何行动，因为他们认为这是别人的职责，与己无关。

（3）行为响应过程　这取决于行为的响应是否正确、及时，是否为操作者能力所及。行为响应是否正确，取决操作者的运动技能（迅速、敏捷、准确、熟练技术）。有时，即使行为响应是正确的，也不能避免危险。这时因为危险发生有其随机变异性，同样的行为引起的效果受随机变异性的影响。如某类事故出现危险征兆至发生危险的时间若为 2s，容许做出避免危险行动的时间为 1.5s，人行为响应时间为 900ms，这样，只要行为反应正确，便可避免危险。但是如果出现危险征兆至发生危险的时间发生变异，若只有几百毫秒，少于人的反应时间，那么，即使人的行为正确也不能阻止危险发生。此外，操作者的能力有限，有些危险远非操作者的能力所能控制，行为响应若正确、及时，亦无济于事。

瑟利的研究还发现，客观存在的危险与操作者主观上对危险的估量常常不一致，这是危险的真正根源，主要表现为两种形式：

① 认识落后于客观实际的危险。表现为低估了实际的危险而冒险作业。其根源可能有，一是缺乏经验，对事态的发展速度及强度认识不足，延误了响应的时间；二是存在侥幸心理，因而做出迟缓的响应。

② 认识超前于客观实际的危险。表现为过高估计客观的危险，过早地在危险还无任何可能的情况下就做出反应，因而影响了生产的正常进行。其根源主要是经验不足、鲁莽胆怯。因而在设计警报装置时，警告时间必须恰当，既不能过晚，使人来不及反应；亦不能过早，造成不必要混乱，必须根据要求做出反应的时间和显示的适当超前时间而定。

#### 4.2.2.2　维格里司渥斯的事故模式

维格里司渥斯（A. Wiggles Worth）以人失误为主因的事故模式是 20 世纪 50 年代流行较广、影响较大的一种模式。维格里司渥斯认为，人失误构成了所有类型伤害事故的基础，人的失误是操作者"错误地或不恰当地响应外界刺激"引起的。他提出的以人失误为主因的事故模式如图 4-2 所示。

由图 4-2 可见，在生产操作过程中，各种"刺激"（信息）不断出现，需要操作者接收、辨别、处理和响应，若操作者响应正确或恰当，事故就不会发生；反之，若操作者出现失误，则有可能造成事故。如果客观上存在着发生伤害的危险，则事故能否造成伤害取决于各种机会因素，即伤害的发生是随机的。尽管这个模式在描述事故原因时突出了人的不安全行为，但却不能解释人为什么会有失误，忽略了使人造成失误的客观原因。

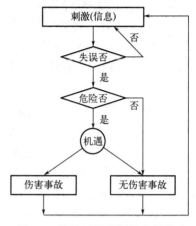

图 4-2　维格里司渥斯的事故模式

### 4.2.2.3　拉姆西的事故顺序模式

拉姆西（M. J. Ramsey）在 1978 年曾由消费生产的潜在危险导出在工作环境和其他环境中一种与行为有关的事故模式，称为"事故顺序模式"（accident sequence model），如图 4-3 所示。

图 4-3　事故顺序模式

拉姆西认为个体在有潜在危险环境中活动时，能否发生事故，取决于一个顺序模式。第一步是对危险的感知，如果不能觉察到危险或没有意识到有发生事故的可能，事故发生率当然会增加。如果危险被个体感知，那么第二步就是决定采取什么对策的问题。能不能采取有效的对策，在很大程度上取决于个体的态度（如对工作有无责任感、对事故的态度）和先天性获得和后天条件形成的行为类型（主要指个性心理特征）的影响，如有些人喜欢冒险，有些人心存侥幸，有些人对事故满不在乎，甚至个别人想借小事故作为休息手段。如果个体决定采取对策避开这种危险，下一步则取决于个体有无这样做的能力。个体能力取决于：人体的解剖、生理特点（即人体测量学的特点），诸如人体高度、前臂长、手长等等人体各部尺寸（参见 GB/T 5703—2023《用于技术设计的人体测量基础项目》）；生物力学的特点，如重心、旋转角度和半径、转动惯量等；人的脑力、感觉系统的反应特性和运动技巧以及与运动技巧有关的其他特性，如经验、训练和反应时间等。即使个体具有避免危险的能力，包括经过严格的避免危险能力的训练和练习，有丰富的经验，甚至具有最好的安全意愿和最迫切的需要，也不能保证百分之百地避免事故，只能说在某种程度上可以减少出现事故的概率，因为这里存在着一个偶然性的问题，常言道，"人有失手，马有溜蹄"，就是这个意思。偶然性为什么会给人的工作带来事故？苏联心理学家德米特利耶娃等认为，这可能与个人心理、生理参数一时性地降低有关，当其降低到容易发生"危险"的程度，便会造成行为不当，因而发生事故。

**【案例反思】** 如某电子管厂一检验电子管的工程师，30年来工作一贯兢兢业业，一日不慎在工作中触电死亡，这可能要归因于个人心理、生理参数降低的偶然性。当然，由于偶然性的存在，即使没有认识到危险，没有采取措施或措施不力，有时亦不会发生事故。

**【案例反思】** 海洋石油工业作为高投入、高风险、高回报的行业，在业务开展的过程中往往会因为决策失误、不安全行为等问题诱发巨大的经济损失以及安全事故，在具体的安全生产管理过程中，需要分析各类气候状况并采取积极的针对性预防措施，也需要对采油工人进行管理，规避其在工作过程中出现操作失误而引发各类事故。

拉姆西的模型明确指出，考虑事故中影响行为的因素，应把注意力集中于与人的因素有关的各个方面，如有关危险信息的显示应符合要求，机器与环境的设计（如控制器、保护装置、工作空间等等）应有助于避免事故，报警装置应符合要求，并应对人员加强面对危险时采取正确行为的训练。

### 4.2.2.4　人失误的原因分析

认知心理学认为，"感觉（信息输入）→判断（信息加工处理）→行为（反应）"构成了人体的信息处理系统，按照其过程，可对产生不安全行为的典型因素作如下的分析。

（1）感觉（信息输入）过程失误　如没看见或看错、没听见或听错信号，产生的原因主要有如下几种。

① 信号缺乏足够的诱引效应。注意是心理活动对一定对象的指向和集中，人不可能一直不停地注意某一对象，另外工作环境中有许多因素迫使人们分心。所以，为确保及时发现信号，仅依赖操作者的感觉是不够的，关键在于信号必须具备较高的诱引效应，能够有效地引起操作者的注意。

② 认知的滞后效应。人对输入信息的认知能力，总有一个传递滞后时间。如在理想状况下，看清一个信号需 0.3s，听清一个声音约需 1s，若工作环境由于其他因素干扰，这个时间还要长些。若信息呈现时间太短，速度太快，或信息不为操作者所熟悉，均可能造成认知的滞后效应。因此，在有些人机系统中，常设置信号导前量（预警信号），以补偿滞后效应。

③ 判别失误。判别是大脑将当前的感知表象的信息和记忆中信息加以比较的过程。若信号显示方式不够鲜明，缺乏特色，则操作者的印象（部分长时记忆和工作记忆）不深，再次呈现则有可能出现判别失误。

④ 知觉能力缺陷。由于操作者感觉通道有缺陷（如近视、色盲、听力障碍），不能全面感知觉对象的本质特征。

⑤ 信息歪曲和遗漏。若信息量过大，超过人的感觉通道的限定容量，则有可能产生遗漏、歪曲、过滤或不予接受现象。输入信息显示不完整或混乱（特别是噪声干扰），在这种

情况下，人们对信息的感知将以简单化、对称化和主观同化为原则，对信息进行自动的增补修正，其感知图像成为主观化和简单化后的假象。此外，人的动机、观念、态度、习惯、兴趣、联想等主观因素的综合作用和影响，亦会将信息同化改造为与主观期望相符合的形式再表现出来。如小道消息的传播，越传越走样，就是一个很好的例子。

⑥ 错觉。这是一种对客观事物不正确的知觉，它不同于幻觉，它是在客观事物刺激作用下的一种对刺激的主观歪曲的知觉。错觉产生的原因十分复杂，往往是由环境、事物特征、生理、心理等多种因素引起的，如环境照明、眩光、对比、物体的特征、视觉惰性等都可引起错觉。

（2）判断（信息加工处理）过程失误　正确的判断，来自全面地感知客观事物，以及在此基础上的积极思维。除感知过程失误外，判断过程产生失误的原因主要有：

① 遗忘和记忆错误。常表现为：没有想起来、暂时记忆消失、过程中断的遗忘，如在作业时，突然因外界干扰（叫听电话、别人召唤、外环境的吸引等）使作业中断，等到继续作业时忘记了应注意的安全问题。

② 联络、确认不充分。常见有如下情况：联络信息的方式与判断的方法不完善、联络信息实施得不明确、联络信息表达的内容不全面、信息的接收者没有充分确认信息而错误领会了所表达的内容。

③ 分析推理失误。多因受主观经验及心理定势影响，或出现危险事件所造成的紧张状态所致。在紧张状态下，人的推理活动受到一定抑制，理智成分减弱，本能反应增加。有效的措施是加强危险状态下安全操作技能训练。

④ 决策失误。主要表现为延误做出决定时间和决定缺乏灵活性。这在很大程度取决于个体的个性心理特征及意志的品质。因此，对一些决策水平要求较高的岗位，必须通过职业选拔，选择合适的人才。

（3）行为（反应）过程失误　常见的行为过程失误的原因主要有如下两种。

① 习惯动作与作业方法要求不符。习惯动作是长期在生产劳动过程中形成的一种动力定型，它本质上是一种具有高度稳定性和自动化的行为模式。从心理学的观点来看，无论基于什么原因，要想改变这种行为模式，都必然有意识地和下意识地受到反抗，尤其是紧急情况下，操作者往往就会用习惯动作代替规定的作业方法。减少这类失误的措施是机器设备的操作方法必须与人的习惯动作相符。

② 由于反射行为而忘记了危险。因为反射（特别是无条件反射）是仅仅通过知觉，无需经过判断的瞬间行为，即使事先对这一不安全因素有所认识，但在反射发出的瞬间，脑中却忘记了这件事，以致置身于危险之中。反射行为造成的危害的情况很多，特别是在危险场所，以不自然姿势作业时，一旦偶然地恢复自然状态，这一瞬间极易危及人身安全。

【案例反思】　如有一埋头伏案设计的电器工程师忽然想起要测一下变电站电机的相应尺寸，于是没换工作服而又穿着长袖衫到低矮的变电间屈身蹲下去实测，头上有高压线，正当测量时，右手衣袖脱卷，他下意识地举起右手（反射行为）企图用左手卷上右衣袖，结果右手指尖触及电线而触电死亡。因此，对进入危险场所必须有足够的安全措施，以避免反射行为造成伤害。

③ 操作方向和调整失误。操作方向失误主要的原因有：有些机器设备没有操作方向显示（如风机旋转方向），或设计与人体的习惯方向相反。操作调整失误的原因主要是，由于

技术不熟练或操作困难，特别是当意识水平低下或疲劳时这种失误更易发生。

④ 工具或作业对象选择错误。常见的原因有：工具的形状与配置有缺陷，如形状相同但性能不同的工具乱摆乱放，记错了操作对象的位置，搞错开关的控制方向，误选工具、阀门及其他用品。

【案例反思】　如有一井下巷道装岩机司机，本意要装岩机"前进"，但却按下了"后退"的按钮，致使装岩机后退将其挤压于岩壁而致死（对象选择错误）。

⑤ 疲劳状态下行为失误。人在疲劳时由于对信息输入的方向性、选择性、过滤性等性能低下，所以会导致输出时的程序混乱，行为缺乏准确性。

⑥ 异常状态下行为失误。人在异常状态下特别是发生意外事故生命攸关之际，由于过度紧张，注意力只集中于眼前能看见的事物，丧失了对输入信息的方向选择性能和过滤性能，造成惊慌失措，结果导致错误行为。如井下火灾或爆炸，高层建筑失火，高炉事故等，缺乏经验的人，常会无目的地到处奔跑或挤向安全出口，拥挤不堪，使灾害扩大，故应平时进行实况演习和自救训练。此外，如睡眠之后，处于朦胧状态，容易出现错误动作。高空作业、井下作业由于分辨不出方向或方位发生错误行为。低速和超低速运转机器，易使人麻痹，发生异常时，直接伸手到机器中检查，致使被转轮卷入等。

## 4.2.3　人的可靠性

国内外由于人的操作不可靠所造成的重大事故已屡见不鲜。据统计，在现有的机器或系统故障中，有高达 $60\%\sim80\%$ 的故障是由于人的失误（也即人的不可靠）所引起。而且近年来，这个比例还有上升的趋势。导致这个比例上升的原因主要有两个：①机器或系统的日趋庞大而复杂，致使人的工作能力下降，导致人的失误增加；②虽然人的能力没有下降，但是随着科学技术的不断进步，机器或系统的可靠性不断提高，而人的能力又不可能随之而提高，致使人的失误所产生的问题相对突出。因此，如何提高人的可靠性已成为当前安全行为管理研究的热点、重点和难点，它也是保证系统安全和避免事故的一项重要措施。

### 4.2.3.1　人的可靠性及其衡量指标

人的可靠性是一个抽象的概念，其定义与产品的可靠性的定义类似，是指人在规定条件下和规定时间内，无差错地完成规定功能的能力。

常用可靠度来衡量人的可靠性，可靠度是指人在规定条件下和规定时间内，无差错地完成规定功能的概率。下面通过两个模型来了解可靠度的计算。

拓展阅读：
人因可靠性

一般人的作业主要有两种形式：一种是连续作业，另一种是不连续作业（也即离散）。对于这两种作业形式，人的可靠度计算公式（即可靠性模型）是不一样的。

（1）连续作业中人的可靠性模型　在连续作业中，人的作业特点是一直从事连续的操作活动。例如，飞行员对飞机的操纵，驾驶员对汽车的驾驶等均属于这类操作。对于这类操作，可直接用时间函数进行描述，这时，人的可靠度模型为：

$$R(t) = \exp\left[-\int_0^t h(t)\mathrm{d}t\right] \tag{4-3}$$

式中　$R(t)$——人的可靠度；

　　　$t$——连续工作时间；

　　　$h(t)$——$t$ 时间内人的差错（失误）率。

无论人的差错率是常数或不是常数，式（4-3）均成立。

（2）不连续作业中人的可靠性模型　在不连续作业中，人的作业特点是从事间断的操作活动。例如，汽车的换挡、制动等均属于这类操作。而且，这类操作可能是有规律的，也可能是随机的。对于这类操作，人的可靠度模型为：

$$R = \frac{N_\tau}{N_t} \tag{4-4}$$

式中　$R$——人的可靠度；

　　　$N_\tau$——无差错地完成操作任务的次数；

　　　$N_t$——执行操作任务的总次数。

#### 4.2.3.2　人的可靠性研究方法

人的可靠性研究起源于 20 世纪 50 年代前期，最早的工作是由美国 Sandia 国家实验室（SNL）进行的、关于复杂武器系统可行性研究中复杂系统风险分析中人的失误的估算，其中采用了常规的硬件可靠性研究方法。结果认为，人在地面操作，其失误概率为 0.01，如果在空中操作，失误概率则增加为 0.02。人的可靠性研究方法大致经历了两个阶段。

（1）第一阶段　第一阶段人的可靠性研究方法是在 20 世纪 60～70 年代发展起来的，它的主要工作包括人的失误的理论与分类研究，人的可靠性数据的收集整理（现场数据和模拟机数据）和以专家判断为基础的人失误概率的统计分析与预测方法。其中最有代表性的是人的失误率预测技术（THERP），在这类模型中，对人的处理方式类似于对机器的处理。因此将这种方法称为静态的基于专家判断与统计分析相结合的人的

拓展阅读：
行为安全方法论

可靠性研究方法。表 4-1 汇总了 14 种静态的人的可靠性研究方法及其特点。在这 14 种方法之中，常用的是 THERP、ASEP、HCR、SHARP 和 SLIM，其中 THERP、ASEP 和 HCR 最为常用。在实际应用中，可根据需要加以选择。但由于人的可靠度往往受人自身生理和心理状态、工作性质及环境因素等影响，因此这些计算方法只能作为参考，尚待进一步完善。

表 4-1　第一阶段人的可靠性研究方法一览表

| 序号 | 缩写 | 全称 | 特点 | 来源 |
|---|---|---|---|---|
| 1 | THERP | 人的失误率预测技术 | 通过任务分析,建立人因事件树 | Swain,Guttmann,1983 |
| 2 | ASEP | 事故序列评价程序 | THERP 的简便方法 | Swain,1987 |
| 3 | OAT | 操作人员动作树模型 | 可用于操作员的决策分析 | Wreathall,1982 |
| 4 | AIPA | 事故引发与进展分析 | 用于与响应时间相关联的情况 | Fleming et al. 1975 |
| 5 | HCR | 人的认知可靠性模型 | 一个不完全独立于时间的 REP | Hannaman et al. 1984 |
| 6 | SAINT | 一体化任务网络的系统分析法 | 模拟复杂的人—机相互作用关系 | Kozinsky et al. 1984 |
| 7 | PC | 成对比较法 | 采用专家判断结果 | Comer et al. 1984 |
| 8 | DNE | 直接数字估计法 | 要求有较好的参考数值 | Comer et al. 1984 |
| 9 | SLIM | 成功似然指数法 | 专家判断的技术 | Embrey et al. 1984 |

| 序号 | 缩写 | 全称 | 特点 | 来源 |
|---|---|---|---|---|
| 10 | STAHR | 社会—技术人的可靠性分析法 | 主观推测和心理分析结合方法 | Phillips et al. 1985 |
| 11 | CM | 混合矩阵法 | 初因事件诊断中的混淆错误 | Potash et al. 1981 |
| 12 | MAPPS | 维修个人行为模拟模型 | 分析 PSA 中有关维修工作的方法 | Kopsttin，Wolf，1985 |
| 13 | MSFM | 多序贯失效模型 | 以维修为导向的软件模型 | Samanta et al. 1985 |
| 14 | SHARP | 系统化的人的行为可靠性分析程序 | 建立人的可靠性分析的框架 | Hannaman，Spurgin，1984 |

有关各种方法的详细情况请参阅可靠性工程有关专著，下面简单介绍几种。

① 人的失误率预测技术（THERP，technique for human error）。用于预测和评价与系统特性有关的人员差错所造成的系统故障。人的失误率预测技术就是将人的操作事先分解为一系列由系统功能所规定的子任务，并分别对其给出专家判断的人失误概率值，同时考虑到人的性能形成因子（PSFS）在不确定性范围内进行修正，即可求出人的失误率（操作不可靠度）。该模型的基础是人的行为理论，即以人的输出行为为着眼点，不去探究行为的内在历程，THERP 法包括五个阶段：a. 赋予系统故障具体定义；b. 确定人的操作与系统功能之间的关系；c. 分别估计每种操作成分的可靠度；d. 确定人的差错后果造成系统故障的概率；e. 提出把系统故障率降低到最低允许范围的措施。

② 操作性数据表。操作性数据表最早由美国测量学会（American Institute of Measurement）提出。他们认为，无论是连续性操作或间断性操作，都可分解为若干个操作成分（task elements，或称作业元素、操作单元），如果操作成分的差错因素是相互独立的，那么操作成分的可靠度就等于这些差错因素的乘积。学会组织了一批专家对电子设备行业进行观察和评估，共观察和评估了 164 种主要部件操作的可靠度，将所获数据进行统计处理，列成"操作性数据表"，根据该表所列参数，即可算出电子设备行业某种作业的可靠度和操作该作业的平均需要时间。

③ 行为主义心理学可靠度估量法。该法认为人的可靠度与输入的可靠度、判断决策的可靠度以及输出的可靠度有关。此外，人的可靠度还受许多因素的影响，如作业紧张程度、单调性、不安全感、生理和心理状况、训练和教育情况、社会影响及环境因素等。因此，对人的可靠度必须采用一个修正系数加以修正，才能更符合实际。

④ 操作人员动作树模型（OAT 法）。该法根据事件发生后，人员对异常事件的认知、判断、动作选择及实施等一系列事件序列的进程，来估计人员在事件序列中成功的概率。

⑤ 成功似然指数法（SLIM 法）。这是一种专家系统（expert systems），它是基于专家判断并用计算机程序合成的评估方法。其中，有关事件发生的效绩形成因子（PSF）的权重值有较大的主观性。

⑥ 成对比较法（PC 法）。成对比较法是借用心理物理学领域的一项技术，它与 SLIM 法有相似之处，如有两项任务，则要求专家判断哪项任务人员最易产生差错。若有 $n$ 项任务，则要求专家作出 $2(n-1)/2$ 种比较，把这些比较综合起来，便可得出人员差错概率。

其他还有人员差错评价和减少法（HEART）、混合矩阵法（CM）、绝对概率判断法（APJ）等。

（2）第二阶段 第二阶段人的可靠性研究方法是从 20 世纪 80 年代初期发展起来的。这时人的可靠性研究专家日趋认识到，最初的人的可靠性研究方法主要是基于专家主观判断的统计分析，它对于机器部件的可靠性分析是较为合适的，而用于人的可靠性研究则存在很大的不确定性，在有些情况下符合，而有些情况下则完全不符合。尤其在 1979 年美国三哩岛核电厂堆芯熔化事件后，人们清醒地认识到，核电厂运行中，人与机（即系统）的交互作用（尤其在事故进程中）对于事故的缓解或恶化起着至关重要的作用。因此，对于这种复杂的动态过程，人的可靠性研究具有更加重要的现实意义。因此人的可靠性研究进入了结合认知心理学、以人的认知可靠性模型为研究重点的新的阶段，着重研究人在应急情景下的动态认知过程，包括探查、诊断、决策等意向行为，探究人的失误机理并建立模型，将人的认知可靠性分析、评价与动作执行可靠性评价相结合，最终产生了一种系统总体的研究评价方法。目前正在致力于将人工智能与认知心理学等理论相结合来实现这一新的目标。

第二阶段人的可靠性研究方法，更加强调人、机相互作用的整体性，人的心理过程的影响，以及环境对人的行为的重要作用，还必须考虑到操作人员的班组的群体效应的影响。目前比较流行的第二阶段人的可靠性研究模型有：GEMS 模型，CES 模型，IDA 模型，ATHEANA 模型以及 CREAM 模型等。

① GEMS 模型是由 Reason 最初提出来的，它是人的失误分析的一个定性分析模型，它较好地反映了人的认知心理过程的特点，人的行为的分类划分取决于人的意向性或非意向性的特点。

② CES（Cognitive Environment Simulation）模型是认知环境模拟，是更多地强调任务和与人有关的变量之间的相互作用的动态分析模型。它描述人的意向行为是否正确，是一种重要的非确定论的模型，并通过计算机进行人的具体的行为的模拟，以及研究能导致人的意向性失误的各种可能的情景特点，研究人的失误所可能导致的后果。CES 的软件设计具有人工智能问题解决模型的特点，它可以帮助研究人员找到人的失误的认知意向性环节，从而有利于防止失误的发生。实际上 CES 是一种对人的意向行为进行仿真的软件系统。实现 CES 模拟系统应完成以下任务：通过显示屏可监视系统的运行状态；对观察到的情况可以进行解释，这种解释是基于过程的一种知识库系统；最后 CES 应做出相应的响应（意向行动），对系统的异常情况进行纠正或处理。

③ IDA（Information Decisions Actions）模型是 1994 年提出来的人的可靠性分析模型，它描述系统在事故工况下操纵员班组的响应模型，在某些约束和限制条件下，对操作员的问题解决和决策阶段的行为建立模型。IDA 模型可分为单个操作员模型与班组群体行为模型两种。

个体模型由三部分组成：信息模块，问题解决和决策模块（PS/DM）以及动作模块，而 PS/DM 模块是核心。IDA 模型详细描述了操作员在某种工况下的认知过程，包括记忆结构（工作记忆、中间记忆、知识库）以及问题解决和决策单元结构（目标问题、解决问题的策略路线）等。要使用 IDA 模型，必须把系统运行的实际经验与人的可靠性分析的认知过程密切结合起来。

④ ATHEANA（A Technique for Human Error Analysis）模型是一种最新开发的人的失误分析方法，该方法的要点是：首先找出在事件树中可能的人误事件（HFE），并对不安全的行为进行定义和分类，然后再找出发生失误的诱发环境条件（EFC）。它是由人的性能形成因子和系统的具体运行条件所决定的，并用一种语言形式描述。用 ATHEANA 方法要完成两次重要的过程，首先是由诱发环境条件（EFC）寻找所有可能发生的人误事

件（HFE），并由此修正原来的对 EFC 的描述；然后再完成从 HFE 到 EFC 的第二个过程。

⑤ CREAM（Cognitive Reliability & Error Analysis Method）模型是一种更加广义的概念，其基本的原理是试图使开发的模型必须满足：在实际应用中事件树分析的需要；必须考虑发展或延伸传统的有关两状态逻辑分析的理论；研究人的行为条件对人的行为的影响，从而更切合实际地获得有关操作员的可靠性模型。

#### 4.2.3.3　人的可靠性的基本数据

在系统中，人的许多作业都与人的输入信息感知和人的输出信息控制有关。在这里，提供有关这方面人的可靠性的基本数据，供实际使用时参考。

当采用不同显示形式和安装在不同显示视区的显示仪表时，人的认读可靠度也不同。表4-2 列出了不同显示形式仪表的人的认读可靠度数据，表 4-3 列出了不同显示视区仪表的人的认读可靠度数据。

表 4-2　不同显示形式仪表的人的认读可靠度

| 显示形式 | 人的认读可靠度 | | | |
| --- | --- | --- | --- | --- |
| | 用于读取数值 | 用于检验读数 | 用于调整控制 | 用于跟随控制 |
| 指针转动式 | 0.9990 | 0.9995 | 0.9995 | 0.9995 |
| 刻度盘转动式 | 0.9990 | 0.9980 | 0.9990 | 0.9990 |
| 数字式 | 0.9995 | 0.9980 | 0.9995 | 0.9980 |

表 4-3　不同显示视区仪表的人的认读可靠度

| 扇形视区 | 人的认读可靠度 | 扇形视区 | 人的认读可靠度 |
| --- | --- | --- | --- |
| 0°~15° | 0.9999~0.9995 | 45°~60° | 0.9980 |
| 15°~30° | 0.9990 | 60°~75° | 0.9975 |
| 30°~45° | 0.9985 | 75°~90° | 0.9970 |

当采用不同控制方式进行控制输出时，人的控制可靠度也不同。表 4-4 列出了人进行按键操作与用控制杆进行位移操作时，不同按钮直径与人的动作可靠度、不同操作方式与人的动作可靠度的相关数据。

表 4-4　按键操作、控制杆操作的动作可靠度

| 按钮直径/mm | 人的动作可靠度 | 控制杆位移 | 人的动作可靠度 |
| --- | --- | --- | --- |
| 小型 | 0.9995 | 长杆水平移动 | 0.9989 |
| 3.0~6.5 | 0.9985 | 长杆垂直移动 | 0.9982 |
| 9~13 | 0.9993 | 短杆水平移动 | 0.9921 |
| 13 以上 | 0.9998 | 短杆垂直移动 | 0.9914 |

【案例反思】　行为安全观察数据统计：某油田收集了 1456 条行为安全观察数据，并进行了分析。按照行为安全观察五大内容进行分类，程序与现场整理、工具与设备方面分别占行为安全观察比例的 53% 和 29%，个人防护装备占 11%，人员的位置占 6%，员工的反应占 1%。可以看到程序与现场整理、工具与设备占行为安全观察 82% 比例。根据二八原则，

可以投入主要的精力用于治理程序与现场整理和工具与设备这两大内容，从而有效改善人的安全行为。

### 4.2.3.4　影响人的可靠性的因素与提高人的可靠性的措施

（1）影响人的可靠性的因素　对影响人的可靠性的因素进行有效分类是研究人的可靠性的关键问题之一。人们已采用了许多方法对影响因素进行分类。但是这些分类，其本质都是围绕人的本身特点来进行。然而，除了人的特性之外，机器（或系统）的特性和环境的特性，以及它们之间的相互关系，都影响人的可靠性。因此，根据系统工程理论来对影响人的可靠性的因素进行分类，将更有利于揭露人的失误的客观规律。

影响人的可靠性的因素可按下面分类：

① 人的基本素质欠佳；

② 机的设计不合理，不符合人的生理/心理特点；

③ 环境特性不合理；

④ 人-机关系设计不合理；

⑤ 人-机-环境系统的总体构造设计不合理。

拓展阅读：
不安全行为的内在影响因素分析

按照以上 5 个方面的思路，而每个方面又可分为若干子项。只有如此，才能准确地把握影响人的可靠性的各种因素，为提高人的可靠性奠定科学基础。

（2）提高人的可靠性的措施　在设计、研制和实施任何一个人-机-环境系统时，只有切实做到提高人的可靠性，才能真正实现"安全、高效、经济"这三大目标。为此，有针对性地从人、机、环境的基本特性和相互关系，以及系统总体高度等 5 个方面，采取有效措施，提高人的可靠性。

提高人的可靠性的措施对应地分为：

① 提高人的基本素质；

② 机的设计要符合人的生理/心理特点；

③ 工作环境要符合人的特性；

④ 人-机关系的设计要合理；

⑤ 人-机-环境系统的总体设计要合理。

同样，以上 5 个方面的每个部分又包括了许多详细内容，针对每项内容都采取有力措施，就能全面预防人的失误。

通常，为了提高人-机-环境系统中人的可靠性，一般应采取如下步骤：

① 将人-机-环境系统中人的作业进行分解，即将人在人-机-环境系统中的总作业（$T$）分解为各种子作业（$T_1$，$T_2$，…，$T_n$）。当然，每个子作业也有可能再分解（$T_{11}$，$T_{12}$，…，$T_{21}$，$T_{22}$，…，$T_{n1}$，$T_{n2}$，…），直至最后不能再分为止。

② 针对以上每个细化了的作业（如 $T_{11}$），将影响人的可靠性的各种因素按上述 5 个方面进行分解，即将人在人-机-环境系统中的失误原因（$F$）分解为各种子因素（$F_1$，$F_2$，…，$F_5$）。当然，每个子因素也有可能再分解（如 $F_{11}$，$F_{12}$，…，$F_{21}$，$F_{22}$，…，$F_{51}$，$F_{52}$，…），直至最后不能再分为止。应注意，如果某种影响因素确实不存在，那就没有必要将它列出。

③ 针对以上每个细分了的因素，分析它对人的可靠性的影响程度，并尽量给出量化表示。若不能量化，则应采用定性与定量相结合的专家评估方法或模糊评价方法，给出每个因

素的影响程度。

④ 根据③的结果，估算并预测每项子作业及其总作业的人的可靠性，并找出造成人的失误的最重要环节。

⑤ 基于前一步的分析和预测，并根据人-机-环境系统工程理论所提出的基本原则，有针对性地采取防范措施，避免产生人的失误。

# 4.3 个体行为与安全

加强个体行为管理是保障安全生产的重要方面。个体是组成群体、组织的基本要素，在组织中充当特定的角色、发挥着各自的作用，个体是做好安全行为管理的基础。

## 4.3.1 个体心理特征与安全

### 4.3.1.1 个体行为模式

不同个体的行为特征是不同的，如需要、情绪、兴趣、意志、能力、气质、性格以及态度等都有差异，加上个体的社会经历不同，不同个体会对同一种刺激发生不同的反应。人的行为不仅受个体本身的心理特征的影响，而且受客观环境的影响。在相同的心理特征下，由于环境不同，人们也会采取不同的行为。外在的刺激与内在的反应并非直接地、机械地联系在一起，而是受主观评价的影响。在研究人的行为时，不仅要研究引起行为的外界刺激条件，更重要的是要分析个体行为的主观心理特征。

在研究个体行为的心理因素方面，美国肯塔基大学华莱士教授提出了个体行为与绩效模式，见图4-4。该模式把知觉、学习、个性、能力、动机作为环境刺激转化为外显行为和绩效的主要中介因素。了解这些内在因素的特点，有利于管理者引导和影响员工的个体行为。

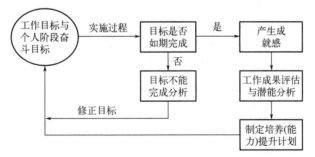

图 4-4 个体行为与绩效模式

任何具体的行为是否构成绩效，要依赖于组织对个人的期望或要求。组织中的两个成员也许以一种几乎相同的方式行动，但如果他们的工作要求有不同类型的行为，那么一个人的行为可能有效，另一个则无效。只有当我们有明确的标准，并了解组织的期望与要求时，才能评价一个人的行为是否构成有效的个体绩效，参见图4-5。

### 4.3.1.2 个体心理与行为过程

个体的心理与行为过程可以说是不计其数、种类繁多，但绝大多数心理与行为过程都服

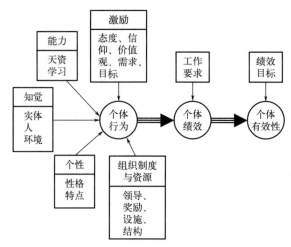

图 4-5　组织中个体行为、绩效与有效性模型

从于三个主要的目的：a. 满足个体的本能性需要；b. 满足社会性需要；c. 满足个体的精神性需要。因此，可以将人的全部心理行为过程（至少绝大多数心理行为过程）看成是服从这三个不同目的的三部分，执行着三种不同职能的三大类心理机制。在心理学上，它们分别被称为本我、自我和超我。这一理论是由弗洛伊德提出的，它对指导安全行为管理具有重要意义。

拓展阅读：
西格蒙德·弗洛伊德

#### 4.3.1.2.1　本我

（1）本我过程的目的与模式

① 本我概念。本我是指一切先天的生理机能和由此而产生的心理和行为过程。先天生理机能就是指一切本能。主要包括所有的无条件反射机制和先天的需要，而由此产生的心理和行为过程，是指个体在进行无条件反射时和力求满足先天性需要时所产生的一切欲望、念头、情感和行为。本我的逻辑关系可用图 4-6 表示。

② 本我过程的目的。由于机体在整个生命过程中要不断产生需要，而一旦需要产生，机体就会进入紧张状态。任何形式的紧张都是不愉快的，机体必须极力去满足需要，从而使紧张得以消除或缓解，本我心理过程的目的就是全力以赴地去满足本能需要，以消除机体的紧张状态。紧张是令人不舒服的痛苦体验，而一旦紧张得到消除或缓解，主体就会体验到满足和愉快。一切本我过程都服从"避苦趋快"的原则。

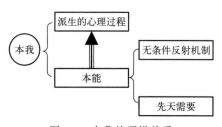

图 4-6　本我的逻辑关系

③ 本我过程的模式。本我心理过程虽然很多，但可以用图 4-7 所示的模式表述。从图 4-7 的模式可以看出，本我过程有两种可能的情况，当机体因需要而产生紧张后，或是满足需要而解除紧张，或是不能满足需要而只能通过愿望性满足来求得紧张的暂时缓解。所谓愿望性满足，就是当一个人在不能满足机体的需要时，为了克服令人不愉快的紧张状态，可能让自己沉溺于幻想、迷梦和白日梦中，以求得想象中的满足需要。

（2）本能　本能是一切先天的生理机制、生理需要和生理功能，它决定了本我的心理行

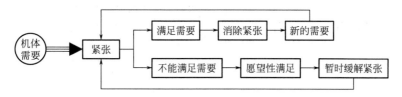

图 4-7　本我过程的模式

为过程的性质和方向。

① 本能类型。弗洛伊德认为，一切本能可分为生本能和死本能两大类。

生本能是指所有为机体生命的发展和延续服务的本能，包括一切生理需要及其派生的欲望，主要有衣、食、住、行、性等。生本能中，以性本能为最重要，由它直接派生出的性欲产生了人所具有的各种爱。请注意，弗洛伊德所说的性本能和性欲是广义的，它所产生的爱既包括异性间的情爱，也包括亲友间的亲情和友情，甚至包括派生出的对他人的同情和关爱等。

死本能是决定机体最终走向死亡的本能，是导致一切生物最终将变成无生物的内在趋势。关于这一点，人们往往很难接受，但这是不以人的意志为转移的事实，也是一切生命的本质。没有死，也就没有生；有生则必有死。对于任何生命来说，死亡都是最后终点，生命的整个过程都是走向死亡的过程。现代科学也证明了这一点。据有关资料报道，科学家已发现，章鱼之所以产卵后立即就死去，是因为其眼窝后的腺体要分泌出一种激素，使机体的新陈代谢过程终止。这种激素被命名为"死亡激素"，只要将章鱼的这一腺体切除，其生命就可以延长达 9 个月。美国科学家在大白鼠身上实验也证明了"死亡激素"的存在。他们发现，人和动物的脑下垂体定期要分泌一种化学物质，它能有效干扰机体对甲状腺素的利用，从而控制了所有细胞的新陈代谢，使机体逐渐衰老和死亡。如果摘除脑下垂体，并大量注射甲状腺素，机体的寿命就可以大大延长。

死本能也要派生其他本能和欲望，弗洛伊德认为最主要的派生是攻击本能和攻击欲，从而形成一个人对其他人的仇恨、敌视和竞争，也可能产生对自己的伤害。在安全行为管理中了解这一点是十分重要的。

② 本能过程。根据弗洛伊德的理论，人的生本能和死本能及其派生的心理行为过程见图 4-8。

任何机体、任何人都具有生本能和死本能这两个方面，它们时刻都处于一种辩证关系之中，相辅相成，相互融合，相互转化。

#### 4.3.1.2.2　自我

(1) 自我心理过程的模式　在本我的要求与社会要求发生冲突时，为了调节两者之间的关系，使个体免受社会的惩罚而逐渐形成了自我心理过程。自我是人格的中枢和核心，它以理智的方式调节个体内部的关系和个体与外界的关系，以满足个体的长远发展需要。因此，自我过程遵循"现实原则"。自我心理过程的一般模式见图 4-9。

自我过程不是先天就有的，而是人在后天社会生活中逐步发展而来的，它将随着人的日益成熟而不断丰富。

(2) 自我心理过程的主要内容　自我发展在很大程度上决定了个体的发展，自我的心理过程主要就是自我意识。即一个人对自己的全部认识和理解。自我意识包括如下内容：

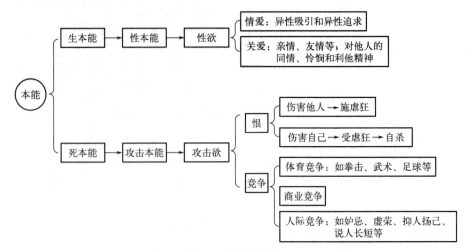

图 4-8　本能的过程

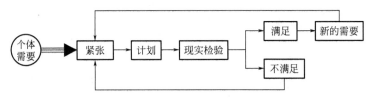

图 4-9　自我心理过程的一般模式

① 自我识别。人在刚一生下来时，并无什么自我意识，既不懂得自己与外界的区别，也不知道自己与他人间的不同，随着成长，他才逐渐认识到这些区别，开始形成了"我"的意识。

② 自我知觉。就是对自己的认识。包括自己对自己的认识、别人对自己的认识（即别人所表白的对自己的看法）、自己认为别人对自己的认识（自己不仅仅盲目听信别人所说的对自己的看法，而根据其态度推测对方内心深处对自己的真正看法）。

③ 自我评价。在自我认识的基础上形成对自己的评价，包括物质性自我评价（对自己身体、衣着、家庭等的自豪感或自卑感）、社会性自我评价（对自己在社会中的名誉、地位、财产、成就等的评价）、精神性自我评价（对自己的能力、意志、道德、性格、潜力等的估计）。

自我评价可能产生两种结果：自我肯定与自我否定。

④ 自我认同。这是对自己最高本质的把握，对自己究竟是什么人的认识。只有当一个人有了明确的自我认同时，才有可能真正理解自己的潜力和本质，从而明确自己的发展方向，达到自我实现。

#### 4.3.1.2.3　超我

（1）超我心理过程的构成　超我是社会价值与社会要求在人格系统中内化了的心理过程。它力图超越个体的先天需要，甚至超越个体自身。超我由两大部分构成，即理想和良心。

理想是个体为之奋斗和努力追求的价值或目标，最高理想就是至善至美。良心则是个体真心崇尚的道德原则，它随时以这些原则衡量自己的行为。良心使人们在行善时高兴，行恶时内疚。超我的逻辑结构见图4-10。

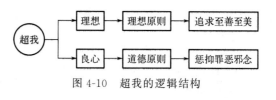

图4-10 超我的逻辑结构

（2）超我心理过程的超越性质 超我心理过程就其本质而言，是对个体自身的超越，对本我和自我的超越。具体地说有以下四个方面。

① 超越快乐原则。是指超越先天需要及其为之服务的心理。人就天性而言跟其他所有动物一样是追求快乐的，但人可能出于对理想、道德、价值、事业等的追求而甘愿受苦、抛弃享乐，如禁欲、苦行等。

② 超越现实原则。指当一个人的理想或道德与现实环境相冲突时，出于理想或道德则超越现实，不同于自我出于个体的利益而向现实妥协，超我对现实的超越有两种方式：超脱现实（是指个体摒弃世俗的追求，消极遁世，脱离现实）与改造现实（是指个体积极去改变和创造符合自己理想与道德的现实）。

③ 超越历史。指一个人将自己有限的生命投入无限的历史发展进程中，使自己与历史共存。人们投身于历史变革、科学研究、生产活动、艺术创造等都属此类。

④ 超越有限。指一个人力图超越自己有限的时空，希望与宇宙合一，与无限融为一体而得以永存。但这显然是不可能的，最多只能成为人们的某种精神追求。

上述个体心理系统中的三大部分是相互独立的，它们分别代表个体的三类不同需要。本我是个体的生理需要，自我是个体在社会中生存和发展的需要，而超我则是个体希望超越自身的需要。它们都有各自的目标和发展方向，都有各自派生出的心理过程。

## 4.3.2 个体的价值观与安全态度

### 4.3.2.1 个体的价值观

（1）价值观的含义 价值观是指一个人对周围的客观事物（包括人、事、物）的意义、重要性的总评价和总看法，是一个人基本的信念和判断。一个人认为最有意义的最重要的客观事物，就是最有价值的东西；反之，就是最无价值的东西。人们对于各个事物的看法和评价在心目中的主次、轻重的排列次序，就是价值观体系。价值观和价值观体系是决定人们的行为的核心因素。

（2）价值观的分类 不同个人、群体、组织的价值观是不同的。美国组织行为学家斯普朗格尔将价值观分为六类。

① 理性价值观。以知识和真理为中心，强调通过理性批判的方式发现真理。

② 唯美价值观。以形式、和谐为中心，强调对审美、美的追求。

③ 政治性价值观。以权力地位为中心，强调权力的获取和影响力。

④ 社会性价值观。以群体他人为中心，强调人与人之间的友爱、博爱。

⑤ 经济价值观。以有效实惠为中心，强调功利性和实务性，追求经济利益。

⑥ 宗教性价值观。以信仰教义为中心，强调经验的一致性及对宇宙和自身的了解。

一个人并不是只具有一种类型的价值观，实际上六种类型对不同的人有着不同的配置。如对待安全的价值观。

#### 4.3.2.2　个体的安全态度

（1）态度的概念　态度是个人对某一客观对象所持的评价与行为倾向。态度是一种心理倾向，带有感性色彩，带有价值观的特点，是个性特征。个体的安全态度则是个体对安全问题所表现的特殊态度。

人们在对一个对象做出赞成或反对、肯定或否定评价的同时，还会表现出一种反应的倾向性，这在心理学上称为定势作用（即心理活动的准备状态）。一个人的态度不同，就会影响到他看、听、想、做某事时所产生的明显的个体差异，必然会对他的行为具有指导性的、动力性的影响。

如企业制定的各项安全规章制度，有的职工持赞同态度，并视其为自己的行为准则，这样，在工作中就不会出现偏差，保证生产过程的安全。而有的职工持不赞同或抱着"无所谓"的态度，自然在行动上就难免出现偏差，轻则工伤事故，重则触犯刑律。由此可见，人们对某一客观对象有一个正确的评价和定义作用，"态度端正"才能导致正确的社会行为，反之，则将导致不正确的、反社会的行为。

（2）态度的组成要素　构成态度的要素分别是认知因素、情感因素和意向因素。认知因素是指对对象的评价，包括对对象的认识理解以及赞成或反对。情感因素是指个人对于对象的好恶，如同情、尊敬、喜欢，或是轻视、排斥、厌恶等等。意向因素是指个人对对象的反应倾向，即采取行为的准备状态。

例如：对某职工的态度，认为他人品端正、思维敏捷、接受新事物快、自尊心强、知识经验少、容易冲动等，这是认知因素。对他怀有好感、关心他，这是情感因素。愿意与他接近，听取他的意见，这是意向因素。

（3）态度变化的过程　态度形成之后将比较持久地保持，但也不是一成不变的，它会随着外界条件的变化而变化，从而形成新的态度。企业员工态度改变有两种情况：一种是在程度上的改变，如对一事物的态度从犹豫到坚决支持，由勉强同意到完全同意等，这通常仅需通过强化便可做到；另一种是在方向上的改变，比如对某一事物原来是消极的，后来变得积极了，这是根本上的改变，是质的飞跃，比较难实现。当然，方向与程度有关，从一个极端转变到另一极端，既是方向的转变，又是程度的变化。

1961年凯尔曼提出了态度变化过程的三阶段说学，这三个阶段是服从、同化和内化。

① 服从阶段。这是从表面上转变自己观点和态度的时期，是态度转变的第一阶段。一般说来，这时人们会表现出一些顺从的行为，但这仅仅是被动的。

② 同化阶段。这一阶段表现为不是被迫而是自愿接受他人的观点、信念、态度与行为，并使自己的态度与他人的态度相接近。显然，这一阶段已不同于服从阶段，它不是在外界压力下转变态度，而是自愿地进行的。

③ 内化阶段。即真正从内心深处相信并接受他人的观点，从而彻底地转变自己的态度。在这一阶段中，一个人真正相信了新观点和新思想，并将其融进了自己的价值观，成为自己态度体系中的一个有机组成部分，从而成为一个自觉接受企业的价值观、默默为企业奉献的人，这时就真正达到了内化阶段。

### 4.3.3　个体行为与安全管理

【案例反思】　据某海上油田人员不安全行为统计，程序和现场整理标准未被遵守分别占 27% 和 34%，占程序与现场整理比例的 61%，比如热工作业未按照要求进行可燃气体检测、完工后未清扫垃圾、设备未放回指定地点等等。工具与设备使用方法不当占据工具与设备的 70%，比如在未给砂轮机断电的情况下更换砂轮片、焊机使用时未做好接地措施、液压升降车使用完后未卸载等。

上述统计分析表明，加强个体行为管理是保障安全生产的重要方面。

### 4.3.3.1 个体行为差异与管理

个体行为虽然具有共同的特征，但在实际生产过程中则更多地表现为个性的差异。在安全行为管理中需要对不同的个体加以区别，采取不同的管理方式。

（1）能力差异与管理　从能力的角度出发，企业在安全行为管理中应注意以下方面。

① 每个企业、每个工种或生产岗位都有相对独立的能力要求，以便安全、有效地完成其任务。

② 在进行工种安排时，尽可能考虑每个人的兴趣、特长，做到人尽其才。人不可能样样精通、十全十美，但擅长于某一方面的人才，适合于某项工作的人员则不少。管理者应当善于发现员工的长处，做到用人之所长、避人之所短。

③ 招聘员工不应该只以文化考核的分数作为录取的唯一标准。文化考核的成绩，只代表了一个人已经掌握的部分知识或技能的水平，它并不等于一个人所具有的能力，更不等于一个人所蕴藏的内部潜力。

④ 在从事生产活动，既需要具有一般能力，又需要具有该生产活动所要求的特殊能力。为了提高生产效率，应当提高职工这两项能力。

⑤ 在使用员工中，尽力注意使其所具有的文化水平、技术水平、能力水平与实际工作所要求的智力、体力相匹配，选择能力过高或能力过低的职工均不利于安全生产。

（2）性格差异与管理　应努力使性格与工作相匹配。美国心理学家霍兰德提出了六种性格类型，说明员工的满意度与离开工作的倾向依赖于个体性格与工作环境的匹配程度。六种主要的性格类型见表 4-5，表中同时列举了与它们匹配的职业范例。

表 4-5　霍兰德的性格类型与职业范例

| 类型 | 性格特性 | 职业范例 |
| --- | --- | --- |
| 现实型:偏好需要技能力量、协调性的体力活动 | 害羞、真诚、持久稳定、顺从、实际 | 机械师、钻井操作工、装配线员工、农场主 |
| 研究型:偏好需要思考、组织和理解的活动 | 分析、创造、好奇、独立 | 生物学家、经济学家、数学家、新闻记者 |
| 社会型:偏好能够帮助和提高别人的活动 | 社会、友好、合作、理解 | 社会工作者、教师、议员、临床、心理学家 |
| 传统型:偏好规范、有序、清楚明确的活动 | 顺从、高效、实际、缺乏想象力、缺乏灵活性 | 会计、业务经理、银行出纳员、档案管理员 |
| 企业型:偏好能够影响他人和获得权力的言语活动 | 自信、进取、精力充沛、盛气凌人 | 法官、房地产经纪人、公共关系专家、小企业主 |
| 艺术型:偏好需要创造性表达的、模糊且无规则可循的活动 | 富于想象力、无序、杂乱、理想化、情绪化、不实际 | 画家、音乐家、作家、室内装饰家 |

"性格-工作适应性理论"认为，当性格与职业相匹配时，则会产生最高的满意度和最低

的流动率。这一理论的关键在于：

① 个体之间在性格方面存在着本质的差异；

② 工作具有不同的类型；

③ 当工作环境与性格类型协调一致时，比不协调时会产生更高的工作满意度和更低的离职可能性。

（3）气质差异与管理方式　气质与工作匹配的理想模式见表 4-6。

表 4-6　气质与工作匹配的理想模式

| 性格特征 | 气质类型 | 行为表现 | 管理方法 |
|---|---|---|---|
| 开朗直爽 | 多血质 | 坦白直爽，兴趣广泛，爱发牢骚，不拘小节，其言行有时易被人误解 | 表扬为主、防微杜渐 |
| 倔强刚毅 | 胆汁质 | 能吃苦，办事有始有终，但缺乏灵活性，与领导意见不一致时不冷静，容易产生抗衡，求胜心切 | 经常鼓励、多教方法 |
| 粗暴急躁 | 胆汁质 | 好冲动，心中容不得不公平之事，好提意见，不太注意方式方法，事后常后悔 | 肯定成绩、避开锋芒 |
| 傲慢自负 | 多血质-胆汁质 | 反应快，聪明能干，过分自信，好出风头，爱发议论，听不进不同意见，虚荣心强 | 严格要求、表扬谨慎 |
| 沉默寡言 | 黏液质 | 少言寡语，优柔寡断，任劳任怨，踏实细心，有时工作效率不高 | 少用指责、多加鼓励 |
| 心胸狭窄 | 抑郁质 | 小心眼儿，遇到不顺心或涉及个人利益的事，往往患得患失，难以摆脱 | 多用疏导、开阔胸怀 |
| 自尊心强 | 各种气质类型都有 | 上进心强，严于律己，争强好胜，听不见批评，情绪忽高忽低 | 开阔视野，正确认识自己和他人 |
| 疲疲沓沓 | 各种气质类型都有 | 大错不犯，小错不断，工作拈轻怕重，漠视规章制度，生活懒散 | 找出闪光点及时鼓励，要求严格而且具体 |

在安全行为管理中，了解人的气质，对于培养员工的良好品德、发挥其所长、避其所短、充分调动积极性，都有着重要的作用。因此，要注意根据人们不同的气质特点，选择适当的职业，取其所长，切忌简单化和"一刀切"的方法。

职业活动对人的心理活动特点提出一定的要求，例如在自动系统操纵台的操纵人员，要求具有迅速感受操纵台上的各种变化，并当机立断地做出正确反应的能力。再如一些特殊职业（如飞行员、宇航员、运动员等职业）中，需要经受住高度的身心紧张，因此，对他们的心理水平就要提出更高的要求，对气质的特性也会提出严格的要求。

### 4.3.3.2　个体行为的引导与协调

（1）个体行为的引导

① 对个体的知觉进行引导。作为重要心理因素和心理过程之一的知觉对人的行为有着直接的影响，不同的个体由于对客观事物的认识上存在着差异，会导致行为上的差异，因此，要对个体行为进行正确的引导，就必须对个体的知觉进行必要的引导。

a.个体对客观对象的反应应力求完整丰富。要获得对客观对象各种属性的正确知觉，就必须经过一个反复认识的过程，只有对客观对象个别属性或特征感觉越丰富，对事物的知觉就越正确、越完整。

b. 对客观对象的认识要一分为二。在对客观对象进行认识的过程中，既要看到事物有利的一面，又要看到它的短处是非常重要的。对一般的个体而言，有利于他和其他成员和谐共处，并在与他人的相互交往中，认识自己的长处与不足，及时地对自己的行为加以修正；对组织的经营者或管理者而言，有利于他对所属的个体树立起一个全面正确的认识，并根据不同个体的特点实施有效的管理。

② 使个性得到充分的实现。具有不同个性的人，其行为表现往往是不同的。

a. 要使自己尽可能具备多种能力。能力是影响人的活动效果的最重要的条件，它直接影响到人的行为结果。当今时代，各项活动日益复杂化，要成功地完成任何一项活动，都要依赖于一系列能力的有机结合，而单凭一种能力已不能保证活动的顺利完成。任何个体都必须在实践中不断地学习，或接受一定的训练和教育，从而增强自己能力。

b. 要根据自身的特点，认定自己能从事的工作。由于不同的个体存在着能力上的差异，因此不同的人对同一工作有不同的适应性，作为个体而言，应根据自己的能力状况，来认定适合自己的工作；作为组织的管理者，应在充分了解掌握所属成员个性的基础上，积极创造条件和机会，使每个成员的能力得到充分的发挥。

③ 使态度趋向于正确。对个体行为进行引导，就必须使得组织成员都树立起正确的态度。不同的个体由于受到家庭、社会、个人经历和知识的影响，态度往往呈现出差异性。企业职工可以通过参与活动，通过加强与他人的接触了解，通过角色扮演体会处于各种情境中人的感受等途径达到改变其原有态度的目的。作为管理者，则应经常仔细地观察了解所属个体成员的各种态度，并对所属人员的正确态度采取一定的措施予以肯定、巩固和发扬，对那些不正确的态度，应通过组织学习、教育等方法，去影响和加以改变。

④ 培育价值观。正确的价值观一旦被职工接受，就会对企业的发展产生巨大的推动力，反之，错误的价值观，则会成为企业发展的阻碍因素。从一定意义上说，对个体行为的管理实际上就是对个体价值观的管理。

（2）个体行为的协调　个体行为的协调包括两个方面的内容。

① 个体行为之间的协调。个体行为由于受到多种主观因素和客观因素的影响，呈现出一定的差异性，正是由于这种差异性的存在，导致在同一企业内部，个体行为之间产生不协调甚至发生矛盾或冲突，因此对个体行为进行必要的协调，是企业发展的需要。

a. 在企业内部建立健全信息交流渠道。企业内部个体之间的关系往往呈现出亲密、一般、疏远的三种状态。亲密关系有利于提高工作效率，疏远关系易造成彼此间行为的不协调，甚至相互倾轧、嫉恨，从而影响企业的效能。而信息交流既是人们获得知识和经验的重要途径，又是人们沟通感情的重要方式，因此，要在企业内部个体之间建立起一种协调的关系，就必须建立和健全信息交流渠道。

b. 企业管理者要适时地、有针对性地做好职工的思想工作。管理者在个体行为的协调中扮演着主要角色，其工作是否有效，在很大程度上影响着企业的稳定和发展，要实现个体行为的协调，一方面个体之间要经常进行感情的交流，消除隔阂；另一方面，在某些问题的处理上，还需要依赖于管理者的协调工作。

② 个体行为与群体行为、组织行为之间的协调。个体是构成群体、组织的基本单位，个体行为与群体行为、组织行为有着十分密切的联系。在实际活动中，个体行为与群体行为、组织行为往往表现出不一致。因此在企业内部，除了需要对个体间的行为进行协调外，还要对个体与群体或组织之间的行为进行协调。

a. 要在群体或组织内部建立起一种崇高的理想、目标和价值观念。群体行为或组织行为对个体行为会产生重大的影响，主要表现为在群体或组织的压力下，个体会放弃或改变其原来的意见而采取与大多数人一致的行为。

b. 要肯定和鼓励个体的首创精神。面对群体和组织的压力，不同的个体会做出不同的反应，有的人出于各种动机会改变其原有的行为，使自己的行为与群体的行为或组织的行为趋于一致，而有的人则会保持其独立性，不改变其原有的行为。对于这种现象，作为组织的管理者应做具体的分析研究，对于个体的不良行为，完全应该给予适当的压力。相反，对于个体的正确行为，则应该加以肯定和鼓励，并及时对群体的行为或组织的行为进行纠正。只有在企业内部造就一种浓厚的民主气氛，企业才会富有生机和凝聚力。

# 4.4　群体行为与安全

## 4.4.1　群体行为的基本知识

### 4.4.1.1　群体及分类

（1）群体的概念　群体是指在组织机构中，由若干个体组成的，为实现企业目标相互依存，相互影响，相互作用，并规定其成员行为规范所构成的人群集合体。群体不是个体的简单集合，群体应该是一个整体。构成一个群体必须具备以下条件：

拓展阅读：
群体行为

① 群体的各成员之间具有共同的目标和利益；

② 群体要满足各成员的归属感；

③ 群体成员之间要有工作、信息、思想及感情上的交流。

（2）群体的分类　群体的结构和形式很复杂，按照不同的划分标准，大致可分为以下几种。

① 假设群体与实际群体

a. 假设群体。是指实际上并不存在，只是为了某一方面的研究和分析需要，而将人们按照某一特定的规范或要求划分出来的各类群体，因此，假设群体又可称为统计群体。

b. 实际群体。是现实社会生活中客观存在的群体。实际群体成员相互之间彼此意识到对方的存在，并意识到都是属于同一群体，而且相互之间的行为具有一定的直接或间接联系，此外，由于群体成员之间的共同目标，使其活动相互结合并且互相影响或发生作用。安全行为管理主要是研究和分析实际群体方面的性质和问题。

② 参照群体与一般群体。根据群体对社会上其他群体或个人所发挥的作用或产生的影响不同，可以将其划分为参照群体与一般群体。

③ 正式群体与非正式群体。根据群体构成的原则和方式的区别，群体可以划分为正式群体与非正式群体。

a. 正式群体。是指由一定社会组织认可的、有明文规定的群体。它们一般有固定的结构和编制，有明确的权利和义务，有明确的责任分工。各类社会团体和组织、政府行政机构、企业以及部门、科室、学校及其班级、教研室等都是正式群体。

b. 非正式群体。是一种没有正式的明文规定，在其成员的某种共同利益上建立起来的群体。非正式群体成员之间的关系带有明显的意识上的感情色彩。这种群体中虽然也存在一定的相互关系结构和行为规范，并且也可能具有共同的行为目标，但未形成正式的文字规定，也未得到一定社会组织的以正式文件的形式明文予以认可。非正式群体中会存在自然形成的一定程度的组织关系，但相互之间的关系约束是松散的、不确定的或者多变的。

#### 4.4.1.2 群体的组成要素及功能

（1）群体的组成要素 心理学家霍曼斯将群体进行剖析，发现在任何一个群体中都存在着相互联系的四个组成要素：活动、相互作用、思想情绪和群体规范。

① 活动。活动是人们所进行的工作，它可以被人们所觉察到，如操作、行走、谈话、写作等。

② 相互作用。相互作用是指人们在活动中所发生的语言与非语言的相互之间的信息沟通与接触。

③ 思想情绪。思想情绪是个人情绪和内心思想的过程，主要包括态度、感受、意见和信念。它不能直接看到，但可以通过人们在活动和相互作用中的表现被察觉。群体的规模、情绪的强烈程度影响着群体的行为。

④ 群体规范。群体按照自身的规范发生着活动、相互作用和思想情绪。

（2）群体的功能

① 完成组织赋予的任务。群体是组织分工协作、承担责任的基本单位。通过群体可以完成以下组织功能：

a. 群体是承担和完成内容复杂、需要分工且互相依赖的任务的基本单位；

b. 群体是学习和交流新思想、新知识，产生创造力的人群结合体；

c. 群体能推动复杂决策的完成，解决关键性难题。

② 提高成员思想、知识和技能水平，形成新的合力。在同一工作中结成的群体，在长期的工作、生产实践中相互竞争、相互配合、相互促进，通过学习和知识共享，互相取长补短，可以提高群体成员各方面的水平。

③ 满足成员的心理需求。群体可以满足其成员下列需求。

a. 满足成员尊重、友谊、交往和情感交流的需求。成员可以得到群体其他成员的关心、友爱，免于孤独感。

b. 满足成员归属感和支持力量的需求。当群体成员受到伤害或遇到困难时，就会得到群体其他成员的帮助、鼓励、支持，免于焦虑、无助感。群体的认同感往往给成员以潜移默化的力量。

c. 满足成员成长和自我实现需求。当群体成员的行为符合群体规范和群体期待时，群体会对他的行为给予种种赞许与鼓励，对个体行为有强化作用，利于满足成长和自我实现需求。

d. 协调人际关系。人们长期在一起工作和生活，难免会产生这样或那样的矛盾或冲突。群体的功能就在于能根据产生矛盾的不同根源，有针对性地做好化解工作。

#### 4.4.1.3 群体行为

关于群体行为，美国的斯蒂芬.P.罗宾斯有句名言："关于工作群体，很明显的一点是，它们可以使 $2+2=5$。当然，它们也有能力使 $2+2=3$"。

（1）群体行为特征

① 群体压力与社会从众行为。群体成员的行为通常具有跟随群体的倾向。当一个人发觉自己的行为和意见与群体多数人不一致时，一般会感到心理紧张，产生一种心理压力，这就是群体压力。这种压力促使人与群体主流的行为和意见趋于一致。人在群体中的这种要求与多数人一致的现象，称为社会从众行为。

从众行为的产生，一方面是源于马斯洛人的"安全需要"。在群体中，与众不同往往会使一般人担心由于背离群体的主流做法而丧失安全感，从而感到孤立、不安和不和谐。反之，当人与群体保持一致时，就会有一种安全和舒服感。从众行为的产生另一方面是因为个体其他方面的实际需要；譬如，一个人在工作或生活中所需要的大量信息，都是从别人那里得到的，离开了他人，个人几乎难以活动，这样就使人逐渐形成不自觉地依赖他人的心理，从而导致从众。

从众行为的表现形式有表面的和内心的两个层面。表面的行为可表现为从众或不从众，而内心的反应却有容纳与拒绝之分。对同一个人来说，内外两个层面的反应，并不一定都是协调一致的，它有四种组合情况：表面从众，内心也接受；表面服从，内心却拒绝；表面不服从，内心却接受；表面不从众，内心也拒绝。

个体在群体中从众行为的倾向性是个体与群体力量相对比的结果。当个体的力量能抵抗群体压力时，则会按自己的真实意见行动；当个体的力量不足以抵抗群体压力时，则会表现出从众行为。

② 群体沟通的潜在作用。群体沟通是群体行为的重要表现特征，在群体的成员之间存在一种潜在的沟通渠道，使得群体行为在某些方面表现出高度的一致性。这种沟通是群体成员之间存在的一些共性而形成的一种特殊的信息传递与交流方式。

（2）社会助长作用和社会抑制作用　群体对个体行为的影响，还表现为社会助长作用和社会抑制作用。社会助长作用是指在群体活动中，个体活动效率因群体中其他成员的影响而出现提高的现象。而社会抑制作用则与此相反，个体活动效率因为群体中其他成员的影响而受到减弱。

因此，在实际的安全行为管理工作中，管理者要根据工作的复杂度和难度、个体对工作的熟练程度、个体的性格特征和心理成熟度，以及工作场地的可能条件，妥善地安排群体或个体工作，以充分地利用社会助长作用而减少社会抑制作用。

（3）社会懒惰行为　在有些情况下，群体对个体行为的影响还表现在社会懒惰行为方面。有研究发现，在拔河比赛中，3个人一起拉的力量只能达到一个人平均力量的1.5～2倍。8个人一起拉时的力量则不到一个人的4倍。在实际的管理工作中，常会发现在一些集体工作的环境下，群体中会有一些不履行职责而"搭便车"的人。中国有句俗话"一个和尚挑水吃，两个和尚抬水吃，三个和尚没水吃"就是反映了社会懒惰行为。

（4）群体规范

① 群体规范的意义。群体规范是指群体为达到共同目标，在一定时期内成员相互作用而形成的、每个成员必须遵守的行为规范。这些规范确定了成员的行为范围，成员应该具备的态度，规定了什么可以做和什么不可以做，应该怎么做和不应该怎么做等等。

② 群体规范的种类。群体规范可分为正式规范和非正式规范。群体规范是由正式文件明文规定的，如各种安全规章制度和守则等；非正式规范是群体自发形成的，不成文的，如成员之间的沟通方式和态度、各种行为和风俗习惯等。但正式和非正式规范都有约束和指导

成员行为的效力。成员的行为符合这个框架和标准，就会得到群体的认同。反之，当成员偏离或破坏这种规范时，就会引起群体的注意。轻者要受到教育和指责，群体还会运用各种纠正方法，使其回到规范的轨道上来；重者则要受到惩罚，甚至被排除出群体之外。

③ 群体规范的作用。群体规范对于群体具有维持作用、认知标准化的作用和对所有成员的行为有导向及约束作用。

#### 4.4.1.4 群体行为的发展过程

群体自它刚建立到最后走向成熟的过程中，都会经历相互接纳、沟通和决策、激励和生产率、控制和组织四个发展阶段，见图 4-11。

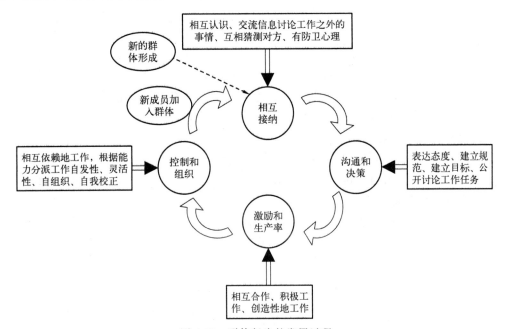

图 4-11 群体行为的发展过程

### 4.4.2 群体行为与安全

群体行为与安全的关系是较为复杂的问题。因为群体一方面要由群体中的每一个个体的安全、可靠性来保证，另一方面又要由整体的安全、可靠性来保证。群体通过一定的规范和角色分配来提高个体的安全、可靠性，并通过沟通和管理来提高整体的安全、可靠性。而这一切是通过群体凝聚力来体现的。许多研究表明：人的社会性很强，每个人都希望得到群体、社会的保护和帮助。一般而言，群体的凝聚力越强越安全；群体越安全，对个体的吸引力越强。安全是任何一个群体存在的基础和条件，安全的需要是人的最基本需要之一。

#### 4.4.2.1 群体凝聚力

（1）群体凝聚力的涵义　群体凝聚力是群体对成员的吸引力，它既包括群体对成员的吸引程度，又包括群体成员之间的相互吸引力。这种吸引力表现为成员在群体内团结活动和拒绝离开群体的向心力，是群体安全行为的基础。美国心理学家多伊奇曾提出：群体凝聚力等于成员之间相互选择的数目与群体中可能相互选择的总数目之比。

凝聚力强的群体的一般特点是：成员之间的信息交流畅通频繁，气氛民主，关系和谐。成员有较强的归属感，成员参加群体活动的出席率较高。成员愿意更多地承担推动群体发展的责任和义务，关心群体，维护群体的权益等等。

（2）影响群体凝聚力的主要因素

① 群体的目标。如果群体存在一个共同的目标，该目标的实现对所有成员的个人目标和切身利益都有利，这是形成高凝聚力的首要因素。

② 群体目标的实现。当各成员经过共同的努力达到目标时会增强成员之间的感情、成员对群体的认同，凝聚力会大大增强。当实现的目标越具有挑战性，凝聚力会越高。

③ 成员之间的互相学习。当群体中各成员都能从与其他成员共同工作中受益、学到更多更新的知识时，成员之间的吸引力就强，凝聚力就会增加。

④ 共同的业余兴趣。当群体中各成员都能从与其他成员共同生活中得到更多的乐趣时，成员之间的吸引力就强，凝聚力就大。

⑤ 群体规模。群体规模越小，成员间彼此相互作用与交往的机会多，感情会加强，凝聚力大；反之，则不容易凝聚。通常，凝聚力大小与群体规模成反比。

⑥ 群体与外部的关系。与外界相对比较隔离的群体，凝聚力高；反之则低。另外，本来有一定凝聚力的群体在受到外来压力时，凝聚力会更强。

⑦ 群体在外面的地位和声望。群体的声誉和知名度高，凝聚力强；反之就较弱。

⑧ 群体内的信息沟通。群体内信息畅通，沟通的机会多，大家之间相互理解和支持，凝聚力高；反之就较低。

⑨ 群体的领导方式。具有个人魅力而且尊重员工、愿意与员工沟通的领导，成员就会对领导有一种向心力，凝聚力就高。反之则低。

### 4.4.2.2 群体士气

（1）群体士气的涵义　美国心理学家史密斯认为"士气"就是对某个群体或组织感到满足，乐意成为该群体的一员，并协助达成群体目标的一种态度。因此"士气"不仅代表个人需求满足的状态，而且还包括认为这个满足得之于群体，因而愿意为实现群体目标而努力的情绪。

一个士气高昂、有效的群体应具有以下 7 种特征：

① 群体的团结来自内部的凝聚力，而非起于外部的压力；

② 群体的成员没有分裂为互相敌对的小团体的倾向；

③ 群体本身具有适应外部变化的能力以及处理内部冲突的能力；

④ 群体成员之间具有强烈的认同感和归属感；

⑤ 群体中每个成员都明确地意识到群体的目标；

⑥ 群体成员对群体的目标及领导者抱肯定和支持的态度；

⑦ 群体成员承认群体的存在价值，并具有维护其群体存在和发展的意向。

经常进行群体士气的调查，可以及时地了解职工对组织、领导、环境和管理工作的态度，从而为改进安全管理提供必要的信息。职工士气的调查可采用态度量表法、问卷法和自陈法等方法。

（2）士气与安全度的关系　士气与安全度的关系是非常密切的，在安全行为管理中，希望职工不仅具有高昂的士气，同时也能保持较高的安全度。大量的研究发现，士气的高低与安全度之间并不存在正比例的关系，职工的士气只是提高安全度的必要条件之一，而不是充分条件。要提高安全度，除了提高士气以外，还需要具备其他许多条件，例如机械设备、原材料供给、职工的素质、人员的调配等等。

研究表明，士气和安全度的关系可能出现以下四种情况。

① 士气高、安全度高。这是由于职工在群体里既获得了满足感，又体会到组织目标与个人的需求相一致，正式组织与非正式组织的利益相协调，使职工积极、有效地去实现组织目标。

② 士气高，安全度低。这是由于职工在群体里虽然获得了满足感，但是组织目标却不能与个人的需求相联系，于是出现所谓"和和气气地怠工"，而缺乏紧张工作气氛的现象。

③ 士气低，安全度低。是由于职工在群体里得不到满足感，而且组织目标与个人的需求也不能发生联系，职工对安全生产没有兴趣，于是出现"当一天和尚撞一天钟"的现象。

④ 士气低，安全度高。这是由于管理者过分地强调物质条件和金钱刺激，使职工暂时获得了某些物质的需要，而达到较高的安全度。然而由于忽略了职工的心理需求，安全度高的情况也只能是暂时的。如果长期下去，势必引起职工的反感，而使安全度迅速降低。

（3）影响士气的因素

① 对组织目标的赞同。从某种意义上来说，士气就是群体成员的一种群体意识，它代表一种个人成败与群体成就休戚相关的心理，这种心理必须是在个人目标与群体目标协调一致时才能发生。

② 合理的经济报酬。金钱虽然不是人们追求的唯一目标，但是金钱可以满足人们的许多需求。经济报酬和奖励一定要公平合理，否则将会挫伤职工的积极性，引起不满，降低士气。

③ 对工作的满足感。所谓对工作的满足感，就是指工作本身能够令人满意。这种满足感主要包括工作本身合乎个人的兴趣，适合个人的能力，具有挑战性，有利于施展个人的抱负。

④ 管理者良好的品质和风格。领导者和管理人员的品质和风格，对其下属的工作精神影响很大。俗话说："将帅无能，累死三军。"

⑤ 同事间的和谐与合作。一个士气高昂的群体，必然具有很高的凝聚力，成员之间有强烈的认同感、一致性和合作精神，彼此之间很少发生冲突和敌对现象。

⑥ 良好的意见沟通。在群体中，人与人之间的交互作用，不仅靠意见的沟通来实现，同时也受意见的沟通的影响。

⑦ 良好的工作环境。适宜的工作环境对人们的身心健康具有重大的影响，人们也只有具备了健康的身体和良好的心情，才能提高工作效率。

### 4.4.2.3 群体中的沟通与冲突

#### 4.4.2.3.1 群体合作

群体合作是指两个或更多的个体，或者两个或更多的群体，为了达到一个共同的目标而齐心协力，相互配合的一种行为方式。这种互相配合的行为方式有时是自觉的，为着达到一个共同的目标而有意组织的；有时是不自觉的，是由当时当地的情景条件而诱发的自发行为。

（1）群体合作方式的分类

① 以合作形式为标准，分为直接合作和间接合作。

② 以合作的组织性和有序化为标准，可以分为结构性合作和非结构性合作。

结构性合作是有计划、有组织、预先安排好的合作，一般是较为长期稳定的合作。在机关、企业、事业以及各类群体中，凡是将成员组织起来，共同去做一件事情，都是结构性合作。

非结构性合作形式指的是临时组织或偶然发生的合作。一般说来，组织以外的各种合作形式都是非结构性合作。

（2）群体合作的作用

① 合作是现代化生产的一个显著特点，在既有细致的分工，又有严密的合作的基础上，才使得企业安全快速地发展。

② 合作有助于协调群体的人际关系，增强群体凝聚力。

③ 合作有助于做好思想工作，增强精神动力。

（3）影响合作的因素　影响合作的因素主要有自然因素、组织因素、成员的个人素质、外部环境、政策等。

#### 4.4.2.3.2　群体的信息沟通

（1）信息沟通的功能　信息沟通是人与人之间传达思想和交流情报、信息的过程。在群体或组织中，信息沟通有四种主要功能：控制、激励、情绪表达功能和信息传递功能。信息沟通是一个过程，如果在这个过程中存在偏差或障碍，就会出现信息沟通问题。

（2）信息沟通的渠道

① 自下而上的信息沟通。自下而上的信息沟通又称上行信息沟通，是下级的意见向上级反映。

② 自上而下的信息沟通。自上而下的信息沟通又称下行信息沟通。组织或群体的有关管理人员将制定的关于组织或群体的规章制度、任务指标、各种消息、上级政策和措施等等，逐级传达给所属成员，使每个成员都知道。这种信息沟通往往带有指令性、法定性、权威性和强迫性。

③ 横向信息沟通。横向信息沟通又称平行信息沟通，是指组织或群体之间平行的横向信息交流。组织或群体之间的信息沟通是保持组织或群体之间正常工作关系的重要基础。

④ 斜向信息沟通。斜向信息沟通是指非属同一层级上的个体或群体之间的信息沟通。这类信息沟通往往带有协商性和主动性。斜向信息沟通一般是不同部门之间的不同职位的人进行的各类信息沟通。

（3）信息沟通网络　信息沟通网络可以分为正式信息沟通网络和非正式信息沟通网络。

① 正式信息沟通网络。正式信息沟通网络一般是按照一定的组织或群体结构，进行与工作相关的信息沟通。研究人员通过对群体中不同沟通结构进行比较研究后，提出了五种不同的信息沟通网络，即链式、轮式、圆周式、全通道式和Y式，见图 4-12。

② 非正式信息沟通网络。群体内信息的传播，不仅通过正式沟通渠道进行，有些消息往往是通过非正式渠道传播的。

第一种是集束式非正式信息沟通网络，即某一个群体成员把小道消息有选择地告诉自己认为可靠的其他群体成员。

第二种是偶然式非正式信息沟通网络，即某一个群体成员偶然将小道消息传播给其他成员。

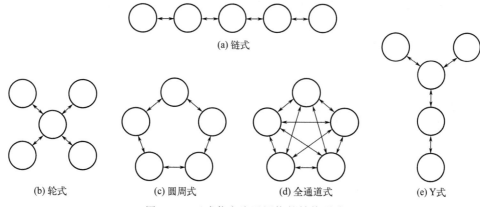

图 4-12　正式信息沟通网络的结构形式

第三种是流言式非正式信息沟通网络，即某一个群体成员主动把小道消息传播给其他成员。

第四种是单线式非正式信息沟通网络，即通过一连串的群体成员把消息传播给最终接受者。

小道消息是客观存在的，它具有三个特点：a. 不受管理层控制；b. 大多数群体成员认为它比组织或群体管理层通过正式信息沟通渠道所传递的信息更可信、更可靠；c. 可能在某些方面会有利于群体成员的自身利益。管理者应积极利用小道消息，以使它为组织或群体的目标服务，减少由于小道消息的传播所造成的消极影响。

（4）信息沟通障碍　信息沟通障碍是指信息在传递过程中失真或中断。在任何沟通系统中都存在沟通的障碍。信息沟通障碍最常见的有以下几种：①传递工具的障碍；②地位不同的障碍；③选择性的障碍；④传递层次的障碍；⑤情绪障碍；⑥语言障碍；⑦过滤障碍。

（5）排除信息沟通障碍的措施

① 管理者应当充分认识到群体内部成员之间信息沟通的重要性。

② 管理者应当尽可能维护所传递的信息的真实性和可信性。

③ 坚持信息的双向沟通。

④ 把信息沟通作为一个持续的过程。

#### 4.4.2.3.3　群体冲突及管理

（1）冲突的涵义　人们在相互间的交往中，总要形成人与人以及群体与群体间的关系。可能因这样或那样的原因会产生意见分歧、争论、冲突和对抗，使彼此间的关系出现紧张状态。这种现象统称为"冲突"。实质上，冲突是指两个或两个以上的社会单元在目标上互不相容或互相排斥，从而产生心理上或行为上的矛盾。冲突的产生不仅会使个体体验到一种过分紧张的情绪，而且还会影响正常的群体活动与组织秩序，对安全产生重大的影响。冲突包括群体内个人与个人之间的冲突，也包括群体与群体之间的冲突。

要想成功地处理冲突，首先要确认一个适宜的冲突水平，然后选择一个减少冲突的策略。当然，在冲突程度不够强烈的地方，管理者也可以有意识地引起冲突。例如在那些需要有创造性和直率讨论的场合，就需要挑起冲突。

罗宾斯认为冲突的来源有沟通因素、结构因素和个体行为因素三个方面。

（2）冲突的处理　对于有害的冲突要设法加以解决或减少；对有益的冲突要加以利用。

① 解决或减少冲突的策略

a. 设置超级目标。设置超级目标可以使对立的双方减弱冲突。这时，他们必须共同把精力集中到目标的达成，从而缓解互相之间的对立情绪。

b. 采取行政手段。

c. 处理冲突的两维模式。托马斯提出的两维空间模型见图 4-13。

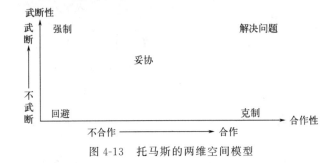

图 4-13　托马斯的两维空间模型

五种冲突处理方式的应用参见表 4-7。

表 4-7　五种冲突处理方式的应用

| 冲突的处理方式 | 适合的情况 |
| --- | --- |
| 强制（竞争） | 1. 当情况紧急,要采取决定性行动时;<br>2. 与公司的利益关系重大的问题上;<br>3. 在重要的纪律性问题上;<br>4. 当对方可以从非强制手段中获益时 |
| 开诚合作 | 1. 当与双方利益都有重大关系时;<br>2. 当你的目标是向他人学习时;<br>3. 需要集思广益时;<br>4. 需要依赖他人时;<br>5. 出于感情关系的考虑时 |
| 妥协 | 1. 目标很重要,但不值得和对方闹翻时;<br>2. 当对方权力与自己相当时;<br>3. 使复杂的问题得到暂时的平息;<br>4. 由于时间有限需取权宜之计;<br>5. 当合作或竞争都未能成功时 |
| 回避 | 1. 在小事情上,或面临更加重要的事情时;<br>2. 当认识到自己无法获益时;<br>3. 当付出的代价大于得到的报偿时;<br>4. 当其他人可以更有效地解决冲突时;<br>5. 当问题已经离题时 |
| 克制 | 1. 当发现自己错了时;<br>2. 当问题对别人比自己更重要时,去满足他人,维持合作;<br>3. 树立好的声誉;<br>4. 当和平相处更重要时 |

② 引起冲突的策略。对于任一情境，都存在一个最适宜的冲突水平。虽然这一最佳水平有时可能是零状态，但是在许多情况中，确实需要有一定程度的冲突存在。也就是说，在

某些情境中，只有当冲突存在，效率才会更高。罗宾斯认为，如果发现人员流动率低，缺乏新思想，缺乏竞争意识，对改革进行阻挠等情况时，管理人员就需要挑起冲突。具体做法是委任态度开明的管理者、鼓励竞争、重新编组。

## 4.4.3 群体决策与安全

### 4.4.3.1 群体决策的概念与特点

#### 4.4.3.1.1 群体决策的概念

安全管理离不开决策，决策的好坏将极大地影响整个企业的发展。群体决策是实现群体目标的有效手段。可以把群体决策看成群体中的一个开放的动态系统，该系统既包括群体成员在各决策阶段的活动和作用，也要考虑到来自群体外部的各种信息的影响。在群体决策中，群体成员对于所要决定的问题有各种可选择的解决办法，同时，群体对于其成员在决策中的选择也有巨大影响。群体决策就是面对所要决定的问题，群体成员共同参与决策的过程。

#### 4.4.3.1.2 群体决策的特点

群体决策所收集的信息在广度和深度上有很大的优势。

（1）群体决策的优点

① 更完全的信息和知识。群体成员来自不同背景，可以通过不同的渠道获得更丰富的信息。

② 增加观点的多样性。群体能够给决策过程带来异质性。由于群体各成员的价值观念、文化程度、道德修养等差异，造成各成员对问题的看待方法、思维过程各不相同，为多种方法和多种方案的讨论提供了机会。

③ 提高了决策的可接受性。

④ 增加合法性。群体决策过程与民主理想是一致的。

（2）群体决策的缺点　①耗费时间。②从众压力。③少数人控制。④责任不清。⑤冒险与保守倾向。由于群体的规范和压力、群体从众行为和暗示心理的消极影响，因而群体的决策，可能出现冒险或保守极端化倾向，更具有危险性。

#### 4.4.3.1.3 群体决策中的群体思维

（1）群体思维的概念　群体思维，是指在凝聚力很高的群体内，群体成员追求一致性的期望很高，表面的一致性压制了个人的独立批判的思考能力，破坏了个人实事求是的思考及道德的判断，阻碍了不同意见的发表，因而会产生错误的决策。

（2）群体思维产生的因素

① 群体凝聚力是产生群体思维的重要条件。群体凝聚力越强，群体思维产生的可能性越大。

② 强而有威望的领导者或专制型的领导者的影响或操纵，使别人对他的意见不敢提出异议，也没有能力反驳，大家随声附和容易趋向表面一致的意见。

③ 与外界隔绝的封闭而孤立的群体，因其思考问题失去横向比较与客观参照，而容易闭关自守做出自以为是的判断，导致群体思维产生。

④ 在做出重大决策时，一般成员唯恐承担责任，不敢或不愿意发表不同意见，也易出

现群体思维现象。

⑤ 有时受先入为主或"奇策易胜"观点制约，而出现错误的决策。

（3）源于群体思维的决策缺陷 ①无法全面调查与现有建议不同的见解；②群体在采取行动时不检查行动目标；③群体不会考虑采取这一方案时可能出现的风险；④群体不会重新评估在讨论中被拒绝的不同意见；⑤群体获取信息的途径很少，渠道不畅通；⑥群体精心挑选它注意或处理过的信息；⑦如果群体的选择失败了，群体不会制定应对偶发性失败的方案。

（4）群体决策对安全的启示

【案例反思】"群体思维与航天飞机惨案"。尽管人们已经对群体思维的危害性有了广泛的认识，但是仍没能阻止 1986 年 1 月美国联邦宇航局做出发射挑战者号航天飞机的决定，从而导致了悲惨的结局。当时的温度低于安全允许的最低温度，飞机发射 73s 后爆炸，机上 7 人全部遇难，其中 6 位是职业宇航员，1 位是教师。莫尔·海德（Moor Head）、佛伦斯（Ference）和尼克（Neck）研究了总统委员会收集的关于该决策的有关细节，发现群体思维的现象都存在于该决策中。

决策事情发生之前有 3 种情况存在：

① 做决策的人形成了一个很有凝聚力的小组，他们已经在一起工作很长时间了，对这个特别决策，他们有一种强烈的领导偏好。

② 两个高级管理人员积极宣传他们的意见，其他的管理人员也支持发射。

③ 他们与那些坚持认为发射不安全的专家隔离了（那些工程师在当天晚上早些时候对他们提出过警告），因此他们没有让这些工程师参加进一步的讨论。

在安全管理中，管理者应对群体决策的优点和弊端有清醒的认识。在实际工作中，要充分利用群体决策的优势，尽量避免群体决策的弊端，以免发生类似案例中的事件。

4.4.3.1.4 群体决策与个人决策

个人决策和群体决策孰优孰劣，要通过两者的对比分析来看。可以从解决问题的速度、准确性、创造性、冒险性和解决问题的效率等几方面来考察。

研究表明，群体决策的准确性高于个人决策，可是往往速度较慢。心理学家认为，群体决策之所以比个人决策准确，可以更正判断的误差，结合大家的信息和知识，并产生多种备选方案。

有研究比较了个人与群体两种决策的创造性。这些实验是以两种条件下出主意多少为指标，并采取了"头脑风暴"法，让大家自由发表意见而不加评论。在这种情况下，个人决策一般都优于群体决策，单独决策中主意更多。这似乎与一般人看法不一致，研究者因此分析了这些实验，发现在群体决策条件下，意见的发表受到整个群体的影响。不过，实验只比较了主意的多少，而没有分析这些主意的质量，因此，还不能完全说明决策的创造性的高低。

决策的效率在很大程度上取决于决策任务的复杂程度。决策既要考虑时间，也要考虑代价，在这两方面，群体决策有时较费时间，但代价常常比个人决策低。许多研究认为，从长远看，群体决策的效率高于个人决策。

群体与个人决策的另一主要差别是决策的冒险性。群体在决策过程中常常比个人决策更为冒险或更为极端，这就影响了群体决策的效果。

采用群体决策的方法往往优于采用个人决策的方法；当需要经过仔细考虑才能及时做出

一系列的决策时，采用个人决策优于群体决策。如果要执行某些预先设计好的计划、规章或指示，群体成员们又能相对独立地工作，那么采用个人决策更为合适；假如群体成员是相互依赖并必须与其他人合作才能完成任务时，为获得有效的工作绩效，采用群体决策更好些。

#### 4.4.3.2　群体决策的原则

① 独裁原则。独裁原则的决策只需很短的时间，在此，领导者的决策就是群体的决策。这种决策有好处也有坏处，就看领导者是否全面拥有制定最佳决策所需的信息和技巧。

② 少数原则。少数原则也就是"强行通过"原则。它需要时间少，效果与独裁原则差不多。

③ 多数原则。多数原则比较民主，解决问题的方案——提出，经过讨论，最后民主投票决定何种方案中选。

④ 完全一致原则。在完全一致决策中，所有人都认为某一方案最佳，而没有异议。自然，这意味着可接受性程度高，实施起来非常容易。要达成完全一致的意见，必须经过无数次的讨论，即使在简单的问题上也需要花费很多时间。一种情况例外，要特别注意，当群体意识存在时，达成完全一致的意见很快，但看似完全一致，其实是虚假的一致。

⑤ 基本一致原则。为避免群体意识，可采用基本一致决策。它有些方面类似多数原则，有些方面类似完全一致原则。

#### 4.4.3.3　影响群体决策的因素

（1）"冒险转移"现象　群体决策由于能做到集思广益、博采众长，比个人决策更为合理、更为有效。但研究结果证明，群体决策与个人决策相比，往往更倾向于冒险。群体决策中为什么会存在"冒险转移"现象，各国学者提出了不同的假设，主要有以下几种。

① 责任分摊的假设。每一种有风险的决策都与一定的责任相联系，风险越大，失败的概率也越高，决策者肩负的责任也越大。责任往往引起决策人的情绪紧张、焦虑不安，不敢贸然采取有较高风险的决策。而群体之所以采取有更大风险的决策，是因为决策后果的责任可由群体全体人员分摊，万一决策失败，追究责任不致独辞其咎，这样就减轻了个人的心理负担。

② 领袖人物作用的假设。群体中的领袖人物在群体活动中往往起着特殊的作用，为了显示自己的才能与胆略，往往会采取冒险水平较高的大胆决策。由于他们在群体中有较大的影响力，在决策中有较大的发言权，会采用各种方式证明他们采取的决策是有根据的，因而他们的决策会被群体所接受，变成群体的决策。

③ 社会比较作用的假设。在许多群体中，提出有根据的冒险决策会得到好评。因此，群体中的个人在提出自己的决策意见时，往往要与别人的意见进行比较。如果个人意见的冒险水平低于其他成员的平均水平，则会感到不安，担心群体可能对他有不良的印象，基于这种考虑，个人在参加群体决策时所提出的意见的冒险水平要高于单独做决策时的冒险水平，也就是群体内各成员的相互比较可能产生"冒险转移"现象。

④ 效用改变的假设。这种假设认为，在群体中通过讨论彼此交换意见，会影响到个人选择方案效用的改变，同时也会改变冒险的效用，发生趋同现象。

⑤ "文化放大"的假设。这种假设认为，若一个国家或社会的文化中占主导地位的价值观是崇尚冒险，则这种价值观会被放大，从而扩散到该文化群体中的决策中来。

（2）"小集团思想" "小集团思想"是美国心理学家杰尼斯提出的，他分析了各种军事和政治决策，发现了这一现象。所谓"小集团思想"是"参与一个统一群体中的人们的一种思想作风，在这个群体中，认为追求思想一致比现实地评价各种可能行动方案更为重要。"这一群体的成员认为保持群体统一、创造和谐的气氛有特殊的意义。由于把这一目的摆在首位，往往不能理智地分析各种可能的备选方案，使决策质量受到影响。

#### 4.4.3.4 群体决策的模式与方法

（1）群体决策的模式 一般群体决策的模式可用图 4-14 表示。

图 4-14 一般群体决策的模式

在实际决策过程中，群体决策的程序很少是整齐划一的过程。解决问题的群体往往是跳跃某些步骤的。

（2）群体决策的方法 群体决策的方法很多，下面介绍几种常用的方法。

① 头脑风暴法。头脑风暴法是利用产生观念的过程，创造一种进行决策的程序，在这个程序中，群体成员只管畅所欲言，不许别人对这些观念加以评论。

在典型的头脑风暴法讨论中，6～12 人围坐在一张桌子旁，群体领导用清楚明了的方式把问题说明白，让每个人都了解。然后在给定的时间内，大家就可以自由发言，尽可能地想出各种解决问题的方案。在这段时间，任何人都不得对发言者发表的意见加以评价，无论是受到别人启发的观点或稀奇古怪的观点，不许任何人做任何评价。所有方案都记录在案，直到最后才允许群体成员来分析这些建议和方案。头脑风暴法只是创造观念的一种程序。

② 名义群体法。名义群体法在决策过程中对群体成员的讨论或人际沟通加以限制。群体成员都出席会议，面对面地进行交谈。一般采取下列程序：

a. 群体规模大小一般以 7～10 人为限。

b. 群体成员聚在一起，在进行讨论之前，每个成员把各自对问题的意见和对解决问题的各种方案的意见悄悄写下来。他们可以在隔离开的各个房间单独活动，也可以彼此围桌而坐地活动。

c. 经过 10～15min 后，群体成员都要向群体中其他人说明自己的一种观点，一人挨一人轮流发言，每次只能表达一种观点。

d. 在所有成员均能面对面的情况下，由一位记录员在记录纸或记录板上把每一条意见用简短的解释性的语言写下来，但不列出所提出各种意见人的名字。

e. 然后进行讨论，在讨论每一种意见时，都要求明确还不清楚的问题，要表明是支持还是不支持。

f. 每个成员独自按自己喜欢的程度对这些意见排序，然后把所有成员的排序汇总，按数学统计的方法，把成员们的每一种意见分门别类地累计，选出排序最靠前、选择最集中的观点为最后决策方案。

名义群体法的优点是：更为强调各种不同意见的提出，加强对每一种意见的注意力，群体成员具有均等的机会参与决策，并表达自己的意见。

③ 德尔斐法。德尔斐法又叫专家群体决策法。它是 20 世纪 40 年代美国兰德公司研究

员赫尔默和达尔奇设计的一种意见测验法。德尔斐法是一种更复杂、更费时间的方法，它从来不让群体成员面对面地聚在一起。其步骤如下。

a. 建立特别小组作为主持机构，在问题明确之后，要求群体成员通过填写精心设计的问卷，来提供可能解决问题的方案。

b. 每个成员匿名并独立地完成第一份问卷。

c. 把第一次调查结果集中到主持机构，进行归纳和分析。

d. 把整理和调查的结果分发给每个人一份。

e. 在群体成员看完整理结果后，要求他们再次提出解决问题的方案。结果通常是启发出新的解决办法，或使原来的方案得到改善。

f. 如果有必要，重复 d、e 步，直到找到大家意见一致的解决办法为止。

德尔斐法能够保证群体成员免于他人的不利影响或干扰。因为德尔斐法不需要群体成员相互见面，它可以使地理位置分散的群体成员参与到同一个决策。当然，德尔斐法也有其不足，因为它要占用大量时间，如果需要快速做出决策，它就不适用了。

④ 电子会议法。随着科学技术的发展，传统方法理论与现代科技手段相混合，形成了新的决策方法。电子会议法就是利用复杂的计算机网络技术进行沟通。参与决策的群体成员只需拥有一台计算机终端，问题通过大屏幕呈现给参与者，要求他们把自己的意见输入计算机终端屏幕上。个人的意见和投票都显示在会议室中的投影屏幕上。电子会议法的主要优势是：匿名、可靠、迅速。

## 4.4.4　团队行为与安全

### 4.4.4.1　团队概述

（1）团队的概念　团队是群体的特殊形式，是由具有相互补充技能的个体组成的群体，成员彼此承诺为共同负有责任的目标而努力。团队概念包含四层含义：

① 团队具有为所有成员认可的共同目标，每一个成员都愿意为实现这个目标而努力奋斗；

② 团队成员在知识、技能、经验等方面具有互补性，在工作中能积极协作，充分沟通；

③ 团队成员在动机、价值取向和目标追求上具有高度的一致性，团队文化能对成员行为的形成产生很大的影响；

④ 团队成员共同努力的结果大于个体成员绩效的总和。

在工作过程中，并非所有的群体都适合组建成团队，团队组建需要付出更大的成本，但是团队行为对企业的安全具有重要的影响。

（2）团队的类型

① 问题解决型团队。问题解决型团队是一种临时性团队，是一种为解决企业面临的一种特殊问题而成立的团队。

② 自我管理型团队。自我管理型团队通常由 10～15 人组成，是与传统的工作群体相对的一种团队形式。传统的工作群体通常是由领导者来做出决策，群体成员遵循领导者的指令。而自我管理型团队则承担了很多过去由领导者承担的职责等。

自我管理型团队能很好地提高员工的工作满意度，原因可能是自主和参与的增加。但与传统的工作形式相比，缺勤率和流动率偏高，原因可能是员工个性的差异。

③ 多功能型团队。多功能型团队由来自不同等级、不同工作领域的员工组成，目的是完成某项需要多种技能、经验的工作任务。

多功能型团队是一种有效的方式，能使组织内不同领域的员工之间相互交流信息，激发产生新的观点，解决面临的问题，协调复杂的项目。

（3）团队的特征　团队一定是一个正式的工作群体，有着更为丰富的内涵，更多地体现出团结、合作、参与、分享共同目标（成果）等精神象征。团队往往是由跨功能、跨部门、具有不同背景的人组成的协作体，通过相互补充、相互激发各自的潜力而完成特定的任务。

① 团队工作的委托和授权。团队工作就是要把责任授予团队，使团队在从事自己的工作时，不必时时、事事向上一级领导汇报。团队必须有足够的权威和足够的权力，就工作做出决策并确保各项工作能恰如其分地完成。因此，团队工作是建立在信任和责任基础上的工作形式。心理学家指出，一旦人们被赋予了责任，他们就会更负责任。在团队工作结构中，管理人员并不去做日常工作，而是依靠团队来做日常工作。

② 团队的规范以任务为核心。团队是以任务为导向的，不存在目标含糊的团队。团队规范一般说来是以任务为核心的，它鼓励那些高效的、全面的工作行为，制裁那些低效率的、低质量的工作行为。它鼓励以任务为导向的相互交往，那些帮助其他成员解决困难、为解决问题而寻找与其他团队协商的方法的行为受到肯定。

③ 团队成员平等、信任，注重交流。团队强调共有的信息并在共同合作中达成共识。每个团队成员的贡献都是重要的，无论他们在组织中的正式地位如何，平等而有效的交流能够消除等级障碍，培养团队成员的归属感和自豪感。

④ 团队强调三种技能　a. 包括技术性或实用性专业知识在内的一系列技能。b. 解决问题和做出决策的能力。c. 处理人际关系的能力。

⑤ 团队中人与角色的和谐一致。团队的成员具有不同的性格，而成功的团队必须包括一系列不同的角色，人与角色相一致、相吻合、相协调。

（4）团队形成的途径

① 人际关系途径。良好的人际关系是团队形成的前提条件，包括团队成员情感上的亲近，有彼此合作的愿望，相互信任、相互尊重并希望了解对方。

② 角色界定途径。团队是一种特殊的工作群体，成员都需要在其中扮演特定的角色，甚至是独一无二的角色。

③ 价值观途径。价值观表明一个人的基本信念，对人的职业选择和生活方式的选择具有很大的影响。共同的价值观是团队形成的重要基础。

④ 任务导向途径。任务导向途径是团队形成的最常见的形式。通过任务导向建立团队的一个重要前提是：团队执行的任务和希望达成的目标对团队成员来说是至高无上的。

### 4.4.4.2　团队与安全

（1）团队目标与安全生产　一个团体，没有纪律是不能达到共同的目标的，这个纪律也是一个团队的制度，只有大家都能自觉遵守，心往一处想，劲往一处使，目标才能实现。

【案例反思】梭子鱼、虾和天鹅拖小车的故事：梭子鱼、虾和天鹅打算出去把一辆小车从大路上拖下来，三只动物一起负起沉重的担子。他们用足狠劲，但是无论怎样拖、拉、推，小车还是在老地方，一点也没有移动。倒不是小车重得拖不动，而是天鹅使劲往上向天空飞，虾一步步向后拖，梭子鱼又朝着池塘拉。合作的人心思不一致，事情就要搞得糟糕，不能齐心协力地朝同一个方向努力，自然就很难取得成功。

一个工厂、一家企业或者说任何一个生产岗位，都存在着不同程度的危险因素，或多或少地都有岗位职工为此付出过血的代价，甚至生命的安全。在付出血的代价之后的沉思，才会有制度的建立，也才有了违规惩罚的要求。如何能让每个员工自觉遵守团队的纪律是需要每个团队管理者认真考虑的问题。

（2）团队精神与安全　团队精神就是指一个团队基于所有人的共同利益，在团队目标的导引下，通过科学的人本管理和安全文化的熏陶，所形成的一种积极向上、拼搏进取、互相帮助、真诚协作、顾全大局等等文明健康的相对稳定的心理品质。

团队的精神是共同承诺。共同承诺就是共同承担集体责任，共同遵守制度，没有这一承诺，团队犹如一盘散沙。上面故事中的小车不但拖不走，天鹅的翅膀会受伤，梭子鱼会被碾成鱼饼，虾的爪子也会被抻掉。一旦做出承诺，团队就会齐心协力，注意自身及他人的安全，才能真正做到不伤害自己、不伤害他人、不被他人伤害的三不原则，成为一个强有力的集体。

从另一面来说，团队精神的动力在于团队成员利益和需要的最终满足。在生产过程中，如果人身安全都不能保证，就谈不上什么个人利益和需要。一般说来，在于团队的行为规范和目标能够尽可能地与其成员的思想觉悟实际相符合，由此，团队精神便有了坚实的价值规范基础，并逐步聚积期望的团队精神。

### 4.4.4.3　团队的建设

（1）团队创建的过程

① 准备工作。在团队正式形成之前，首先与其他工作方式相比，确定是否有必要建立团队。明确团队目标，明确需要必备的技能，确定团队的自主权等。

② 创造工作条件。在这一阶段，企业应为团队提供完成计划所需的各种资源，包括人力资源、物质资源、组织支持等。如果团队不能获得必要的资源，就无法完成预期的计划。

③ 团队形成阶段。首先是确定团队的成员，使团队有清晰的界限；其次，团队成员必须理解和接受团队的使命和目标；最后，正式宣布团队的使命和职责。

④ 提供持续的支持。在团队开始运行之后，需要不断提供必要的支持，以消除存在的障碍，使团队高效完成任务。

（2）团队创建的条件

① 团队的规模。高绩效团队的规模一般较小，如果团队成员多于 12 人，就很难顺利开展工作，在相互交流时会遇到许多障碍，也难于在群体决策中达成一致意见，而且，团队成员过多，难以形成凝聚力、忠诚感和相互信任，而这些都是高绩效团队必不可少的特性。

② 人员结构。工作是千差万别的，人与人是不同的。如果个体所从事的工作与其人格特点相一致，其绩效水平和满意度都会较高。就团队内的位置分配而言，也是如此。团队有不同的技能、角色需要，挑选团队成员时，应以员工的人格特点和个人偏好为基础。

③ 明确的目标。团队是以任务为导向的，而不是以专业职能为导向的。具有不同技能、扮演不同角色成员容易过分专注于专业而忽视任务。因此，一个有意义的大家同追求的目标就显得非常重要。

④ 客观的绩效评估和公平的奖酬体系。促使团队成员在集体和个人两个层次上都具有责任心。

⑤ 良好的工作氛围。高绩效的团队应该具有一种可以发挥创造性，并维持信任、支持、尊重、相依和合作的环境和氛围。

（3）团队成功的潜在障碍

① 团队成员内部的冲突。造成内部冲突的主要原因是团队成员没有真正分享和认同团队的使命和目标。

② 团队无法获取相应的资源。资源是团队高效运作的基础，很多团队的失败都是由于缺少人力、财力等资源或得不到高层管理者的支持而造成的。

③ 管理层过分干预。有时，管理层的干预影响了团队的自我管理，使团队不能按照自己的决策和节奏完成工作目标。

④ 团队与外部合作不力。组织中的团队应该得到团队外部的认可与支持，否则将面临孤立无援的境地，甚至受到整个环境的抵制。

（4）团队创建应注意的问题

① 澄清团队使命和目标。应该让团队成员清晰地理解团队的使命与目标，只有这样才能有利于建立共同的信念与承诺。

② 选择合适的成员。在选择成员时，一方面要注意选择具备团队目标所需要技能的成员，另一方面也要注意选择那些愿意参加团队工作的人加入团队。团队的成员应该是多元化的，在技能上各有专长，形成互补；在个性特点上具备团队中不同角色的特点，善于完成工作的同时，也要善于沟通协调。

③ 开展培训工作。团队成员不一定从一开始就完全具备团队工作所需的各项技能，通过培训，使团队成员了解目标，提升技能，拓展能力，学会如何沟通，如何与人交往，如何解决冲突。

④ 设定适当的绩效标准。有了使命和目标，团队的工作还不具备可操作的控制标准，必须将团队的整体目标细化，形成适当的绩效标准，依据标准对员工及团队的绩效进行科学、合理、客观、公正的考评。

⑤ 设置合理的奖酬体系。在团队创建过程中，应建立与贡献相联系的奖酬体系，根据贡献的大小给予相应的奖励，以充分调动员工的积极性。

⑥ 制定清晰的行为规则。团队必须建立一套清晰的行为准则，让团队成员知道应该做什么，不应该做什么，什么可以做，什么不可以做。

⑦ 培养团队精神和外部支持。一个成功的团队首先要有必胜的信念，团队成员必须相信依靠自己的力量能够完成计划。另外，团队还应赢得外部环境包括管理层的支持，及时获取必要的资源。

⑧ 创造良好的氛围。团队首先应该提倡的是成员之间的相互信任，只有相互信任，才能实现共同的利益与目标。还应提倡促进团队成员的沟通与合作，鼓励团队成员参与团队活动，特别是一些重要的决策。

⑨ 保持开放和创新。一个良好的团队不是封闭的，而是开放的体系，必须不断接受新的信息和经验，与周围环境进行广泛的信息交流，必须不断地产生新的观点和想法。

# 4.5　不安全行为预防与控制

人对于安全的主导作用贯穿于安全的所有方面，对人的不安全行为的预防和控制是预防各类事故的关键，也是安全行为管理必须研究的重要内容。

## 4.5.1 不安全行为的识别

人的不安全行为识别涉及人机工程学、社会学、心理学、行为学等众多学科的理论和实践问题，是一项十分复杂的系统工程。通常，对于一项具体作业过程中人的不安全行为，可以从人的行为分类和行为特征等方面进行识别。

【案例反思】 某企业作业观察发现：现场秩序、劳防用品穿戴和人员位置3个方面的问题最为突出，"现场秩序"观察项共计发现1329项问题，其中工作区域不整洁，材料、工具摆放不当两项问题较多，1039项，占本观察项78.18%。在这些问题中，积水、油渍，未定置摆放，杂物灰尘占比80%左右。"劳防用品"观察项共计发现1233项问题，其中耳部、手和手臂两项问题较多，779项，占本观察项63.2%。

上述作业观察表明，不安全行为在安全生产中无处不在，正确地识别不安全行为是做好安全生产的基础。

### 4.5.1.1 不安全行为的分类识别

国家标准《企业职工伤亡事故分类》（GB 6441—1986）将不安全行为分为13大类。

(1) 操作错误，忽视安全，忽视警告；

(2) 造成安全装置失效；

(3) 使用不安全设备；

(4) 手代替工具操作；

(5) 物体（指成品、半成品、材料、工具、切屑和生产用品等）存放不当；

(6) 冒险进入危险场所；

(7) 攀、坐不安全位置，如平台护栏、汽车挡板、吊车车钩；

(8) 在起吊物下作业、停留；

(9) 机器运转时加油、修理、检查、调整、焊接、清扫等工作；

(10) 有分散注意力行为；

(11) 在必须使用个人防护用品用具的作业或场合中，忽视其使用；

(12) 不安全装束；

(13) 对易燃、易爆等危险物品处理错误。

国际劳工组织（ILO）对不安全行为的分类为：

(1) 没有监督人员在场时，不履行确保安全操作与接受警告；

(2) 用不安全的速度操作机器和作业；

(3) 使用丧失安全性能的装置；

(4) 使用不安全的机具代替安全机具，或用不安全的方法使用机具；

(5) 不安全的装戴、培植、混合和连接方法；

(6) 在不安全的位置进行作业和持不重视安全的态度。

### 4.5.1.2 不安全行为表现识别

不安全行为的表现体现在七个方面。

（1）忽视或违反规章制度　这是最常见的一种不安全行为表现。有的是无意的，也有的是不重视及因制度上的漏洞、监督检查不严引起的。

（2）工作联系或确认不充分　有些需要双方联系后才能进行的共同作业，由于联系中断或未能充分确认也可能出错。

（3）操作人员判断错误及操作错误　操作人员的感觉能力、信息处理能力影响其判断能力，操作错误往往是由于判断错误引起的。

（4）不安全的姿势和动作　劳动环境未按人机功效学进行设计，有些员工习惯于不安全动作，有时为了增加产量而蛮干。

（5）安全装置失效　安全装置失效的客观原因是有的安全装置存在设计、制造、安装上的缺陷，主观原因是有的安全装置因影响产量而不愿使用。

（6）无知造成无畏，员工不了解不安全行为的危害。

（7）因身体缺陷而不能做出正确的反应。

### 4.5.1.3　不安全行为的特征识别

#### 4.5.1.3.1　心理异常特征识别

（1）感受性　感受性是人感受外界影响的能力，是神经系统强度特性的表现。

（2）耐受性　耐受性是人对外界事物的刺激作用在时间上、强度上的耐受能力。它表现为注意的集中能力，保持高效率活动的坚持能力，对不良刺激（冷、热、疼痛、噪声、挑逗等）的忍耐能力。

（3）反应敏捷性　反应敏捷性表现在讲话的速度、记忆的快慢、思维的敏捷程度、动作的灵活性等方面，以及各种刺激可以引起心理各方面的指向性。

（4）可塑性　可塑性是人根据外界事物的变化而改变自己适应性行为的可塑程度。它表现在适应外界的难易、产生情绪的强烈程度、态度的果断或犹豫等方面。

（5）情绪兴奋性　情绪兴奋性是神经系统强度特性和平衡性的表现。有的人情绪极易兴奋但抑制力弱，就是因为兴奋性强而平衡性差。

（6）外倾性和内倾性　外倾性的人其心理活动、语言、情绪、动作反应倾向表现于外。内倾性则相反。

#### 4.5.1.3.2　生活变化特征识别

人们生活状况的变化会增加思想负担而容易发生事故。美国的霍尔姆斯（Holmes）等人提出的"生活改变单位"（参见第2章表2-1）可作为生活变化特征识别的参考。当一个人在一年中，生活改变单位的总和超过150时，有37%的可能性在两年内会生病或受伤；当生活改变单位总和超过200时有51%、超过300时有79%的可能性会生病或受伤。该生活改变单位没有考虑人员年龄、性别的差异，没有区别不同事件引起不同情绪变化的性质，还有许多值得探讨的地方。

丰原恒男研究了职业汽车司机的日常生活态度与事故之间的关系，得到表4-8的结果。由该表可以看出，日常生活态度与事故发生有较密切关系。

我国的工业安全实践也表明，职工家庭生活或社会生活中的重大事件会影响职工的情绪，甚至导致事故。例如，沈阳某工厂一工人，技术相当熟练，但有一段时间却经常碰手碰脚，发生轻伤事故。经过调查发现，该工人家中有人卧病在床，老少三代生活负担重，以致心情沉闷，工作时精力不集中。在解决了生活困难问题后，消除了精神负担，工作中很少再碰手碰脚了。

表 4-8　司机的日常生活态度与事故

| 日常生活态度 | 发生事故者 | 无事故者 |
| --- | --- | --- |
| 对家庭生活不满 | 37.9% | 7.1% |
| 虚荣心强的生活 | 41.3% | 10.7% |
| 追求享乐的生活 | 34.4% | 3.5% |
| 缺乏道德修养 | 37.9% | 7.1% |

#### 4.5.1.3.3　知识缺欠特征识别

由于缺少安全知识、安全理论、安全管理新方法等多方面的原因，发生的不安全行为是造成事故的主要原因之一，但也需要明确以下两点。

（1）知识性缺陷的特性

① 绝对性。一个人相对于知识的海洋，知识缺陷具有绝对性。对于一些知识的无知，其缺陷也同样具有绝对性。不知为不知，人不可能什么都知。

② 可自觉性。大凡知识缺乏都可自我感觉到。从实质上说，绝不会有懂装不懂的假性缺陷者。如果出现印象模糊、记忆衰退，则是属于知识有效期的问题。

③ 可伸缩性。在旧条件下知识够用，在新条件下知识不够用。此外，知识可充实，也可更新。即知识性缺陷此时相比显得小，彼时相比可显得大。因此，它具有伸缩性。

④ 可转移性。知识可授教、观摩、传输，若是错误的知识可以以讹传讹，缺陷相继。

（2）知识的有效期　知识的有效期有两重意义：一是知识本身的先进性，二是个人对所掌握知识的有效利用期。前者虽与个人无关，但牵涉到个人对学习先进知识的能力，如果个人对学习先进知识或对先进知识不相适应，实际上也将影响该人已有知识的有效程度。至于知识的有效利用期，则完全与个人的智能有关，即知识信息在大脑中存贮和反馈利用的有效率和有效期。显然，这种有效率和有效期因人而异。

通常所说的"遗忘"，也就是知识有效期的终结或停顿。

总之，知识的有效期实际上是不会太长的，其有效性也不会太高。从防止工伤的角度看，没有理由躺在老经验、老知识上感到满足，这实际上是很大的隐患。

#### 4.5.1.3.4　能力缺欠特征识别

从心理学上说，人的能力可以分为实际操作能力和心理潜能两大类，但实际操作能力和心理潜能是不可分割的统一体，实际操作能力是心理潜能的展现，心理潜能则是各种能力展现的可能性和形成的基础与条件。心理潜能只有在遗传和成熟的基础上通过学习训练才能变成实际操作能力。从使用范围来说，可以用思维能力、形象思维能力、逻辑思维能力、认知能力、判断能力、组织能力、领导能力、操作能力、生殖能力、消化能力等。

在人机工程学中，为了将人的特性与机器的特性做出比较，可将人的能力分为：物理能力、计算能力、记忆能力、反应能力、监控能力、操作能力、图形识别能力、经验判别、创造力、随机应变能力、高噪声环境下的择取能力、预测判别能力、适应能力、归纳能力、学习能力等。

从安全管理的角度看，为了能对人的活动进行系统观察和研究，如同上述研究人的缺陷分类一样，将人的能力分为认知能力，生理、心理承受能力两大部分。

（1）认知能力 认知能力以智力为基础，以知识为对象，受后天环境因素的影响。生理心理承受能力以体质为基础，以健康成熟程度为表示，受先天性遗传因素的影响，并又可在后天的训练中通过个人的主观努力做出一定程度的补偿改善，但改善提高的程度是有限的。因此，智力越高、知识越多，认知能力越强，身心越加成熟健康，训练越多其生理心理承受能力也越大。

拓展阅读：
心理资本

认知能力可分解为重复式认知能力和推理式认知能力。重复式认知是对简单的知识进行重复性认知的方式，其中所接受的知识和接受该知识时的环境条件是其认知的全部内容，超出此内容的范围，即属不知。比如告之以黑狗，只认识黑狗为狗，他日若遇上一条白狗、黄狗、花狗之类则不知其为狗。显然，这种认知能力是一种原始的简单再认识的能力，不具有创造力。这在一般性认知中常见，也是一般人认识事物的方式。重复式认知还有一个特点就是只观其表不究其里，知其然不知其所以然，其认知能力和范围极其有限。重复式的认知方式只适于智力发展的初级阶段。

推理式认知是复杂的知识扩散性的认知过程，是一种逻辑认定的方式，所接受的知识是其基本内存，也是认识得以扩展的基础。在此基础上通过联想、逻辑推理、移植、归纳、总结、再整理、系统化，甚至节外生枝、丰富的想象，将认知延伸到许多未知的领域，并予以认定。这是一种极富创造力的认知能力。人类之所以能够发展进化，人类文明之所以能够丰富多彩，全靠有了这种推理性认知能力。幻想也属于这种认知范围，但已在一定程度上脱离了所能认知的基础。脱离程度越大，离现实越远，最终便成为不着边际的离奇的神话。比如系统学出现之后，便被联想推理产生了许多专业领域的系统学和系统工程，最终又返回，归纳抽象形成系统科学；再如孟德尔观察其院内所种植的豌豆花色的变异，奇迹般地确定了染色体的数目，而推断出伟大的遗传基因学说等。推理性认知注重发散性思维，不守陈规，不拘一见，由表及里，由此及彼，力求发现、创新。因此也往往思想出格，离经叛道，成为不受欢迎的"异类"。但其认知能力范围可以是无限的。推理式认知属于智力较高的层次，并具有很强的反常规性特点，它们不能接受某种规定的认知的束缚，但好则好矣，恶劣者则劣迹彰著矣。

从安全性这个特定的角度观察，比较这两种认知方式，无疑会发现重复式认知所遇风险和失误的可能性较小，因此是比较安全的，常得到主张平稳、保守观点的赞同和利用。推理式认知则会遇到较大的风险，也存在失败的可能，因此安全性欠佳，为保守观点所忌讳。但在处理无先例的意外事故时，则需要人的推理认知能力。这种能力越强，越能在紧急情形下转危为夷。当然，超出推理范围或者无理可推，则安全性极差，成为不安全行为和失误的认知。

（2）生理、心理承受能力 生理、心理承受能力是体质性、生物性的。对完成一定活动所需要的生理、心理承受能力可分解为如下7点。

① 体力。为人体的骨骼和肌肉所能承受的负重和所爆发出来的短时的力量，如一线员工的操作力、运动员的冲刺能力等。在人的体力允许范围内工作是相对安全的。

② 感觉能力。为人体各种感觉器官所表现出来的感觉能力，如视力、听力、嗅觉、味觉、触觉等。人的每种感觉器官都有受感觉阈限的限制，未达到阈限值，则无法引起人的感知。

③ 反应速度。对外界刺激响应的时间，其反应速度表现为人的大脑中枢神经的灵敏度。

④ 记忆能力。包括记忆（信息）容量和记忆速度，以及记忆储存时间和有效利用的能力等。

⑤ 环境适应能力。在不同环境条件（尤其是在恶劣环境条件）下，保持正常生存和工作的心理能力。

⑥ 多样性判别能力。对两个以上信息的接受判别和选取的能力。显然，信息越多越不能准确接受判别和选取，越容易疲劳失误。

⑦ 耐久力。在一定时间和特定环境条件下保持正常工作的能力。超过此时间，行为的差错显著增加，以至疲劳，完全失去工作能力。它可分为生理耐久力和心理耐久力两种类型。

从安全角度看，保持人在其生理、心理承受能力限度内设计和安排工作是安全的，否则就会发生不安全行为。

### 4.5.1.3.5　判断缺欠特征识别

从刺激感觉、判断、反应和人的行为动机与能力等方面，对人的不安全行为出现的原因进行综合分析，归纳出不安全行为的原因有以下几个方面。

（1）没看见、读错、没听见、听错　这属于感觉、判断过程的失误，此类失误主要由下列因素引起。

① 显示不完善。在这种情况下，人们对信息的感知将以简单化、对称化和主观同化为原则，对信息进行自动的增补修正，其感知图像成为主观化和简单化后的假象。

② 输入信息混乱。由于输入信息过大或种类过多，超过人的感觉通道的限定容量，产生遗漏、歪曲或不予接受，导致不安全行为。

③ 知觉能力缺陷。由于操作者感觉通道的缺陷（如近视、色盲、听力障碍）而不能全面感知知觉对象的本质特征。

④ 错觉。这是一种对客观事物的不正确的知觉。它不同于幻觉，是在客观事物刺激作用下的一种对主观歪曲的知觉，其产生十分复杂，往往由环境、事物特征、生理、心理等多种因素引起。

（2）联络失误、确认不充分　出现联络失误及确认不充分的主要原因有：联络信息的方式与判断的方法不完全、联络信息的实施不彻底、联络信息的表达内容不全面、接受信息时没有充分确认、错误领会了所表达的内容等。

（3）由于反射行为引起的失误　因为反射行为（特别是无条件反射行为）是通过不断强化而产生的，无需经过判断的瞬间无意识行为，即使事先对不安全因素有所认识，但在反射发生的瞬间，仍会产生无意识行为，以致置身于危险之中。

（4）遗忘　在日常生活中，员工经常会发生遗忘事件，出现遗忘的现象有：没有想起来，暂时记忆消失，过程中断的遗忘等。

如在作业时，由于突然的外界干扰（如接听电话、别人召唤、外界吸引等）使作业中断，等到继续作业时忘记了应注意的安全问题或安全操作的规程要求，而导致事故发生。

（5）单调作业引起的瞌睡、失神　在一些简单、重复的单调作业中，长时间工作后，人的知觉和思考力及注意力便下降，出现走神和发愣状态；同时冲动性行为增多，此时极易发生失误。

（6）精神不集中　造成精神不集中的主要原因是：

① 信息处理时间间隔长，易使人思想开小差，结果忘记或影响了应当进行的信息处理；

② 意识水平模糊，对信息难于处理等。

（7）不良习惯引起的失误　长期在生产劳动过程中形成的一种行为定型，它本质是一种具有高度稳定性和自动化的行为模式。但是在紧急情况下，操作者往往会用习惯动作去代替规定的作业方法，产生不安全行为。其表现为：习惯性违章作业，对作业厌烦、懒惰、随大流、逞能好强等。

（8）疲劳引起的失误　由于长期紧张的脑力或体力活动导致整个身体的机能降低，从而引起工作失误。其表现为：对信息的判断、选择和过滤的能力下降；输出时的程序混乱，行为缺乏准确性等。

（9）操作方向引起的失误　由于个体习惯化的行为方式与安全操作规程的要求不一致而导致的错误或不安全的行为。如对一个我国的汽车司机或行人来说，在英联邦制的国家中开车或行走时，很容易发生不安全的驾驶行为。这是因为英联邦制的国家交通规则是左行驶，这与我国相反。

（10）操作调整引起的失误　个体操作者由于受技能水平低，作业不熟悉，操作烦琐、困难，教育训练不够，意识水平低下等多方面的原因而引起操作失误行为。

（11）操作工具的形状、布置等缺陷引起的失误　由于操作工具的形状缺陷，布置不合理；记错操作对象的位置；方向性混乱；错误选择工具、用品等原因引起的失误。

（12）异常状态下的错误行为　在异常状态下，人的心理紧张度增加，信息处理能力降低，在信息处理方面和动作方面都有一些异常的表现，且注意力只集中于眼前所能看到的事物，丧失对信息的选择性能和过滤性能，导致错误行为。常见的有：紧急状态下，缺乏经验，惊慌失措，草木皆兵，注意力集中于一点等。

（13）环境原因　恶劣的环境不仅影响人的身体健康，而且也增加人的心理紧张度，如在恶臭高温等环境下，操作者急于尽快结束工作而容易引起失误。主要的环境因素有：光线、温度、湿度、空气质量、噪声振动、色彩、作业场所布置等。

（14）管理与教育训练方面的原因　由于制度不健全，工作安排不妥，安全教育不够，安全意识、安全技能掌握不够等原因而造成的不安全行为或事故。

4.5.1.3.6　非理智行为特征识别

非理智行为是指那些"明知有危险却仍然去做"的行为。大多数违章指挥、违反操作规程等的行为都属于非理智行为，它们在引起工业事故的不安全行为中占有较大的比例。非理智行为产生的心理原因主要有：侥幸心理、省能心理、逆反心理、凑兴心理等（详见第2章）。

实际上导致不安全的心理因素很多、很复杂。在安全工作中要及时掌握职工的心理状态，经过深入细致的思想工作提高职工的安全意识，自觉地避免不安全行为。

## 4.5.2　不安全行为的分析

### 4.5.2.1　危险事件判定技术

危险事件判定技术（Critical Incident Technique，CIT）是国外研究航空安全时进行心理分析所使用的事故预测方法，用其分析人的不安全行为，包括观察法和访谈法两部分。

4.5.2.1.1 观察法判定人的不安全行为

通过观察工人实际操作，计算出现不安全行为的频率。具体步骤如下。

（1）试验观测

① 确定观测对象、内容和方法。进行分层抽样，根据危险出现的类型、频率、严重程度及其他被认为对样本有代表性有重要影响的因素，先把总体分层，在每层中随机抽取样本，以保证能够取得代表处于不同类型危险状态中的样本，每单位的观测样本应不少于20人。

根据有关资料（如工艺过程、操作条件资料、环境资料、本单位和同行业中曾经发生过的事故资料等），找出研究对象中潜在的不安全行为，列出最易于导致关键性行为的检查表。表 4-9 是一种操作机床的不安全行为检查表。

表 4-9　操作机床的不安全行为检查表

| 序号 | 不安全行为 | 序号 | 不安全行为 |
|---|---|---|---|
| 1 | 无人协助，单人在机床上夹外径大或很重的零件 | 14 | 用手消除铁屑 |
| 2 | 在砂轮机上磨刀具或车削飞溅性材料零件时不戴护目镜 | 15 | 使用已磨损的内六角扳手或其他不良工具操作 |
| 3 | 机车运转时，用手或钩子伸进卡盘清除铁屑 | 16 | 机床运转时，调换刀具 |
| 4 | 扳手、工具等放在机床危险部位或容易坠落处 | 17 | 没有夹紧夹具中的零件 |
| 5 | 模具夹上机床时未检查，引起螺栓松动滑落 | 18 | 使用钻床时，没有夹紧钻头 |
| 6 | 用手触摸旋转零件的切削刀口 | 19 | 钻孔时，不用夹具而是用手拿零件 |
| 7 | 不加工的零件放在机床工作台上 | 20 | 不穿戴规定的防护用品（穿宽大衣服，衣袖过长，不戴袖套；女工头发露出帽外，穿高跟鞋、凉鞋） |
| 8 | 磨削加工时，砂轮或零件不退够就开车 | 21 | 机床运转时，无人照管或远距离操作（柔性制造系统 FMS、柔性加工单元 FMC、计算机辅助制造 CAM 不在此列） |
| 9 | 擅自增大切削量或提高转速 | 22 | 机床运转时，与他人嬉闹 |
| 10 | 零件和刀具靠得很近时装拆 | 23 | 机床运转时，用量具测量零件 |
| 11 | 车削零件时，刀具断屑性能不良，铁屑过长窜过刀架 | 24 | 戴手套操作机床 |
| 12 | 用纱绳或不准确的夹具吊装零件 | 25 | 使用性能不良的卡盘或卡盘选择不当 |
| 13 | 加工完毕后，不等机床停止运转，伸手取零件 | 26 | 操作时操作者站立不当 |

② 选择试验观测的随机抽样观察时间，规定试验观察所需要的次数。为保证观测时间能均匀分布在每个小时内，采用按小时分层的随机抽样观测时间，每个工作日测取八次读数。如上班时间是8时到下午5时，12时到下午1时休息1个小时，那么我们可以随机地在随机数表上找到八个读数，如：1:25，1:55，6:15，2:35，8:05，3:10，12:10，7:15；把小时数去掉，保留分钟数加到相应的小时时间上，得到随机抽样的观测时刻为 8:25，9:55，10:15，11:35，13:05，14:10，15:10，16:15。

为保证样本大小足够大，至少进行为期 6 天试验观测。

③ 计算不安全行为出现的频率。计算方法见表 4-10。

表 4-10　试验观测中不安全行为数据汇总表

车间：金工车间　　日期：××××年 4 月 4 日～9 日

| 日期 | 操作安全人数（$N_1$） | 有不安全行为人数（$N_2$） | 不安全行为百分比/% | 日观测累计总数（$N$） | 不安全行为累计总数（$N$） | 不安全行为累计百分比/% |
|---|---|---|---|---|---|---|
| 4/4 | 140 | 54 | 27.8 | 194 | 54 | 13.0 |
| 5/4 | 124 | 54 | 30.0 | 372 | 108 | 26.0 |
| 6/4 | 98 | 60 | 38.0 | 530 | 168 | 40.5 |
| 7/4 | 120 | 72 | 37.5 | 722 | 240 | 57.8 |
| 8/4 | 125 | 91 | 42.1 | 938 | 331 | 79.7 |
| 9/4 | 104 | 84 | 44.7 | 1126 | 415 | 100.0 |

（2）正式观测

① 根据试验观测结果得出的不安全行为的频率，按下式计算正式观测所需的观测次数。

$$N = \frac{4(1-P)}{S^2 P}$$

式中　$N$——观测总次数；

　　　　$P$——不安全行为平均百分比；

　　　　$S$——精确度；

　　　　4——采用置信度为 95% 的系数。

例：根据试验观测中不安全行为平均百分比（$P = 36.9\%$），若选择置信度为 95%，精确度为 $\pm 10\%$，求所需观测总次数。

解：

$$N = \frac{4(1-P)}{S^2 P} = \frac{4 \times (1 - 0.369)}{0.1^2 \times 0.369} = 685$$

答：所需观测总次数为 685 次。

② 根据计算结果，确定观测的天数、每天观测次数、每次观测人数。如上例，若每周进行三天的观测，每天观测 8 次、每次观测人数不少于 29 人，则每周观测总次数 $N = 29 \times 8 \times 3 = 696$ 次，能满足测取读数大于 685 次的要求。

③ 利用随机数表，选择每日观测时间。每天的观测时间的选择方法同试验观测，必须保证每天观测时间不同。

④ 进行实际观测，做好记录、填入数据汇总表，计算出不安全行为的频率。

⑤ 按不同的研究目的，可对观测结果做进一步分析。

4.5.2.1.2　访谈法判定人的不安全行为

通过口头问卷法对工人进行访问与谈话，判定不安全行为，其步骤如下。

（1）随机分层抽样　初步确定样本含量和对象。

（2）结构访谈　询问被调查对象，请他们回忆和叙述自己的或目睹的不安全行为，同时可以发给被调查者典型的不安全行为和不安全状态目录，让他们照目录列举的内容思考，也可以不加限制地提出一些问题，使被调查者畅所欲言。当被调查者想到的都谈出来后，再按事先准备好的口头问卷，采用标准的指导语按一定条目次序对受试者进行系统地询问，系统地追究他们可能已经忘记的其他事件。把被调查者反映的危险事件资料加以分析，判断与之有关的不安全行为和不安全状态，然后按原因类别加以分类。

被调查者：几乎所有人都不会在冲床上正确工作，我自己也一样。冲床是不能乱摆弄的设备，当你在机台上放一个零件时，你应该把脚从踏板开关上移开，可是没有人这样做，人们工作时始终把脚放在踏板上，他们已经习惯把脚放在踏板开关上了，而且总是处于半踏状态，可是这样只要稍微加点压力就会出差错。

调查者：你见过因为这样做而造成的事故吗？

被调查者：我见过压碎了一把送取零件的小钳子。

调查者：你认为这类情况出现得很频繁吗？

被调查者：哦，相当多……，算起来大约每个月有一次。

分析与小结：工人在操纵冲床时，习惯于把脚放在踏板开关上，这种情况常会由于工人无意中踏动开关而形成事故。

代号　不安全行为

50　采取不安全位置或不安全姿势。

（3）爱德华变形方案　这是爱德华（D. S. Edwards）在20世纪80年代调查美国19家大型工厂时所创。为每个被调查者准备一组50张卡片，卡片的正面印有不安全行为或不安全状态的简要情况，指导被调查者读这些内容，并想想是否看见别人做过这件事或自己做过这件事。如果有人做了这件事，就把卡片放在右边，否则就放在左边，把没有看见人做过的那堆卡片收回，然后指导被调查者把剩下的卡片翻到背面，回答卡片背面上的问题，他们首先回答在上个月里看见过多少次这样的不安全行为或状态，接着让他们回想他们最近看到过的实例，并回答有关这个实例的下述问题：

① 你认为为什么这是不安全行为或不安全状态？

② 你认为它们的危险程度如何？（把危险程度分为五级：0级不能引起事故；1级可造成轻伤；2级可能造成重伤；3级可能造成死亡；4级可能引起人员死亡和重大财产损失）。

并用问卷法调查工人与管理人员的安全态度和他们对危险情况感知的程度。

（4）确定样本含量　根据被调查者相继说出新的（不重复的）事件数做累积频数分布图，根据累积频数分布图估计样本大小是否合适。例如，在某厂调查20个人的过程中，有12个人说出了全部事件（不重复）的75.3%，14个人说出了其中的88.1%，17个人说出了其中的94.1%，18个人说出了其中的97.4%，所以调查18个人就可以得到从全部20个人那里得到的全部资料的90%以上，调查这20个人就已经够了。

（5）分析　把调查的每件危险事件分析之后，再把全部调查内容汇总起来，进行综合分析，以便采取恰当的预防措施。

### 4.5.2.2　行为控制图

通常采用行为控制图来判定人的可靠程度是否处于受控或容许的限度内。行为控制图同其他控制图（如质量管理控制图、事故控制图）一样，它是一个标有控制界限的坐标图，其横坐标为观测日期，纵坐标为不安全行为百分比，用以分析比较不安全行为平均百分比 $P$ 值变化情况，不仅可用于衡量行为水平，还可以观察采取某种安全措施（如安全培训）后不安全行为的水平，以推断安全措施是否有效和可行。行为控制图的作图步骤如下。

（1）将观测读数汇总。

（2）按下式求观测期间不安全行为平均百分比和上、下控制限：

$$P = \frac{N_2'}{N} \times 100\%$$

$$\mathrm{UCL} = P + 1.96\sqrt{\frac{P(1-P)}{N}} \times 100\%$$

$$\mathrm{LCL} = P - 1.96\sqrt{\frac{P(1-P)}{N}} \times 100\%$$

式中　$N_2'$——观测期间不安全行为累计总数；

　　　$N$——观测期间观测累计总数；

　　　$P$——观测期间不安全行为平均百分比；

　　$\mathrm{UCL}$——上控制限；

　　$\mathrm{LCL}$——下控制限。

（3）做行为控制图，如图 4-15 所示。

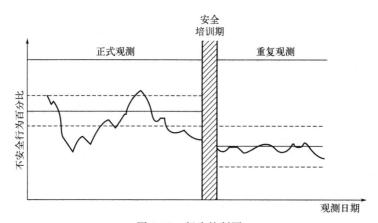

图 4-15　行为控制图

例：某厂第一周正式观测的 $N_2'=269$，$N=909$，第二～四周 $N_2'=510$，$N=3096$，因不安全行为未见显著改善，对全体人员进行了为期一周的安全培训，再重复抽样观测，$N_2'=122$，$N=1303$，问所进行的安全培训是否有效果？

解：（1）根据第一周正式观测的读数确定 $P$、$\mathrm{UCL}$、$\mathrm{LCL}$。

① $P = \dfrac{N_2'}{N} \times 100\% = \dfrac{269}{909} \times 100\% = 29.6\%$

② $\mathrm{UCL} = P + 1.96\sqrt{\dfrac{P(1-P)}{N}} \times 100\% = 29.6\% + 1.96 \times \sqrt{\dfrac{0.296 \times (1-0.296)}{909}} \times 100\%$

　　$= 32.6\%$

③ $\mathrm{LCL} = P - 1.96\sqrt{\dfrac{P(1-P)}{N}} \times 100\% = 29.6\% - 1.96 \times \sqrt{\dfrac{0.296 \times (1-0.296)}{909}} \times 100\%$

　　$= 26.6\%$

（2）根据第二周到第四周的读数，求出：

① $P = \dfrac{N_2'}{N} \times 100\% = \dfrac{510}{3096} \times 100\% = 16.5\%$

② $\mathrm{UCL} = P + 1.96\sqrt{\dfrac{P(1-P)}{N}} \times 100\% = 16.5\% + 1.96 \times \sqrt{\dfrac{0.165 \times (1-0.165)}{3096}} \times 100\%$

$$=17.8\%$$

③ $LCL = P - 1.96\sqrt{\dfrac{P(1-P)}{N}} \times 100\% = 16.5\% - 1.96 \times \sqrt{\dfrac{0.165 \times (1-0.165)}{3096}} \times 100\%$

$$=15.2\%$$

（3）根据重复观测的数据确定 $P$ 值和上、下限：

① $P = \dfrac{N_2'}{N} \times 100\% = \dfrac{122}{1303} \times 100\% = 9.4\%$

② $UCL = P + 1.96\sqrt{\dfrac{P(1-P)}{N}} \times 100\% = 9.4\% + 1.96 \times \sqrt{\dfrac{0.094 \times (1-0.094)}{1303}} \times 100\%$

$$=11.0\%$$

③ $LCL = P - 1.96\sqrt{\dfrac{P(1-P)}{N}} \times 100\% = 9.4\% - 1.96 \times \sqrt{\dfrac{0.094 \times (1-0.094)}{1303}} \times 100\%$

$$=7.8\%$$

从上述 $P$、UCL 及 LCL 可见，第一周观测后，由于工人心理上有所警戒，故不安全行为平均百分比在第二～四周有所降低。从重复抽样观测的读数可以看到，经过一周培训后，不安全行为平均百分比显著下降，经与第一周的读数做显著性测验比较，两者差别有显著性，由此说明，采取的安全措施是可行的、有效的。

### 4.5.2.3　NCTB 方法

世界卫生组织 WHO 神经行为功能核心测试组合方法（Neurobehavioral Core Test Battery，NCTB）是一种成套的测试行为的方法，这套方法由于可以反映人类的基本行为功能，且测试手段规范、简单易行，不受文化程度、性别等因素影响，指标有一定敏感性、可信度和有效度。因此，近年来广泛用于人的行为安全性评价。

NCTB 由七个分测验组成，每一分测验各自测试一个方面的行为功能，各从不同侧面反映出机体的整体行为功能。

（1）心境状态的特征（Profile of Mood State，POMS）　该测验采用问卷法测定受试者一周来的心境和情绪。问卷列有 65 个形容词，分别描述紧张～焦虑（T）、忧郁～沮丧（D）、愤怒～敌意（A）、有力～好动（V）、疲惫～惰性（F）、困惑～迷茫（C）等六个方面的情感。每一方面程度又可分为五个等级：0 级一点也无，1 级略有一点，2 级有一些，3 级相当多，4 级非常多。通过 POMS 问卷了解受试者近一周来的心境。心境不佳常是导致不安全行为的原因之一。

（2）简单反应时　用以测定受试者视觉感知到手部运动的反应时间，这是心理学经典的测验方法。

从外界刺激出现到操作者根据刺激信息做出反应完成之间的时间间隔称为反应时。反应时根据刺激-反应情境的不同可分为简单反应时和选择反应时。如果呈现的刺激只有一个，受试者只在刺激出现时做出特定的反应，这时获得的反应时为简单反应时。当有多种刺激信号，刺激与反应之间表现为一一对应的前提下，呈现不同刺激时，要求做出不同的反应，这时获得的反应时称为选择反应时。

（3）数字广度　这是韦克斯勒成人智力量表（WAIS）和韦克斯勒记忆量表（WMS）中的一个语言分测验项目，用以测定受试者听觉记忆及注意力集中程度，这两项心理素质尤其是后者常与事故有一定关联。测试分两部分，即顺叙和倒叙。主试者用清晰的语调，以每秒读一个数字的速度，依次读出 2～9 位数字的序列，要求受试者立即按顺序或倒序加以复述。

（4）圣他·安娜手工敏捷度测验 主要测试手的操作敏捷度及眼-手快速的协调能力。测试器材为一木板，木板凿有 48 个孔，每孔嵌有下部是方形蒂、上部是圆形的栓，栓子表面漆成半红半白，要求受试者在 30s 内，尽快地逐一将栓子提起，按水平方向转 180°后，再嵌入原孔内，分别测验利手及非利手的操作速度及眼手协调功能。有些不安全行为常与操作速度过慢及眼手协调功能不良有关。

（5）数字译码测验 主要测试视觉感知、记忆、模拟学习及手部反应的能力。这亦是韦克斯勒成人智力量表的一个分测验项目。"试卷"上方列有 1～9 数及其相应的符号，试卷下方为一串随机排列的 1～9 数字，测验时，要求受试者尽快地在每个数字下面的空格里，逐个填上相应的符号，测试限时 90s。

（6）本顿视觉保留测验 主要测试几何图形辨别能力及短时视觉记忆。该测验含 20 张（10 对）图片，每一对的第一张图片上画有一个几何图形，让受试者看 10s，然后再看第二张图，也看 10s，让受试者指出第二张图片中四个几何图形，哪一个与第一张图片上的图形完全相同。

（7）目标瞄准追踪测试 测试手部运动的速度及准确性。该测验源于 Fleischman 的心理运动测试组合。测验材料为一张印有许多圆圈的"试卷"和一支铅笔。测验时，让受试者按"试卷"标明的走向，用铅笔逐个地在圆圈中心打个点，越快越好。

#### 4.5.2.4 神经行为评价系统

从芬兰心理学家翰尼仑（H. Hanninen）在 20 世纪 70 年代初期采用成套心理行为学方法观察工作场所化学毒物对工人健康影响以来，至今已有多种行为测试方法问世，由于各种测试组合结构不一，测试方法多为问卷测验或纸笔测验，测试过程没有统一规范，因此所获结果难以进行比较。世界卫生组织推荐的神经行为核心测验组合（NTCB），虽然在测试的规范化和资料可比性方面迈进了一大步，但仍未能完全克服人工测试所存在的固有缺点，尤其是主试者的偏见所引起的系统误差。美国学者贝克（E. L. Baker）和列兹（R. Lets）为克服人工测试的缺点，经过长时间的研究和探索，创立和发展了一套较为完善的"计算机处理的神经行为评价系统"（Computer Administered Neurobehavioral Evaluation System，NES），从而推动了行为测试向程序化、规范化和定量化方向发展。

受试者对计算机使用的熟练程度对某些分测试有一定影响，必须严格选择观察组和对照组，并应在测试前加以培训。计算机处理的神经行为评价系统测试项目如表 4-11 所示。

表 4-11　计算机处理的神经行为评价系统测试项目

| 所反应的行为功能 | 测试项目 |
| --- | --- |
| 知觉-运动:运动速度 | 指叩 |
| 　视运动速度 | 简单反应时、连续操作测试 |
| 　运动协调 | 眼手协调 |
| 　译码速度 | 符号数字译码 |
| 　视知觉 | 图案比较 |

| 所反应的行为功能 | 测试项目 |
|---|---|
| 记忆和学习:视记忆 | 视觉保持测试、图案记忆 |
| 短时记忆 | 数字广度、记忆扫描、系列数字学习 |
| 学习/记忆 | 联想学习 |
| 联想记忆 | 联想回忆 |
| 认知:词汇能力 | FQT 词汇测试 |
| 计算 | 横向加法 |
| 精神适应性 | 注意转移 |
| 情感心境 | 心境量表(POMS) |

下面以 NES 中的两个分测试为例进行说明。

(1) 眼手协调测试　要求受试者用操纵杆跟踪视觉显示终端(VDT)上出现的一个大的正弦波图形。在屏幕上有一正弦曲线，左边有一光标从左向右水平移动，要求受试者用操纵杆使光标沿正弦曲线运动。根据光标移动轨迹，统计垂直距离误差(平均绝对值、均方根值)，以评价眼手协调操作精确度。

(2) 简单反应时　当屏幕出现一个大的"0"，要求测试者立即按键。信号的出现间隔时间是随机的，分别为 2.5s 至 7.5s 不等。记录受试者反应时间和延误(超过一定时间未反应即作为延误)的次数。

NES 在安全工作中的应用，我国目前尚处于探索阶段，尚待今后进一步实践和研究。

## 4.5.3　不安全行为的控制管理

可以采取管理措施和技术措施来防止人的不安全行为发生。

### 4.5.3.1　防止不安全行为的管理措施

防止不安全行为管理措施可以从管理、操作、本质、环境安全入手。

(1) 管理安全化　管理安全化是针对企业、岗位、工种的特点，制定各种安全操作规程，进行经常性的安全教育、技术培训，对作业人员合理分工等，以提高人的安全素质，减少失误。

① 对新工人进行三级安全教育和技术培训；

② 对特殊工种有专门的培训计划；

③ 各岗位、工种要制定安全操作规程和实施办法；

④ 利用事故教训、安全宣传栏、安全教育电视、展览等形式，进行安全教育，提高安全意识；

⑤ 单调作业就减少作业时间，或采用背景音乐进行调节，减少因单调作业引起的失误；

⑥ 开展危险预知活动，提高作业者对危险的辨识能力；

⑦ 合理安排工作，发挥操作者的特长；

⑧ 采用工间休息和保健、防暑降温、防寒防冻等措施消除人的疲劳；

⑨ 按规定实行加班作业，禁止连续加班和患病者坚持工作；

⑩ 制定各种措施，提高工人的工作积极性等。

（2）操作安全化

① 采用行政和经济手段，推行各工种的安全标准化作业，减少人的不安全行为；

② 思想工作和行政措施一齐抓，全方位、多层次，党政机关、工会团体、安全部门共同管安全；

③ 建立必要的操作标准监督岗，让工人之间、上下级之间相互督促执行操作标准。

（3）本质安全化　本质安全化，即机器、设备能依靠自身的安全设计，防止因人的不安全行为而发生事故，且设备本身可以防止人的操作失误。

① 显示装置的信号适合人的心理、生理特征，以减少因信息传递混乱而引起的人的不安全行为；

② 控制装置要操作简便、省力；

③ 显示器、控制器的布置要合理；

④ 安全防护装置、人体防护用品要安全可靠；

⑤ 有缺陷的工具要及时修理或更换等。

（4）环境安全化

① 开展文明生产，作业场所材料、原料、产品等要整洁，安全通道畅通，符合规定；

② 工具、备用品要存放合理；

③ 要求作业者，劳动保护用品使用、穿戴合理、整洁；

④ 绿化净化车间、厂区环境；

⑤ 改善作业场所的微气候条件，如温度、湿度、气压、采光、照明等要适合人的心理生理条件；

⑥ 设备操作部位采用不同的几何形状和颜色，醒目且生动形象等。

### 4.5.3.2　防止不安全行为的技术措施

常用的防止不安全行为的技术措施有：用机器代替人的操作、冗余系统、耐失误设计、警告以及良好的人-机-环境匹配。

#### 4.5.3.2.1　用机器代替人

用机器代替人的操作是防止不安全行为发生的最可靠的措施。

随着科学技术的进步，人工智能的出现，人类在生产、生活方面的劳动更多地为各种机器所代替。例如，各类机械取代了人的四肢，仪器代替了人的感官，计算机部分地取代了人的大脑等。由于机器在人们规定的约束条件下运转，自由度较少，不像人那样有行为自由性，所以很容易实现人们的意图。与人相比，机器运转的可靠性较高。机器的故障率一般在 $10^{-7} \sim 10^{-4}$ 之间，而人的不安全行为率一般在 $10^{-3} \sim 10^{-2}$ 之间。

应该注意到，尽管用机器代替人可以有效地防止人的不安全行为，然而并非任何场合都可以用机器取代人。这是因为人具有机器无法比拟的优点，许多功能是无法用机器取代的。在生产、生活活动中，人永远是不可缺少的系统元素。因此，在考虑用机器代替人操作的时候，要充分发挥人与机器各自的优点，让机器去做那些适合机器做的工作，让人做那些最适合人做的工作。这样，既可以防止人的不安全行为，又可以提高工作效率。人-机工程学中的一个重要方面就是系统的人-机功能分配问题。表4-12列出了机器与人各自的基本特性的对比情况。

表 4-12　机器与人的基本特性的对比

| 特性 | 机器 | 人 |
|---|---|---|
| 感知能力 | 可感知非常复杂的,能以一定方式被发现的信息;<br>较人的感觉范围大;<br>在干扰下会偏离目标 | 可能从各种信息中发现不常出现的信息;<br>在良好的条件下可以感知各种形式的物理量;<br>可以从各种信息中选择必要信息;<br>在干扰下很少偏离目标 |
| 信息处理能力 | 有较强的识别时空方式的能力;<br>成本越高,则可靠性越高;<br>可以快速、正确地运算;<br>处理的信息量大;<br>记忆的容量大;<br>没有推理和创造能力;<br>过负荷会发生故障、事故 | 可以把复杂的信息简化后处理;<br>可以采取不同方法,从而提高可靠性;<br>有推理、创造能力;<br>可承受暂时过负荷;<br>计算能力差;<br>处理信息量小;<br>记忆容量小 |
| 输出能力 | 功率大、持续性好;<br>同时多种输出;<br>滞后时间短;<br>需要经常维修保养 | 力气小、耐力差;<br>模仿能力差;<br>持续作业时能力随时间下降;<br>休息后又恢复;<br>滞后时间长 |

概括地说,在进行人、机功能分配时,应该考虑人的准确度、体力、动作的速度及知觉能力等四个方面的基本界限,以及机器的性能、维持能力、正常动作能力、判断能力及成本等四个方面的基本界限。人员适合从事要求智力、视力、听力、综合判断力、应变能力及反应能力的工作;机器适于承担功率大、速度高、重复性作业及持续作业的任务。应该注意,即使是高度自动的机器,也需要人员来监视其运行情况。另外,在异常情况下要由人员来操作,以保证安全。

#### 4.5.3.2.2　冗余系统

采用冗余系统是提高系统可靠性的有效措施,也是提高人的可靠性、防止人的不安全行为的有效措施。

(1) 两人操作　本来由一个人可以完成的操作,由两个人来完成。一般地,一人操作另一人监视,组成核对系统 (check system)。如果一个人操作发生失误,另一个人可以纠正失误。根据可靠性原理,并联冗余系统的人的不安全行为概率等于各元素失误概率的乘积,相应地,系统发生失误的概率非常小。

许多重要的生产操作都采取两人操作方式,以防止人的不安全行为的发生。例如,为保证飞行安全,民航客机由正、副两位驾驶员驾驶;大型矿井提升机由两位司机运转等。随着计算机的普及,计算机数据库中数据录入的准确性受到了人们的重视。在录入一些重要数据(如学生考试成绩)时,采取两人分别录入,然后利用计算机将两组数据比较的方法防止录入失误。

应该注意,当两人在同一环境中操作时,有可能由于同样原因同时发生失误。即两者的失误在统计上互相不独立,或称共同原因失误(又称共因失误)。在这种情况下,冗余系统的优点便体现不出来了。为此,必须设法消除引起共因失误的原因。例如,为了防止民航客机的正、副驾驶员同时食物中毒,分别供给来源不同的食物;为了防止处于同一驾驶室的正、副驾驶员发生同样的失误,由处于不同环境的地面管制人员监视他们的操作。

(2) 人机并行　由人员和机器共同操作组成的人机并联系统,人的缺点由机器弥补,机器发生故障时由人员发现故障并采取适当措施来克服。由于机器操作时其可靠性较人的可靠性高，这样的核对系统比两人操作系统的可靠性高。

目前许多重要系统的运转都采用了自动控制系统与人员共同操作的方式。例如，民航客机上装备有自动驾驶系统；动车组列车上装有自动列车控制装置等，与驾驶员组成人机并行系统。

（3）审查 各种审查（review）是防止人的不安全行为的重要措施。在时间比较富裕的场合，通过审查可以发现失误的结果而采取措施纠正失误。例如，通过设计审查可以发现设计过程中的失误；通过对文稿、印刷清样的审查、校对发现书写、印刷中的错误。

### 4.5.3.2.3 耐失误设计

耐失误设计（foolproof）是通过精心的设计使得人员不能失误或者发生失误了也不会带来事故等严重后果的设计。

耐失误设计一般采用如下几种方式。

（1）利用不同的形状或尺寸防止安装、连接操作失误 例如，把三线电源的三只插脚设计成不同的直径或按不同角度布置，如果与插座不一致就不能插入，可以防止因为插错插头而发生电气事故。

（2）采用联锁装置防止人员误操作

① 紧急停车装置。在一旦发生人的不安全行为可能造成伤害或严重事故的场合，紧急停车装置可以使人的不安全行为无害化。

a. 误操作直接迫使机械、设备紧急停车。例如，洗衣滚筒运转时，如果筒盖被掀开，甩干滚筒立即停止运转，防止伤害人的手臂。

b. 采用安全监控系统。当操作过程中人体或人体的一部分接近危险区域时，安全监控系统使机械、设备紧急停车，防止人员伤害或产生其他危害。例如，各种光电控制系统、红外线控制系统等。

c. 设置自动停车装置。在有可能由于操作者的疏忽忘记停车而带来严重后果的场合，设置自动停车装置。例如，日本的新干线有列车自动停车装置（automatic train stop），当列车接近红色信号时使列车自动停止。这样，即使司机发生失误也不会发生碰撞事故。

② 采取强制措施迫使人员不能发生操作失误。在一旦人的不安全行为可能造成严重后果的场合，采取特殊措施强制人员不能进行错误操作。

③ 采用联锁装置使不安全行为无害化。例如，飞机停在地面上的时候，如果驾驶员误触动了起落架收起按钮，则起落架收起使机体着地而损毁飞机。把起落架液压装置与飞机轮刹车系统连锁，可以防止驾驶员的误操作。

### 4.5.3.2.4 警告

生产操作过程中，人们需要经常注意到危险因素的存在，以及一些必须注意的问题。警告是提醒人们注意的主要方法，它让人们把注意力集中于可能会被漏掉的信息。

可以通过人的各种感官来实现警告。根据所利用的感官的不同，警告分为视觉警告、听觉警告、气味警告、触觉警告及味觉警告。

（1）视觉警告 视觉是人们感知外界的主要器官。视觉警告是最广泛应用的警告方式，常用的有如下几种。

① 亮度。让有危险因素的地方比没有危险因素的地方更明亮以使注意力集中在有危险

的地方。如障碍物上的灯光可防止行人、车辆撞到障碍物上。

② 颜色。明亮、鲜艳的颜色很容易引起人们的注意。设备、车辆、建筑物涂上黄色或橘黄色，很容易与周围环境相区别。在有危险的生产区域，以特殊的颜色与其他区域相区别，防止人员误入。有毒、有害、可燃、腐蚀性的气体、液体管路应按规定涂上特殊的颜色。国标 GB 2893—2008 规定，红、蓝、黄、绿四种颜色为安全色。

③ 信号灯。经常用信号灯来表示一定的意义，也常用来提醒人们危险的存在。一般地，信号灯颜色的含义如下。

红色——有危险、发生了故障或失误，应立即停止；

黄色——危险即将出现的临界状态，应注意，缓慢进；

绿色——安全、满意的状态；

白色——正常。

信号灯可以利用固定灯光或闪动灯光。闪动灯光较固定灯光更能吸引人们的注意，警告的效果更好。

反射光也可用于警告。在障碍物或构筑物上安装反光标志，夜晚被汽车灯光照射反光而引起司机的注意。

④ 旗。利用旗做警告已有很长的历史了。可以把旗固定在旗杆或绳子或电缆上等。爆破作业时挂上红旗以防止人员进入。在开关上挂上小旗，表示正在修理或因其他原因不能合开关。

⑤ 标记。在设备上或有危险的地方可以贴上标记以示警告。如指出高压危险、功率限制、负荷、速度或温度限制等；提醒人们危险因素的存在或需要穿戴防护用品等。

⑥ 标志。利用事先规定了含义的符号标志警告危险因素的存在或应采取的措施。如道路急转弯处的标志、交叉道口标志等。

国标 GB 2894—2008 规定，安全标志分为禁止标志、警告、指令标志及指示标志四类。

⑦ 书面警告。在操作、维修规程中，指令、手册及检查表中写进警告及注意事项，警告人们存在着危险因素，特别需要注意的事项及应采取的行动，应佩戴的劳动保护器具等。如果一旦发生事故可能造成伤害或破坏，则应该把一些预防性的注意事项写在前面显眼的位置，以引起人们的注意。

(2) 听觉警告　有些情况，只有视觉警告不足以引起人们的注意。尽管有时明亮的视觉信号可以在远处就被发现，但是设计在听觉范围内的听觉警告更能唤起人们的注意。

有时也利用听觉警告唤起对视觉警告的注意，视觉警告会提供更详细的信息。

一般来说，在下述情况下应采用听觉警告：

① 传递简短、暂时的信息，并要求立即做出反应的场合；

② 当视觉警告受到光线变化的限制，操作者负担过重，操作者移动或不注意等限制时，应采取听觉警告；

③ 唤起对某些信息的注意；

④ 进行声音通信时。

当要求对紧急情况做出反应时，除了采用听觉警告外，还要有补充的信息或冗余的警告信号。常用的听觉警报器有喇叭、电铃、蜂鸣器或闹钟等。

(3) 气味警告　可以利用一些带有特殊气味的气体进行警告。气体可以在空气中迅速传播，特别是有风的时候，可以传播很远。由于人对气味能迅速地产生退敏作用，用气味做警告有时间方面的限制，只有在没有产生退敏作用之前的较短期间内可以利用气味做警告。

工程上常见的气味警告的例子如下。

① 在易燃易爆气体里加入气味剂。例如，甲烷是无臭的，为减少甲烷的火灾爆炸危险，把少量浓郁气味的芳香气体加入输送管中，一旦甲烷泄漏，可以立即被察觉。

② 根据燃烧产生的气味判断火的存在。不同的物质燃烧时会产生不同的气味，于是可以判定什么东西在燃烧。

③ 在紧急情况下，向人员不能迅速到达的地方发出芳香气体警报。例如，矿井发生火灾时，往压缩空气管路中加入乙硫醇，把一种烂洋葱气味送入工作面，通知井下工人采取措施。

④ 用芳香气味剂检测设备过热。当设备过热时，气味剂蒸发，使检修人员迅速发现问题。

吸烟会降低对气味的敏感度。

（4）触觉警告　振动是一种主要的触觉警告。国外交通设施中广泛采用振动警告的方式。突然引起车的振动，即使瞌睡的司机也会惊醒，从而避免危险。

温度是另一种触觉警告。

工业中很少利用味觉做警告。

#### 4.5.3.2.5　人-机-环境匹配

人-机-环境匹配问题主要包括人-机功能的合理分配、机器的人-机学设计及生产作业环境的人-机学要求等。设计良好的人-机交接面可以有效地减少人员在接受信息及实现行为过程中人的失误。

（1）显示器的人-机学设计　机械、设备的显示器是用来向人员传达有关机械、设备状况信息的仪表或信号等。显示器主要传达视觉信息，其设计应该符合人的视觉特性。具体地讲，应该符合准确、简单、一致及合理排列的原则。

① 准确。仪表类显示器的设计应该让人员容易正确地读数，减少失误。据研究，仪表面板刻度形式对读数失误率有较大影响。

② 简单。根据显示器的使用目的，在满足功能要求的前提下越简单越好，以减轻人员的视觉负担，减少失误。

③ 一致。显示器指示的变化应该与机械设备状态变化的方向一致。例如，仪表读数增加应该表示机器的输出增加；仪表指针的移动方向应该与机器的运动方向一致，或者与人的习惯一致。否则，很容易引起操作失误。

④ 合理排列。当显示器的数目较多时，例如大型设备、装置控制台（或控制盘）上的仪表、信号等，把它们合理地排列可以有效地减少失误。一般地，排列显示器时应该注意如下问题：

a. 重要的、常用的显示器应该安排在视野中心的上、下30°角范围内；

b. 按其功能把显示器分区排列；

c. 尽量把显示器集中安排在最优视野范围内；

d. 显示器在水平方向上的排列范围可以大于在竖直方向排列范围，这是因为人的眼睛做水平运动比做垂直运动快、幅度大。

（2）操纵器的人-机学设计　操纵器的设计应使人员操作起来方便、省力、安全。为此，要依据人的肢体活动极限范围和极限能力来确定操纵器的位置、尺寸、驱动力等参数。

① 作业范围。一般地，按照操作者的躯干不动时，手、脚达及的范围来确定作业范围。如果操纵器的布置超出了该作业范围，则操作者需要进行一些不必要的动作才能完成规定的操作，这给操作者造成不方便，容易产生疲劳，甚至造成误操作。

② 操纵器的设计原则。设计操纵器时，首先应确定是用手操作还是用脚操作。一般地，要求操作位置准确或要求操作迅速到位的场合，应该考虑用手操作；要求连续操作、手动操纵器较多或非站立操作以及需要 9.8N 以上的力进行操作的场合应该考虑用脚操作。

从适合人员操作、减少失误的角度，必须考虑如下问题。

a. 操作量与显示量之比。根据控制的精确度要求选择恰当的操作量与显示量之比。当要求控制对象的运动位置等参数变化精确时，操作量与显示量之比应该大些。

b. 操作方向的一致性。操纵器的操作方向与被控对象的运动方向及显示器的指示方向应该一致。

c. 操纵器的驱动力。操纵器的驱动力应该根据操纵器的操作准确度和速度、操作的感觉及操作的平滑性等确定。除按钮之外的一般手动操纵器的驱动力不应超过 9.8N。操纵器的驱动力并非越小越好，驱动力过小会由于意外地触碰而引起机器的误动作。

d. 防止误操作。操纵器应该能够防止被人员误操作或意外触动造成机械、设备误运转。例如，紧急停止按钮应该突出，一旦出现异常情况人员可以迅速地操作；而启动按钮应该稍微凹陷，或在周围加上保护圈，防止人员意外触碰。当操纵器很多时，为了便于识别，可以采用不同的形状、尺寸，附上标签或涂上不同的颜色。

(3) 生产作业环境的人-机学要求　工业生产作业环境问题主要包括温度、湿度、照明、噪声、振动、粉尘及有毒有害物质等问题。这里仅简要讨论生产环境中的采光与照明、噪声与振动方面的问题。

① 采光与照明。人员从外界接收的信息中，80％以上是通过视觉获得的。采光照明的好坏直接影响视觉接受信息的质量，许多伤亡事故都是由于作业场所采光照明不良引起的。对生产作业环境采光照明的要求为：

a. 适当的照度。强烈的光线令人目眩及疲劳，且浪费能量；昏暗光线使人眼睛疲劳，甚至看不清东西。《建筑照明设计标准》（GB 50034）对生产车间工作场所的最低照度值做了详细规定。

b. 良好的光线质量。光线质量包括被观察物体与背景的对比度、光的颜色、眩光及光源照射方向等。为了能看清楚被观察的物体，应该选择适当的对比度。当需要识别物体的轮廓时，对比度应该尽量大；当观察物体细部时，对比度应该尽量小些。眩光是炫目的光线，往往是在人的视野范围内的强光源产生的。眩光使人眼花缭乱而影响观察，因此应该合理地布置光源。

c. 在布置光源时还要考虑视觉的适应性问题。例如，汽车沿高速公路穿越长隧道的场合，白天隧道入口处照明亮度很高，向隧道深处越来越暗，出口段亮度又逐渐增加，与外界亮度差很小；夜间反之。要防止司机因明暗适应来不及调节而驾驶失误。

② 噪声与振动。噪声是指一切不需要的声音，它会造成人员生理和心理损伤，影响正常操作。噪声的危害主要表现在以下几个方面：

损害听觉。短时间暴露在较强噪声下可能造成听觉疲劳，产生暂时性听觉减退。长时间暴露于噪声环境，或受到非常强烈噪声的刺激，会引起永久性耳聋。

影响神经系统及心脏。在噪声的刺激下，人的大脑皮质的兴奋和抑制平衡失调，引起条件反射异常，久而久之，会引起头痛、头晕、耳鸣、多梦、失眠、心悸、乏力或记忆力减退等神经衰弱症状。长期暴露于噪声环境中会影响心血管系统。

影响工作和导致失误。噪声使人心烦意乱、容易疲劳，造成心理紧张，分散人员的注意力，干扰谈话及通信而引起失误。噪声还可能使人听不清危急信号而发生事故。

振动直接危害人体健康，往往伴随产生噪声，降低人员知觉和操作的准确度，不利于安全生产。

控制噪声和振动的措施有隔声、吸声、消声、隔振和阻尼等。

## 复习思考题

（1）阐述早期行为主义心理学、近代"彻底的行为主义"对人行为的认识。

（2）如何理解操作行为？

（3）试分析行为个体差异的原因。

（4）阐述并分析人的行为共同特征。

（5）阐述非语言交流的意义。

（6）阐述人失误的概念，说明约翰逊关于人失误的贡献。

（7）阐述研究与行为有关事故模式的意义，具体分析瑟利的事故决策模式、维格里司渥斯的事故模式、拉姆西的事故顺序模式的指导意义，并说明其区别。

（8）从认知心理学的角度，试分析人失误的原因。

（9）综述人的可靠性研究方法，并说明对人的可靠性的基本数据的认识。

（10）分析影响人的可靠性的基本因素，阐述提高人的可靠性的基本措施。

（11）试分析图4-4个体行为与绩效模式，并说明其意义。

（12）试分析弗洛伊德提出的本我、自我和超我三大类心理机制，并加以正确理解。

（13）什么是个体的价值观？对个体的安全态度有何影响？

（14）阐述群体行为的概念，并分析其行为特征。

（15）分析群体行为与安全的关系，如何处理与协调群体中的沟通与冲突？

（16）阐述团队的概念，分析团队的类型、特征及形成的途径。

（17）简述不安全行为的分类识别。

（18）简述危险事件判定技术、行为控制图、NCTB方法、神经行为评价系统4类不安全行为分析方法。

（19）简述防止不安全行为的管理措施。

（20）简述常用的防止不安全行为的技术措施。

（21）如何理解"人-机-环境"匹配对人的行为的影响？

# 5 影响人心理与行为的生产环境因素

人在生产活动中，离不开一定的环境。人不仅以自己的存在和实践活动影响并改造周围的环境，反过来，人也会直接或间接地受到周围环境的制约和影响，使人的心理和行为发生变化，从而发生判断失误、操作错误等，导致事故的发生。

## 5.1 生产环境的采光、照明与安全

### 5.1.1 概述

人在进行生产活动时，主要是通过视觉接受外界的信息，并由此做出选择而产生一定的行为。在生产环境中的光源有两种，一种是自然光（阳光）、一种是人造光（灯光）。把室外的阳光用于作业场所的照明，称为采光。生产环境的采光与照明的好坏直接影响视觉对信息的接收质量，进而影响人在生产过程中的安全心理和安全行为。光照不足时需要人工照明的补充（用照度衡量，照度是被照面单位面积上所接受的光通量，单位是勒克斯，lx）。

国内外的研究表明，照明与事故具有相关性。在特定的单元作业中，事故的多少与亮度成反比关系。事故频率高于平均数的单元作业，往往是在亮度较低的场所发生的。例如，在矿山井下，具有最高事故指数的作业，集中在照明不良的凿岩、岩层支护、运输及装载作业上。克鲁克斯研究指出，在射束亮度、半阴影亮度、底板亮度和环境高度与事故频率的多元回归中，得出的结论是，井下生产环境越亮，事故频率越低。可见，照明是安全生产的潜在关键因素。又如对国内一家工厂的调查表明，当照度由20lx增至50lx时，四个月时间，工伤事故的次数由25次降至7次，差错件数由32件降至8件，由于疲劳而缺勤者从26人降至20人。再如国外对交通事故的调查也表明，改善道路照明，一般可使交通事故减少20%～75%。反之，不良的采光和照明，除令人感到不舒适、工作效率下降外，还因操作者无法清晰地看清周围情况，容易接受模糊不清甚至是错误的信息并导致错误的判断，很容易发生工伤事故。研究资料还表明，环境因素引起的工伤事故中，约有1/4是由于照明不良所致。以上充分说明生产环境的采光和照明对于减少生产事故、保证人-机-环系统的安全具有非常重要的意义。

### 5.1.2 照明对视觉的影响

#### 5.1.2.1 照明与视力

随着亮度的增加（亮度表示发光面的明亮程度。如果在取定方向上的发光强度越大，而

在该方向看到的发光面积越小，则亮度越大），视力会提高。在一定范围内，亮度的对数与视力提高之间有线性关系。视力不仅受注视对象亮度的影响，而且还受对比度的影响（对比度表示对象与背景的亮度差）。在良好的照明（视野亮度很好）条件下，随着照度的增加，眨眼次数减少（也就是视力更好），见图 5-1。图中照度的单位是勒克斯（lx），在 $1m^2$ 面积上所得的光通量是 1lm 时，它的照度是 1lx。

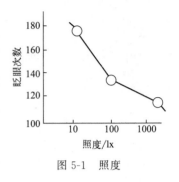

图 5-1　照度

当然，对比度和亮度都是不能无限增加的。当视野亮度过高或对比度过大时，会感到刺眼并降低观察能力，这种刺眼的光线叫做眩光。这时，眼的适应能力会消失而产生目眩。目眩有三种形式：适应性目眩、相对性目眩和绝对性目眩。当中等水平的亮度突然变化，再次适应尚未发生（如从黑暗中走到日光下）时，会出现适应性目眩；由于对比度过大而引起视野亮度的下降，出现相对性目眩；如果光源的亮度过强，使再次适应不可能发生，会出现绝对性目眩（如直接看太阳）。如果房间的照度水平不高（光通量与被照射表面面积之比称为照度），例如不超过 150～300lx 时，视野内的对比度对视力影响较小。照明还对视知觉有重要影响，如果照明很差，尤其是缺乏阴影或亮度差，可能引起虚假的视觉表象。在工作场所照明很差的情况下，很有可能歪曲视觉对象，从而传给人错误的信息。

### 5.1.2.2　视觉疲劳

在照明条件差的情况下，劳动者长时间反复辨认视觉对象，使明视觉持续下降，造成视觉疲劳。视觉疲劳的自觉症状有：眼球干涩、怕光、眼痛、视力模糊、眼球充血、产生眼屎和流泪等。图 5-1 表明通过眨眼次数测定的照明与视觉疲劳的关系。在视觉疲劳的情况下，如果继续进行工作，就需要调动更多的体力精力去克服视觉上的困难，从而引起全身紧张和全身疲劳。长时间视觉疲劳或疲劳后得不到及时和充分的休息，会引起视力下降和全身疲劳。

眩光和工作台面上的亮度不均匀都会导致视觉疲劳。眩光破坏视觉的暗适应，产生视觉后像，使工作区的视觉效率降低，产生视觉不舒适和分散注意力，造成视觉疲劳。有研究表明，做精细工作时眩光在 20min 内就会使差错明显。眩光对视觉的影响与视线和眩光源的位置有关，见图 5-2。如果工作台面上的亮度很不均匀，当人眼从一个表面移向另一个表面时，则发生明适应或暗适应过程。这样，人的眼睛感到不舒服。如果经常交替适应，也会导致视觉疲劳。

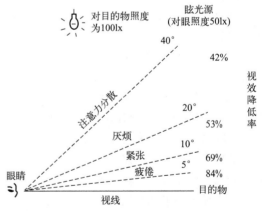

图 5-2　光源的相对位置对视觉效率的影响

### 5.1.3　照明对心理的影响

照明首先会影响人的认知过程。当照明不好时，容易产生认知错误；照明不好对人的各种能力，如观察力、记忆力、思维能力和想象力等都有不良影响。在很差的照明条件下，人容易产生疲劳与正确辨识之间的动机斗争，从而使人产生犹豫不决、反应迟缓的状态。有人研究过在不同照度下人的注意力集中情况，结果表明由于照度条件的改善，人的注意力会更加集中；照明条件差的情况，如果持续的时间较长，人的意志和兴趣也会受到消极影响。

照明与人的情绪有密切关系。人们发现，每当冬天来临，许多人往往会有一种压抑的感觉。这是由于冬天日光照射不足而引起的。如果在冬季给这些人每天增加自然光或人造光的照射，他们的情绪会有所好转。明亮的光照环境使人心境开阔、心情愉快。如果工作场所光线昏暗，人会感到压抑；但如果光线过强，又会使人觉得烦躁。特别是眩光，可使人产生厌烦、紧张、疲倦的感觉。对比度和阴影也影响人的情绪。对比度适中，阴影干扰少，会使人产生轻松愉快感；反之则出现相反的情绪。

研究结果表明，在选择工作地点时，都喜欢比较明亮的地方。照度分布也有决定的意义，被试者都尽量避免眩光和反射光。在选择休息的房间时，多数人都喜欢较暗的地方，但也有部分人选择了较明亮的房间。

### 5.1.4　照明条件的改善与安全生产

很多研究都已表明，照明条件的改善可以明显降低事故率，减少差错。这一点对视觉要求高的工作更具有意义。图 5-3 表明排字工人的出错率随着照明的改善而降低。

在适宜的照明条件下，可以增强眼睛的辨色能力，从而减少识别物体色彩的错误率；可以增强物体的轮廓立体视觉，有利于辨识物体的形状、大小和位置，使工作失误率降低；适宜的照明条件还会促使人的心理状态变佳，以及不易疲劳，减少事故率。

美国的研究者确定，照明很差是造成大约 5％的企业人身事故的原因，而且是造成人身事故的间接原因。从表 5-1 可以看出事故率和差错率与照明改变的关系。

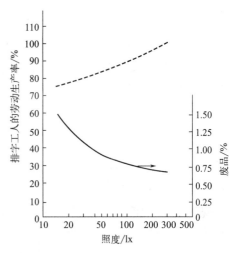

图 5-3　照明对排字工人劳动生产率的影响

表 5-1　劳动生产率提高、事故率降低以及差错率减少与工作场地照明的关系

| 生产 | 照明变化/lx | 劳动生产率提高/% | 差错率减少/% | 事故率降低/% |
| --- | --- | --- | --- | --- |
| 道格拉斯-艾克尔拉夫特 | 4000～5000 | — | 90 | — |
| 涅特乌德与 K 机器制造厂 | 300～2000 | 16 | 29 | 52 |
| 艾利克孙·杜尔 | 500～2000 | 10 | 20 | 50 |

### 5.1.5　根据心理特征的照明设计原则

（1）自然采光　在设计车间建筑物时应最大限度地考虑使用自然光，最好采用综合采光（即同时采用侧方、上方的采光）。因为单独采用侧方采光或上方采光，都会使室内照度不均

匀，既会影响工作效率，又容易发生事故。当自然采光不能满足视觉要求时，应采用人工照明补充。

（2）适宜的照度和好的光线质量　作业照明应在工作地点与周围环境形成适宜的照度和好的光线质量。生产场所的照明分为二种，即自然照明、人工照明和自然及人工混合照明。按范围又可分为全面照明和局部照明以及全面及局部结合的综合照明。

① 适宜的照度。国外有些国家规定，一般照明的照度不小于500lx，全面照明的照度在500～1000lx时较好。常用的照度标准可参照表5-2。详细情况参阅《建筑照明设计标准》（GB 50034—2013）。

表 5-2　照度标准

| 环境 | 照度/lx | 环境 | 照度/lx |
|---|---|---|---|
| 晚间的公共场所(室外) | 20～50 | 电子或钟表工业 | 2000～5000 |
| 短时间使用的场所(室内) | 50～100 | 微电子工业 | 7000～15000 |
| 仓库或过厅 | 100～200 | 特种外科手术 | 15000～20000 |
| 演讲厅或无精度要求的车间 | 200～500 | 铸造车间 | 500 |
| 办公室或正常精度要求的车间 | 500～1000 | 教室、阅览室 | 700 |
| 检验工作、车床工作 | 1000～2000 | 理发店 | 1000 |

局部照明和一般照明必须协调，一般照明的照度不应过分低于局部照明，也不应与局部照明相同，更不允许高于局部照明。一般照明的照度应不低于混合照明（一般照明和局部照明组成的照明）总照度的5%～10%，并且其最低照度应不少于20lx。

② 好的光线质量。物体与背景的对比度、光的颜色、眩光和光源的照射方向均属于光的质量。为了看清物体，应使其背景更暗一些，即有一定的对比度。若识别物体的轮廓，应使对比度尽可能大些，如白纸黑字，如果是白底黄字或红底黑字，既不利于识别也令人厌倦。但在观察物体细部，如识别颜色、组织或质地时，应使物体与背景之间的对比度最小，这时才能看清细部结构。

要注意室内作业区与环境照明之比，参见表5-3。表中为最大允许限度，若超出限度，会影响工作效率，容易发生事故。对于生产车间、工作面或工件的照度与它们之间的间隙区的照度，二者之比应为1.5∶1左右。

表 5-3　室内各部分照度比最大允许值

| 对比特征 | 办公室 | 车间 |
|---|---|---|
| 工作区与其周围环境(墙壁、天花板、地板、桌面、机具) | 3∶1 | 5∶1 |
| 工作区与较远周围环境 | 10∶1 | 20∶1 |
| 光源与背景之间 | 20∶1 | 40∶1 |
| 视野范围内各表面间 | 40∶1 | 80∶1 |

光源方向十分重要，避免作业面和通道产生阴影，因为作业面和通道的阴影常会造成事故。正确选择照明方向，可消除阴影和反射，在照明设计安装时应予考虑。如顶光安装的位置应在2α（α为光的入射角）角范围内。α角的大小取25°以下为最好。

同时注意防止灯光直射和眩光的产生。为保护眼睛不受灯光的直射和防止眩光，在直射式和扩散式照明时，需限制光源亮度，提高灯的悬挂高度和采用带有一定保护角的灯具以及其他防止眩光的措施。如办公桌不宜面对窗户，侧射、背射、半透明窗帘、百叶窗都是避免眩光的好方法。

（3）保证照度的稳定性和均匀性

① 稳定性。作业照明的电压应不低于其额定电压的 98%。电压改变 1%，光子流就改变 3%～5%，若要使照度稳定，光子流的变化不应超过 10%。

② 均匀性。对于一般工作，如果作业场所较大，对于整个工作面上的照度设计应满足：

$$\frac{平均照度}{最小（最大）照度}\leqslant 3\left(\leqslant \frac{1}{3}\right)\qquad \frac{两光源之间间隙地带照度}{光源直接下方照度}\leqslant 0.5$$

如果照度不稳定（闪烁或忽暗忽明）或分布不均匀，不仅有碍视觉，而且不易分辨前后、深浅和远近，以致影响工效和发生事故。

（4）安全要求　照明设备应符合其他安全措施的要求，如不应有造成电击和火灾的危险，符合用电安全要求，符合事故照明要求。事故照明的光源应采用能瞬时点燃的白炽灯或卤钨灯，照度不应低于作业照明总照度的 10%，供人员疏散用的事故照明的照度应不少于 5lx。

【案例反思】　某电业局在线路检修作业中使用氖光验电器检验线路是否有电，这种验电器是靠验电头接近高压线时指示灯亮否，来断定线路是否有电。一次，操作工在白天使用它，因指示灯的波长与日光波长很接近，与天空背景不能形成明显的反差，而误把亮着的指示灯看成没有亮，做出了线路无电的错误判断，导致了一起触电伤亡事故。

原因分析：这就是因为客观事物（指示灯）的刺激方式和强度与环境条件（白天）相近（反差小不易被感知），以及人的心理活动（视觉、感知、思维）有误所致。

## 5.2　生产环境的色彩与安全

人可以通过颜色视觉从外界环境获取各种信息。人类生活的世界，色彩斑斓，无论家庭、办公室、服务场所或车间，恰如其分的颜色及其颜色配置，会收到意想不到的效果。事实上，颜色可以作为一种管理手段，提高工作质量、效率，促进安全生产。

拓展阅读：
了解安全色

人辨别物体表面的颜色，主要取决于光源的颜色，在不同光线照射下，物体表面反射和吸收光线的状况，人眼视网膜上光感受器的感光细胞的机能状态。

### 5.2.1　色彩的意义

色彩的感觉在一般美感中是最大众化的美感形式。颜色作用于我们的感觉，引起心理活动，改变情绪，影响行为。正确巧妙地选择色彩，可以改善劳动条件，美化作业环境。合理的色彩环境可以激发工人的积极情绪，消除不必要的紧张和疲劳，从而提高工作效率和有利于安全生产。

#### 5.2.1.1　常见颜色的象征意义

① 红色。热烈、喜庆、欢乐、兴奋。使人感到温暖、热血沸腾，但是红太多，亦会令

人烦躁不安，引起神经紧张。红色使人联想到血与火。红色象征革命、热情。

拓展阅读：
色彩三要素

② 橙色。兴奋、华丽、富贵。给人愉快的感觉，使人激动，知觉度增强。使人联想到太阳、橙子、橘子。橙色象征光明、快活与健康。

③ 黄色。温和、干净、富丽、醒目、明亮。引人注目，令人心情愉快、情绪安定。使人联想到明月、葵花。象征明快、希望、向上。室内家具及墙壁的颜色曾流行浅黄色。

④ 绿色。自然、舒适、镇静、安定，减轻用眼疲劳，增强人眼的适应性。使人联想到树和草，象征安全与和平。绿色给人以新春嫩绿的勃勃生机，造成自然美的心理效应。如在医院的病房里常涂以嫩绿色，使之增添活力和生机，鼓励病人与疾病抗争，夏日里，家中卧室中也可用淡绿，增加清新怡人的气氛。

⑤ 蓝色。空旷、沉静、舒适，有镇静、降温之效。使人联想高高的蓝天、宽阔的海洋。象征沉着、清爽、清静。此外，蓝色还令人产生纯朴、端庄、稳重、沉静的心理感受。在校学生常着装"学生蓝"，使人产生洁净感。

⑥ 紫色。镇静、含蓄、富贵、尊严。偶尔也令人产生忧郁的情绪。使人联想到葡萄、紫丁香、紫罗兰。象征优雅、温厚、庄重。如许多国家把紫色作为最高官阶服饰用色。

⑦ 白色。纯洁高尚、晶莹凝重，对多愁善感的人又意味着忧伤、寒冷。使人联想到白雪、白云、白浪滔滔。象征纯洁、明快、清静。如医护人员、售货员等常穿白色工作服，使人产生清洁、幽雅的感觉。白色的反射率很大，也能提高亮度和降低色彩饱和度。

⑧ 黑色。庄重、力量、坚实、忠心耿耿。使人联想到煤炭和钢铁。象征沉重、稳重、忧郁。如1916年至1924年美国福特汽车制造厂生产的充斥全世界的"T"型小汽车，所采用的颜色即是黑色。

⑨ 浅灰色。轻松、平和。如服装常用浅灰色。

### 5.2.1.2 颜色中的常见色对生理与心理的作用

正确选择颜色，有益于视觉、生理、心理、工效、安全。通过颜色调节，可以增加明亮程度，提高照明效果；标识明确，识别迅速，便于管理；注意力集中，减少差错、事故，提高工作质量；赏心悦目，精神愉快，减少疲劳；环境整洁、明朗、层次分明，满足于人们的审美情趣。颜色中的常见色对生理与心理的作用如表5-4所示。

表5-4　颜色中的常见色对生理与心理的作用

| 作用颜色 | 热烈 | 兴奋 | 温暖 | 轻松 | 尊严 | 华丽 | 突出 | 接近 | 富贵 | 安慰 | 凉爽 | 幽雅 | 干净 | 安静 | 沉重 | 遥远 | 寒冷 | 忧郁 |
|---|---|---|---|---|---|---|---|---|---|---|---|---|---|---|---|---|---|---|
| 红 | √ | √ | √ | | | √ | √ | | | | | | | | √ | | | |
| 橙 | | √ | √ | | √ | √ | | | √ | | | | | | | | | |
| 橙黄 | √ | √ | | | | √ | | | | | | | | | | | | |
| 黄 | √ | √ | √ | √ | | | √ | √ | √ | | | | √ | | | | | |
| 紫 | | | | | √ | √ | | | √ | | | | | | √ | | | |
| 紫红 | | √ | √ | | √ | | | | √ | | | | | | | | | |
| 黄绿 | | | √ | √ | | | | | | | | | | √ | | | | |
| 绿 | | | | | | | | | | √ | | √ | | √ | | √ | √ | |
| 绿蓝 | | | | √ | | | | | | | | | | √ | | √ | √ | |

续表

| 作用颜色 | 热烈 | 兴奋 | 温暖 | 轻松 | 尊严 | 华丽 | 突出 | 接近 | 富贵 | 安慰 | 凉爽 | 幽雅 | 干净 | 安静 | 沉重 | 遥远 | 寒冷 | 忧郁 |
|---|---|---|---|---|---|---|---|---|---|---|---|---|---|---|---|---|---|---|
| 天蓝 | | | | ✓ | | | | | | | ✓ | | ✓ | ✓ | | ✓ | ✓ | |
| 浅蓝 | | | | ✓ | | | | | | ✓ | ✓ | | ✓ | | | ✓ | | |
| 蓝 | | | | | | | | | | | ✓ | | | | | ✓ | ✓ | |
| 白 | | | | ✓ | | | ✓ | | | | | | | ✓ | | | | |
| 浅灰 | | | | ✓ | | | | | | | | | | ✓ | | | | |
| 深灰 | | | | | | | | | | | | | | | ✓ | | | ✓ |
| 黑 | | | | | | | | | | | | | | | ✓ | | | ✓ |

（1）色彩对生理的影响 色彩对生理的作用，首先表现在提高视觉器官的分辨能力和减少视觉疲劳。通过改变色彩对比，在物体的亮度和亮度对比很小时，会改善视觉条件。实验证明，在视野内有色彩对比时，视觉适应力比仅有亮度时有利。

研究表明，人眼对光谱的中段色彩更为适应。从不易引起视觉疲劳的角度看，属于最佳的色彩有浅绿色、淡黄色、翠绿色、天蓝色、浅蓝色和白色。而紫色、红色和橙色则容易引起视觉疲劳。

然而，任何一种色彩都不可能使视觉不疲劳，眼睛迟早总要疲劳。如果定期地使视野从一种色彩变换到另一种色彩，对于减轻视觉疲劳的效果会更好。

每一种有颜色的色彩都有另一种颜色与之相对应，在这两种色彩混合的时候，会得到白或灰色的无彩色。例如深绿和红色，蓝色和橙色等，都是对应色（或互补色）。

彩色光作用于人体时会影响内分泌、水平衡、血液循环和血压的变化。红色及橙色等能使人呼吸频率、血液循环加快和血压升高，使人容易兴奋。蓝和绿则可起到相反的作用。粉红色能使人安定和取消侵略性的冲动。有些实验表明，即使是一个暂时的粉红色，也可以使人体肌肉产生可测量的软弱，时间长达 30min。但是处在蓝色中几秒钟，能够使由于被粉红色减弱的力量得以恢复。

（2）色彩对心理的影响 色彩对心理的影响取决于人在生活中积累起来的人与物交往的经验和对物的态度。色彩能引起或改变某种感觉，但是具体到某个个体来说，这种感觉变化又是因人而异的。对色彩评价的个体差异性很大，但多数人对同一色彩的感知都大致相同，这一点在生产和生活中无疑有一定实际意义。

① 暖色和冷色。色彩能引起人的冷暖感。红色、橙色、黄色能造成温暖的感觉，称为暖色。如果人们在很长时间内看着红色的墙壁，体温和血压都会升高。蓝色、青色能造成清凉的感觉，称为冷色。采用某种适当的色彩可以使房间的温度发生"变化"，并能确实被人感觉到。

【案例反思】 英国的一位专家做过这方面的实验，在英国约克郡许多纺织厂的车间里感到温度太高，这位专家利用工人休假时间给车间涂上冷色调。当工人休假后来上班时却拒绝进入车间，要求必须把车间温度提高，实际上车间的温度根本没变。

② 积极色与消极色。红色、棕色、黄色等一些暗的暖色调可刺激和提高人的积极性，使人的活动活跃起来，称为积极色；而蓝色、紫色则相反，使人平静和消极，这属于消极色。有些色彩既不能使人"积极"，也不能使人"消极"，它们属于中性色。色彩按照激烈程度，有着与光谱一样的排列顺序：红、橙、黄、绿、青、蓝、紫。处于光谱中央的绿色，被

称为生理平衡色。以它为界可以将其余六种颜色分成积极色和消极色。

③"凸出"色和"缩进"色。色彩的运用可以使房间看起来扩大或缩小，给人以"凸出"或"缩进"的印象。比如，淡蓝色造成空间被扩大的强烈感觉；棕褐色则相反，给人以"向前凸出"的感觉。

④"重色"和"轻色"。色彩与人的重量感之间有一定关系。一般说来，浅绿色、浅蓝色及白色的东西让人觉得轻便，而黑色、灰色、红色及橙色的则往往给人以笨重的感觉。积极色和明色会使人愉快、活跃；而消极色和暗色则使人压抑、不安。

**【案例反思】** 如国外有一个厂家，原来用的是黑色包装箱，工人搬运时觉得很重。后来将包装箱涂成淡绿色，工人反映感觉轻松多了。

再如，色彩能引起人某种情绪改变或改变某种情绪。靠近英国伦敦的泰晤士河上有一座漆成黑色的桥。在这座桥上投河自杀的人比在这一地区其他桥上自杀的人要多，直到这座桥被重新漆成绿色，自杀的人数迅即降下来。

## 5.2.2 色彩与安全

很多研究已证明，工作场所良好的色彩环境可以使人提高劳动积极性，减少事故的发生。

① 色彩对照明有影响。对光具有高反射系数的颜色，如白色、淡黄色、浅绿色等，能帮助提高房间的明亮度，改善照明环境。

② 适宜的色彩可预防和减少工人眼睛的疲劳。在工人视线投注最多的地方，应该涂有从生理学上看最佳的色彩，但一定要注意色彩搭配，否则也易引起视觉疲劳。此外，工作面与环境背景色彩对比强烈，也会使眼睛得不到较好休息。如一个人长时间伏在暗绿色写字台上看着白纸，他的眼睛极易产生疲劳。一般来说，应该使工作面与环境背景的色彩相协调。

拓展阅读：
安全标志

**【案例反思】** 如有一家棉纺厂，车间内四壁刷涂白色，显得十分明亮，机器被漆成绿色。然而工人抱怨说，当她们从长时间注视着的绿色的机器，再抬头看白色墙壁以稍作休息时，眼前出现一团桃红色，使人头晕目眩。这是因为桃红色是绿色的补色，这两种色彩按一定比例混合后可得到白色或灰色光。因此长时间注视绿色之后，把视线投在白色墙壁上，即会产生它的互补色桃红。这种情况下，为减轻眼睛疲劳，较适宜的是把墙壁涂成桃红色。

③ 用色彩信号标志安全和技术信息，便于安全管理，减少事故发生。国家规定标准安全色为红、黄、蓝、绿四种，相应的对比色为无彩色，见表5-5、表5-6。

表5-5　对比色

| 安全色 | 相应的对比色 | 安全色 | 相应的对比色 |
| --- | --- | --- | --- |
| 红色 | 白色 | 黄色 | 黑色 |
| 蓝色 | 白色 | 绿色 | 白色 |

注：黑白互为对比色。

表5-6　安全色的含义与要求

| 颜色 | 含义 | 用途举例 |
| --- | --- | --- |
| 红色 | 禁止、停止、防火 | 禁止标志<br>停止信号：机器、车辆的紧急停止手柄或按钮以及禁止人们触动的部位 |

续表

| 颜色 | 含义 | 用途举例 |
|------|------|----------|
| 蓝色 | 指令必须遵守的规定 | 指令标志;如必须佩戴防护用具,道路上指引车辆和行人行驶方向的指令 |
| 黄色 | 警告、注意 | 警告警戒标志:<br>如厂内危险机器和坑池边周围的警戒线、行车道中线、机械上的齿轮箱、安全帽 |
| 绿色 | 提示、安全状态、通行 | 提示标志:<br>车间内的安全通道,行人和车辆通行标志<br>消防设备和其他安全防护设备的位置 |

注：1. 蓝色只有与几何图形同时使用时,才表示指令。

2. 为了不与道路两旁的绿色行道树相混淆,道路上的提示标志用蓝色。

色彩也常用于技术标志中,表示材料、设备或包装物。可参见《工业管道的基本识别色、识别符号和安全标识》(GB 7231—2003)。

④ 用对比色突出机器和设备的主要部件,可减少操作失误。机器和设备的主要部件,如操纵杆、按钮、开关等,其色彩应在工作面背景上突出出来,这样易于引起工人的注意,能为操作创造更方便的条件。

⑤ 适宜的色彩环境改善人的情绪,减少疲劳,也可减少事故发生,但这种色彩环境的建立一定要考虑工作的性质。如果色彩运用不当,反而更易诱发事故。

⑥ 色彩还可用来促进工作场所的清洁。把厂房、设备等涂上明亮的色彩将会使工作场所看起来更井井有条,因而能改善工人的情绪,提高他们工作的兴趣。

【案例反思】 在美国的一家燃气轮机生产工厂,将机器涂成蓝色或米色,激发了工人的整洁感,使得事故发生率和次品率大大减少。

【案例反思】 颜色与交通安全,在交通环境千篇一律的情况下,对大脑皮层某些点产生重复刺激,会导致一些神经细胞呈现抑制状态,从而使驾驶员精神萎靡甚至入睡。研究表明,公路单一的灰、黑色混凝土路面正是导致驾驶员昏昏欲睡,从而造成交通事故的重要原因。当把危险地段的路面涂上鲜艳的颜色,如红色和黄色后,可使特别危险路段的交通肇事减少85%～90%。

拓展阅读:<br>汽车颜色影响<br>交通安全

## 5.2.3 色彩的设计与应用原则

### 5.2.3.1 工作场所色彩设计、应用原则

工作场所的颜色调节是一个将零零散散的不同色调,整合为协调、划一又具有一定意义的颜色系列,这是一个系统的安排。在配置时要考虑两点,首先,整个布置是暖色还是冷色;其次,要有对比,并能产生适当、协调、渐变的效果。

拓展阅读:<br>交通安全<br>色彩系统

【案例反思】 如法国有一家工厂的冲压车间,吸音的天花板为乳白色,墙壁为天蓝色贴面,柱子为浅咖啡色,设备是从上至下渐深的黄绿色,整个车间是冷色调,令人感到安静、稳定、祥和、舒适、分明、美观又协调一致。

(1) 运用光线反射率 运用颜色的反射率可以增强光亮,提高照明装备的光照效果,节

省光源。同时，使光照扩散，室内光线较为柔和，减少阴影，避免炫目。从生理、心理角度上来说，最佳的色彩是浅绿、淡黄、翠绿、天蓝、浅蓝和白、乳白色等，能达到明亮、和谐的效果。室内的反射率在各个方位并不是完全一样的，如天棚、墙壁、地板等依次渐弱，可按表5-7建议数据进行设计。

表 5-7　室内反射率分配建议

| 方位 | 天棚 | 墙 | 地板 | 机器与设备 |
| --- | --- | --- | --- | --- |
| 反射率/% | 70～80 | 50～60 | 15～20 | 25～30 |

（2）合理配色　室内的颜色不能单调，否则会产生视觉疲劳。采用几种颜色且使明度从高至低逐层减弱，使人有层次感与稳定感。一般上方应设置较明亮的颜色，下方可设置得暗些。若不是按这种方式进行颜色组合，会产生头重脚轻的负重感，导致疲劳。

颜色的选择应与工作场所的用途与性质相适宜。颜色的应用在于可借人的视错觉来突出或掩盖工作场所的特征，改变对房间的印象。如对面积大但天棚较低的室内配色时，要注意天棚在视野内占的比例相当大，可将天棚涂以白色或淡蓝色，令人产生在万里晴空之下的广阔感，千万不能涂灰色，即使是浅灰色；否则，有如在万里乌云之中，令人压抑。

（3）颜色特性的选择

① 明度。任何工作房间都要有较高的明度。由于人眼的游移特性，常会离开工作面而转向天花板、墙壁等处，假若各区间的明度差异很大，视觉就会进行自身的明暗调节，致使眼睛疲劳。

② 彩度。彩度高将给人眼以强烈的刺激，令人感到不安。天棚、墙壁等用色不宜彩度过高，除非警戒色，一般在设计时都要避免使用彩度高的颜色。

③ 色调。春夏秋冬四季的变化，给颜色调节带来了自然的契机，工作与生活的空间可以根据变化而适时地调节。色调的选择必须结合工作场所的特点和工作性质的要求。如应考虑如何恰当地改变人们对温度、宽窄、大小、情绪、安全、舒适、疲劳等心态，以及某些影响生理过程的需要。

## 5.2.3.2　机器设备用色

机器设备配色在厂房竣工进行室内装饰时就应同时考虑相关问题。机器设备的主要部件、辅助部件、控制器、显示器的颜色应按规范的要求配色，尤其主要部件和可动部分应涂以特殊颜色，使其在机器的一般背景上凸显出来，同时将高彩度配置在需要特别注意的地方，这是"防误"的一个具体措施。

具体应注意以下几点要求。

① 与设备的功能相适应。如医疗设备、食品工业和精细作业的机械，一般用白色或奶白色。一般工业生产设备外表和外壳宜采用黄绿、翠绿和浅灰等色。国外有学者主张采用驼色，一段时间，驼色已成为国际机器设备、工作台和面板流行色彩。

② 与环境色彩协调一致。如军用机械、车辆为了隐蔽，常用绿色或橄榄绿色。

③ 危险与示警要醒目。如消防设施大都用大红色，彩度较大。

④ 突出操纵装置和关键部位。按钮、开关、加油处等均应使用不同的色彩编码，为操作方便创造条件。如绿色按钮表示"启动"，红色按钮表示"停止"等。

⑤ 显示装置要异于背景用色。引人注目，以利识读。

⑥ 异于加工材料用色。长时期加工同一种颜色的材料，若材料颜色鲜明，机器配灰色；若材料颜色暗淡，机器配之以鲜明色彩。装置与装饰机器设备时，宜将劳动和工作场地的具体条件相协调作为出发点，考虑有关环境、设备的配置，符合劳动的性质及其特定作业程序。

### 5.2.3.3 工作面用色

工作面的颜色取决于其加工对象的颜色，如上述"机器要异于加工材料用色"，形成颜色对比，加强视觉识别能力。若背景与加工物件色彩相近，则不易辨认。因此，加工物件、机器、工作台面的色彩与亮度必须有显著的差异，才能使人的注意易于集中，易于辨别细小部件。如在纺织厂，机器和纺织品在色彩上要有明显差别，以使工人发现织物上的毛疵，以保证产品质量。

### 5.2.3.4 标志用色

标志作为一种特殊的形象语言，旨在传递信息。

颜色编码是这种信息传递的重要方式。各种颜色在交通与生产等方面的一般含义如下。

拓展阅读：
无声的安全
语言——色彩

① 红：停止、禁止、高度危险、防火。如机器上的紧急按钮；不许吸烟；危险标志色；消防车及其用具。

② 橙：危险色。工厂里常涂在齿轮的外侧面，引起注意。航空障碍塔和海上救生船等涂橙色。

③ 黄：明视觉好，可唤起注意。用于要求小心行动的警示信号。如推土机等工程机械用此配色，尤其黄与黑相间的条纹，效果更佳。

④ 绿：安全、正常运行。如紧急出口、十字路口的绿灯。

⑤ 蓝：警惕色。如修理中的机器、升降机、梯子等的标志色。

⑥ 红紫：放射性危险标志色。

⑦ 白：道路、整理、准备运行。还用作三原色的辅助颜色。

⑧ 黑：用作文字、符号、箭头等标记。还用作白、橙的辅助色。

### 5.2.3.5 业务管理用色

借助颜色，可以提高工作效率，减轻工作人员的疲劳。如带有颜色卡片的分类，可相应缩短时间 40%。对标有颜色刻度的作业时间可缩短 26%。为了快速传递、交流、反馈信息，可将颜色运用于报表、文件、图形、卡片、证件以及符号、文字之中，易于辨识。生产与运作管理中也可利用颜色表明作业进度。如甘特图或网络图的有色标识，令人一目了然。

有的工厂办公室设置了三色示意盘，红色表示工作紧张、繁忙。绿色表明正常工作状态。黄色则意味着等待新任务。文书工作时可将文件夹各夹层巧妙地贴上五彩缤纷的标签，便于识别、利用。这一类的实际用色，数不胜数。

此外，在城市建设、交通运输、公共场所和社会服务等方面，时时处处离不开颜色。如现代医院手术室内的工作装一改以往的纯白色调，转为灰蓝或粉白，色彩柔和，可以转化病人的情绪。有些特殊的病房还将白色演绎为家庭卧室的协调色，以改变病人心态，有利于恢复健康。有的儿童医院候诊大厅的墙壁上绘满了森林绿树、红花、绿草，也能调节患病儿童的情绪，产生一种精神力量。

值得注意的是，不同的组织或业务系统，颜色的使用会有不同的含义。但在同一系统中，应该使用统一的颜色编码系统，以防由于对信息标识误认导致错误的判断。在管理工作中，巧用颜色调节手段，未必会有很大的代价，但对于提高工作生活质量、提高管理水平却易见成效。

【案例反思】 海员本身长期生活在海上、远离亲人，忍受着常人无法忍受的寂寞。现代船舶配备的海员越来越少，他们工作职位是一一对应的，并且是轮流值班，致使其忍受着高强度、长时间的工作，长期疲劳、睡眠不足、工作压力大。这些因素导致他们经常感觉很压抑、烦躁不安、情绪很不稳定，若再加上色彩的不合理配置，更会对海员造成不良的影响，乃至严重损害海员的身心。所以在这种不佳的心理状态下，海员很容易冲动，很容易导致事故的发生。研究发现通过船舶上各种物体色彩的合理搭配，可以消除这些因素带给海员的不良影响，同时给海员施加积极影响。

### 5.2.3.6　其他方面用色

色彩的不同特性可在某种程度从心理上减轻对环境污染因素的不良感受，但不能从根本上改善劳动条件。下述心理学方法只能在环境条件接近卫生标准时才能起作用。

① 若选择饱和度高、明度低的色彩（如红色、青紫色），可在某种程度上减轻空气中毒物和粉尘污染的不良感觉。

② 运用色彩的"冷""暖"特性，可以"改变"对室内温度的感觉，如高温车间墙壁、顶棚以及工作服均应选择具有高反射系数的浅淡颜色，在低温的工作场所涂刷朱红色等。

③ 在噪声较大的车间要避免明度高的色彩，采用明度低的色彩可减轻噪声的某些不良作用。

④ 在全面机械通风系统的送风口挂上彩色纸带，让纸带随风飘舞，可减低工人对通风系统的烦闷感觉。

总之，色彩不仅可以美化环境，而且也是影响工作效率与安全生产的一个重要因素。随着人们对色彩认识的逐步深化，对色彩的开发利用也必将更加广泛。

## 5.3　生产环境的噪声与安全

噪声通常是指一切对人们生活和工作有妨碍的声音，噪声与人们的心理状态有关，不单独由声音的物理性质决定。同样的声音有时是需要的，而有时便成为噪声。

【案例反思】 2023 年 5 月 9 日，杭州市生态环境局余杭分局接到群众举报，反映某机械加工企业生产噪声影响居民生活。执法人员立即对该企业进行现场检查，该企业主要从事机械配件、五金配件加工生产，现场检查时主要生产设备均在运转。余杭分局委托检测单位对该公司厂界环境噪声开展检测。检测结果显示该企业厂界西外 1m、厂界北外 1m 昼间厂界环境噪声值分别为 67dB（A）、61dB（A），均超过《工业企业厂界环境噪声排放标准》（GB 12348），对周边居民生活产生较大影响，责令该公司限期改正，并处罚款贰万元。

拓展阅读：
认识噪声

### 5.3.1 噪声的分类

#### 5.3.1.1 按噪声源特性分类

（1）工业噪声　工业生产产生的噪声。其中工业噪声按其产生方式不同又可分为如下几种。

① 空气动力性噪声。是由于气体压力发生突变产生振动发出的声音，如鼓风机、汽笛、压气排放等发出的声音。

② 机械性噪声。是由于机械的转动、撞击、摩擦等而产生的声音，如风铲、车床、织布机、球磨机等发出的声音。

③ 电磁性噪声。是由于电磁交变力相互作用而产生的，如发电机、变压器等发出的声音。

（2）交通噪声　交通过程中产生的噪声。

（3）社会噪声　社会活动和家庭生活引起的噪声。

#### 5.3.1.2 按照人们对噪声的主观评价分类

（1）过响声　很响的使人烦躁不安的声音，如织布机的声音。

（2）妨碍声　声音不大，但妨碍人们的交谈、学习。

（3）刺激声　刺耳的声音，如汽车刹车音。

（4）无形声　日常人们习惯了的低强度噪声。

#### 5.3.1.3 按噪声随时间变化特性分类

（1）稳定噪声　声音强弱随时间变化不显著，其波动小于 5dB。

（2）周期性噪声　声音强弱呈周期变化。

（3）无规律噪声　声音强弱随时间无规律变化。

（4）脉冲噪声　突然爆发又很快消失，其持续时间小于 1s，间隔时间大于 1s，声级变化大于 40dB 的噪声。

### 5.3.2 噪声的评价指标及允许标准

噪声控制标准一般分为三类，第一类是基于对劳动者的听力保护而提出来的，我国《工业企业噪声卫生标准》属于此类，它以等效连续声级、噪声暴露量为指标；第二类是基于降低人们对环境噪声的烦恼程度提出来的，我国的《声环境质量标准》（GB 3096）、《汽车加速行驶车外噪声限值及测量方法》（GB 1495）属于此类，此类标准以等效连续声级、统计声级为指标；第三类是基于改善工作条件，提高作业效率而提出的，如《室内噪声标准》，该类标准以优选语言干扰级、噪声评价数等为指标。

（1）等效连续声级　A 声级较好地反映了人耳对噪声频率特性和强度的主观感觉，它是一种较好的连续稳定的噪声评价指标，但经常遇到的是起伏的不连续的噪声，这就很难测定 A 声级的大小，为此需要用接触噪声的能量平均值来表示噪声级的大小，即等效连续声级。

拓展阅读：
噪声评价

（2）统计声级　如街道、住宅区的环境噪声和交通噪声，往往是不规则的、大幅度变动的，为此常用统计声级来表示，统计声级是指某一段时间内 A 声级的累计频率的百分比。如 $L_{10}=70dB(A)$ 表示整个统计测量时间内，噪声级超过 $70dB(A)$ 的频率占 $10\%$；$L_{50}=60dB(A)$ 表示噪声级超过 $60dB(A)$ 的频率占 $50\%$；$L_{90}=50dB(A)$ 表示噪声级超过 $50dB(A)$ 的频率占 $90\%$。实际上 $L_{10}$ 相当于峰值平均噪声级，$L_{60}$ 相当于平均噪声级，$L_{90}$ 相当于背景噪声级。一般测量方法是选定一段时间，每隔 5s 读取一个值，然后统计 $L_{10}$、$L_{60}$、$L_{90}$ 等指标。如果噪声级的统计特征符合正态分布，那么等效连续声级与统计声级之间存在固定的相关关系。

（3）优选语言干扰级　由于 $0.5Hz\sim 2kHz$ 的频率范围的噪声对语言干扰最大，因此选取 500Hz、1kHz、2kHz 中心频率的声压级的算术平均值评价噪声对语言的干扰程度，称为优选语言干扰级。根据优选语言干扰级可以确定语言交流的最大距离，见表 5-8。

表 5-8　语言干扰级与语言交流最大距离

| 语言干扰级 /dB(A) | 最大距离/m | | 语言干扰级 /dB(A) | 最大距离/m | |
|---|---|---|---|---|---|
| | 正常 | 大声 | | 正常 | 大声 |
| 35 | 7.5 | 15 | 55 | 0.75 | 1.5 |
| 40 | 4.2 | 8.4 | 60 | 0.42 | 0.84 |
| 45 | 2.3 | 4.6 | 65 | 0.25 | 0.5 |
| 50 | 1.3 | 2.4 | 70 | 0.13 | 0.26 |

（4）噪声暴露量（噪声剂量）　人在噪声环境中工作，噪声对听力的损害不仅与噪声强度有关，而且与噪声暴露时间有关。噪声暴露量综合考虑噪声强度与暴露时间的累积效应。

（5）噪声评价数　对于室内活动场所的稳态环境噪声，国际标准化组织推荐用 NR 曲线来评价噪声对工作的影响。NR 的具体求法是，对噪声进行倍频程分析，一般取 8 个倍频带测量对应的声压级，根据测量结果在 NR 曲线图（横坐标为倍频带中心频率，纵坐标为声压级）上描绘出频谱图，与该噪声频谱相切的最高 NR 曲线即为该噪声的评价数 NR。假设测得 $31.5\sim 4000Hz$ 对应的 8 个倍频带声压级依次为：75dB、68dB、65dB、58dB、50dB、45dB、44dB、35dB，把这 8 个倍频带噪声值描绘在 NR 曲线图上，与该噪声频谱相切的最高 NR 曲线为 NR-49，相切点出现在 125Hz 处，表示该噪声的噪声等级为 NR-49。

### 5.3.3　噪声对人体的影响

（1）对听觉的影响　在噪声环境中，人听觉敏感性降低。如果声音较强，人长时期停留于这种环境中会引起听觉疲劳。如果声强及作用于人耳的时间进一步增加，则可以引起噪声性耳聋。在强声压的冲击下（如爆炸、炮击），可导致双耳完全失聪。

（2）对视觉的影响　在噪声环境中，由于听觉器官受损可使视力下降，蓝绿色视野增加，红色视野减小。

（3）对神经系统的影响　在噪声环境长期作用下，可以使大脑皮层兴奋与抑制失调，导致条件反射异常，表现为植物神经系统功能紊乱，引起头痛、头晕、失眠、多汗、乏力、恶心、心悸、注意力分散、记忆力减退等。

（4）对内分泌及消化系统的影响　噪声会引起新陈代谢的破坏和血液成分的改变。长期处在噪声环境中，会使胃的正常活动受到抑制，导致溃疡病和胃肠炎发病率增高。

（5）对心血管系统的影响　噪声会引起心动过速、心律不齐、血压升高及毛细血管收缩、供血减少。

### 5.3.4　噪声对心理的影响

（1）对语言信息传递的影响　如果噪声压住了工作场所的语言信号，使信息不能清晰准确地传递，就可能造成严重的错误。此外，由于语言交流困难，还可引起人烦躁、着急、生气，使人情绪变坏。

（2）对注意和记忆的影响　噪声的干扰会使人分散精力。尤其是带有一定信息的噪声，更会对大脑活动产生消极影响，使人注意力易分散，注意集中短暂。

噪声对人的记忆也有影响。在噪声环境中，思路被破坏，记忆的东西会按另一种顺序排列，而且数量减少。

偶然出现的意外的高频噪声，会更严重地惊扰人的注意，甚至可以使他正在进行的工作活动瞬间完全停止。噪声对人注意的影响，既与个人特性有关，也与噪声是否对这个人有特殊作用有关。

（3）对工作能力的影响　噪声对人的工作能力既有消极影响也有积极影响。噪声是提高大脑兴奋水平的影响因素之一。在一定强度和一定性质的噪声中，大脑处于较佳的兴奋水平。人对外界刺激的反应更加灵敏，注意更加集中，动作更活跃，思维活动也更积极，因而使工作能力提高。从心理学上看，隔绝了外界的任何附加刺激，要保持注意是很困难的。因为在这种情况下，大脑皮质的兴奋性降低，注意难以集中。经研究确定，55dB（A）的噪声能使大脑保持最佳

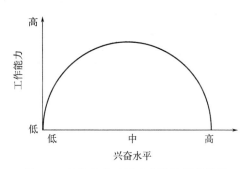

图 5-4　工作能力对兴奋水平的依存关系

兴奋水平，此时的工作能力最强，见图 5-4。随着噪声的增加，噪声开始令人感到刺耳，人试图避开噪声，结果使注意分散，工作能力下降。

（4）噪声对情绪的影响　噪声对情绪的影响取决于噪声的性质和人的一般状态。强而频率高的噪声，强度和频率不断变化的噪声，一般来说更易使人紧张、烦乱、生气。当人在从事创造性脑力劳动、休息、从事复杂的系统控制工作以及心情不好时，即使强度不大的噪声（30～40dB），也能使人厌烦。当人从事重体力劳动、进行激烈的体育运动或进行兴高采烈的娱乐时，反而需要一定的噪声来助兴，此时这些噪声仍可能会引起别人烦躁和讨厌。因此，对同样的噪声刺激，人的情绪反应是不一样的，有人会厌烦，也有人会兴奋，这取决于人当时的活动性质、心理状态和个性特点。

在工作场所，因为工作性质、心理状态、体质、个性特点的不同，处于同一噪声环境中的人其情绪反应也是不一样的。如果一个人的工作与噪声有联系，尽管他和别人受到同样噪声的作用，他的心情会更平静一些。此外，如果对某一噪声环境已养成习惯，较之新进入这一噪声环境的人来说，情绪波动会小得多。

### 5.3.5 噪声与安全

在生产活动中，噪声污染是干扰人正常工作、导致事故发生的重要原因之一。但在一定的控制条件下，噪声也有它的积极意义。因此应趋利避害，一方面要防止噪声污染，另一方面要利用它的积极作用。

（1）控制噪声水平 工作场所的噪声会给人生理和心理带来种种消极影响和伤害，使工作效率下降和失误增多。因此，应该把工作场所噪声控制在一定水平之内，减少它对生产活动的消极影响。表5-9给出了某些工种允许的和推荐的最大限度噪声负荷。

表5-9 某些工种允许的和推荐的最大限度噪声负荷

| 房间名称或活动的性质 | 噪声级 | 等效连续 A 声级/dB(A) | |
| --- | --- | --- | --- |
| | | 允许最大限度指标 | 推荐最大限度指标 |
| 创造性劳动者的房间,医疗机构中的服务用和科研用房(医院、门诊部) | | 50 | 45 |
| 科员、会计、管理员工作的房间 | 平常的噪声级(本人动作引起的噪声除外) | 60 | 55 |
| 计算机房 | | 70 | 65 |
| 检验、测量、操纵、调度工作用房间 | | 75 | 65 |
| 声音信号和清楚明确的说话声有重大意义的工作场地(吊车、活动站台) | 平常噪声环境,包括工人自己动作引起的噪声 | 85 | 80 |

控制噪声可以从降低噪声源噪声、减少噪声源、控制噪声传播和加强对个人的防护几方面着手，以改善噪声污染状况。

（2）合理利用噪声 寂静也像强烈的噪声一样，对于一般生产活动并不合适。寂静的环境使人压抑、紧张、容易神经过敏，同样可造成工作效率下降和失误增多。此外，寂静还会使某些不很响的声音变得突出（比如工人在进行各种操作和活动时发出的声音，这种声音是不可控的），突然吸引注意，从而经常、断续地干扰人的工作，这对于安全生产来说是更不利的。因此工作场所必须有一定的噪声背景。

工作场所的噪声背景应该是不超出其工种允许的噪声水平。变化较小（以便使人对它养成习惯），以及避免那些使人难以忍受的声音刺激（例如连续的高频音）。

（3）采用心理学手段 在非极端（噪声过于强烈）的情况下，还可以采用心理学手段减轻噪声给人带来的烦躁情绪。比如，在工作场所的墙壁上涂上冷色调，有助于人情绪安定一些。

（4）功能音乐与安全 音乐在改善情绪、减轻疲劳等方面的作用已被人们普遍所承认。现代企业较为普遍地采用了功能音乐，用以提高工作效率，并收到了良好效果。需要指出的是，音乐调节对保护人的听力不起任何作用，仅是一种心理缓解。功能音乐对于保证安全生产也有一定意义。

【案例反思】 1921年美国的盖特沃得（E. L. Gatewood）曾成功地用音乐使建筑业的制图工作提高效率。第二次世界大战时，为了使工业增产，产生了"背景音乐"（background music）和"产业音乐"（industrial music）。其中英国BBC广播电台播放的"Music While You Work"获得好评；1943年美国的MUZAK公司开始发行"背景音乐"（BGM）；1960

年日本也创作了"产业音乐"曲目。

在苏联的一个电话机厂的装配车间，心理学家做了一个有趣的试验。该厂是一个采用功能音乐并获得了很好效果的企业。在车间里播放了两年音乐，有一次突然停放了一个星期，工人很快就感到不习惯了，他们抱怨说：没有音乐，工作时就不那么轻松，需要花费更多体力；工作日好像变长了；车间的噪声突出了；因而情绪受到影响，工作效率也降低了，体力上的疲劳增加了，动作变慢了。为了验证工人们所说的感觉是否有普遍意义，心理学家又在另一个工厂做了试验。在试验期间，音乐隔天播放，而对工人疲劳程度的测定则每天进行。工人在"无音乐"日和"有音乐"日的疲劳曲线存在明显差异，见图5-5。

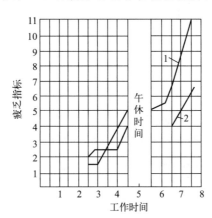

图 5-5　音乐对人体疲劳的影响
1—有音乐；2—无音乐

## 5.3.6　噪声的控制

### 5.3.6.1　控制噪声源

控制噪声源是消除与降低噪声的根本措施，首先应研制和选择低噪声的设备，改进生产加工工艺，提高机械设备的加工精度和安装技术，使发声体变为不发声体，或发出的声音减小，实践证明用这种改革生产工艺来控制声源的办法是有效的，如用油压打桩机取代气压打桩机，噪声强度可下降50dB。另外，封闭噪声源也是消除噪声的一个有效途径。常用隔声材料将噪声源限制于局部范围，将噪声源与周围环境隔离。

### 5.3.6.2　控制噪声传播

（1）合理布局厂区　在新建或扩建、改造老厂房时，应充分考虑噪声对周围环境的影响，噪声车间应远离行政办公场所与居民区，并保持一定的距离，周围建隔声墙、防护林、草坪，建筑物内墙、天花板、地面等处可装上性能良好的吸声材料。

（2）控制噪声传播途径的措施

① 吸声。用多孔吸声材料做成一定结构，安装在室内墙壁上或吊在天花板上，吸收室内的反射声，或安装在消声器或管道内壁上，增加噪声的衰减量。多孔吸声材料多以玻璃棉、矿渣棉、聚氨酯泡沫塑料等加工成木屑板、甘蔗纤维板、吸声砖等，一般可以降低室内噪声 6～10dB（A）。

② 隔声。采用隔声性能良好的墙、门、窗、罩等，把声源或需要保持安静的场所与周围环境隔绝起来。在吵闹的车间内为了保证工人不受干扰，可以开辟一个安静的环境，如建立隔音操作间、休息室等，也可以用隔音间、隔音罩将产生噪声的机器密封起来，降低声源辐射。

③ 消声。在产生噪声的设备上安装消声器，可以消除机械气流噪声，使机械设备进出气口噪声降低 25～50dB（A）。

④ 隔振与阻尼。隔振就是在机械设备下面安装减振器或减振材料，以减少或阻止振动传到地面，常用的减振器有弹簧类、橡胶类、软木、毡板、空气弹簧和油压减振器等。减振阻尼就是用阻尼材料涂刷在薄板的表面，以减弱薄板的振动，降低噪声辐射。常用沥青、塑料、橡胶等高分子材料做阻尼材料。

### 5.3.6.3　个体防护

要加强对接触噪声工人的教育，认识噪声对人体的危害，并传授有关个体防护用品的使用方法。护耳器是个体防护噪声的常用工具，主要种类有耳塞、防声棉、耳罩、帽盔等，一般用软橡胶或塑料等材料制成。不同材料不同种类的护耳器对不同频率噪声的衰减作用不同，见表 5-10。应该根据噪声的频率特性选择合适的防护用品。

**表 5-10　护耳器对噪声的衰减作用/dB（A）**

| 种类 | 125Hz | 250Hz | 500Hz | 1000Hz | 2000Hz | 4000Hz | 8000Hz |
| --- | --- | --- | --- | --- | --- | --- | --- |
| 干棉毛耳塞 | 2 | 3 | 4 | 8 | 12 | 12 | 9 |
| 湿棉毛耳塞 | 6 | 10 | 12 | 16 | 27 | 32 | 26 |
| 玻璃纤维耳塞 | 7 | 11 | 13 | 17 | 29 | 35 | 31 |
| 橡胶耳塞 | 15 | 15 | 16 | 17 | 30 | 41 | 28 |
| 橡胶耳套 | 8 | 14 | 2 | 34 | 36 | 43 | 31 |
| 液封耳套 | 13 | 20 | 33 | 35 | 38 | 47 | 31 |

# 5.4　生产环境的微气候条件与安全

工作场所的气候环境被称为微气候。微气候主要决定于以下因素：空气的温度和湿度，空气流动的速度以及工作现场的设备、各种物品等的热辐射。

拓展阅读：
微气候

## 5.4.1　微气候对人体的影响

### 5.4.1.1　人的体温调节

为了保证人生命活动的正常进行，人的体温必须保持在一个恒定的范围内。人体内部重要器官（脑、心脏、消化器官）的温度波动很小；外周器官（皮肤、肌肉、四肢）的温度波动较大，它们对温度波动的适应能力也较强。人的体温调节是通过体内蓄热、血液循环、汗腺分泌和肌肉抖动进行的，为了保持正常体温，人时刻与周围环境进行着热交换。热交换是通过热传导、对流、热蒸发和热辐射进行的。当人与周围环境进行热交换时，人的体温不断波动。如果热交换量过大，会使人的体温波动超出生理允许范围，人体各器官机能会受到不同程度的损害（表 5-11）。

表 5-11 不同体温时出现的症状

| 体温/℃ | 症状 | 体温/℃ | 症状 |
|---|---|---|---|
| 43～44 | 死亡 | 34 | 倒摄遗忘 |
| 41～42 | 热射病:由于温度迅速升高而虚脱 | 32 | 稍有反应,但全部过程极为缓慢 |
| 39～40 | 大量出汗;血量减少,血液循环障碍 | 30 | 意识丧失 |
| 37 | 正常 | 25～27 | 肌肉反射与瞳孔光反射消失,心脏停止跳动,死亡 |
| 35 | 大脑活动过程受阻,发抖 | | |

### 5.4.1.2 环境温度对人体的影响

人体对工作场所温度的感觉还受到微气候的其他因素,如湿度、空气流速和热辐射的影响。为了综合反映人的温度感觉,提出了有效温度的概念。有效温度是通过有效温度列线图来确定的,见图 5-6。在这一列线图上,用连接干、湿球温度的直线和另一条表示空气流速的曲线的交叉点表示有效温度。工作场所温度高或低都会加重人体生理负荷。在高温环境中,人的呼吸频率加快,汗腺分泌增多,血液循环加速,体表血管扩张。图 5-7 表明环境温度与脉搏之间的联系。持续的高温环境会导致热循环机能失调,造成急性中暑或热衰竭。热衰竭即由热疲劳引起的全身倦怠、食欲不振、体重减少、头痛、失眠、无力等症状。高温还会使人的体力下降。温度超过 27℃ 时,工作效率下降,疲劳加剧。脑力劳动对温度的反应更为敏感。当有效温度达到 29.5℃ 时,脑力劳动的效率开始降低。

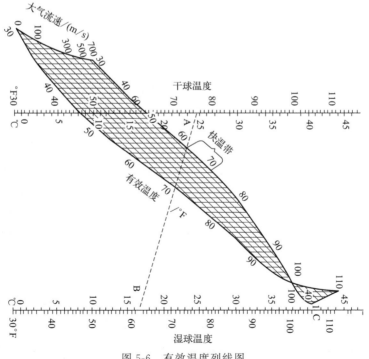

图 5-6 有效温度列线图

人体也具有一定的冷适应能力。环境温度低于体温时,体表血管收缩,减少人体散热量。如果温度进一步下降,肌肉因寒冷而剧烈收缩抖动,以增加热量维持体温。人对低温的适应能力远不如人的热适应能力。在低温条件下,大脑神经兴奋性与传导能力减弱,出现痛

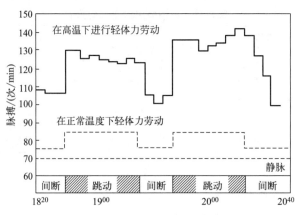

图 5-7　环境温度对脉搏的影响

觉迟钝和嗜睡状态。

　　在低温适应初期，人体代谢率增高，心率加快，心脏搏出量增加；如果低温持续，则人体内部器官温度降低，心率随之减慢，心脏搏出量减少。在低温环境中，最先感到不适的是人的四肢及脸部五官。低温会影响人体四肢的灵活性，在干空气温度 15.5℃时，作业几个小时后，手就会丧失柔软和操作灵敏性。

　　此外，空气湿度对人体也有一定影响。尤其是在气温异常的情况下，在高温环境中，如果相对湿度超过 50%，人体通过蒸发汗以散热的功能就显著降低。温度越高，高湿度的空气对人的消极影响越大。当然，如果湿度过低，对人体也有不利影响。如果湿度降至 30%以下，那么高温低湿的环境会使人产生上呼吸道黏膜干燥、不舒适的感觉。在低温条件下，如果湿度过高，会使人感到更加寒冷。长时期的低温高湿环境，容易导致人患关节疼痛等疾病。在比较正常的气温条件下，湿度也对人体产生一定影响，如表 5-12。

表 5-12　以空气湿度为转移的最佳感觉

| 温度/℃ | 空气的相对湿度/% | 感觉状态 |
| --- | --- | --- |
| 21 | 40 | 最愉快的状态 |
| | 75 | 没有不愉快的感觉 |
| | 85 | 良好的安静状态 |
| | 91 | 疲劳，沮丧状态 |
| 24 | 20 | 没有不愉快的感觉 |
| | 65 | 不愉快的感觉 |
| | 80 | 需要安静 |
| | 100 | 不能做重体力劳动 |
| 30 | 25 | 没有不愉快的感觉 |
| | 50 | 正常的工作能力 |
| | 65 | 不能做重体力劳动 |
| | 81 | 体温升高 |
| | 90 | 对健康有危险 |

## 5.4.2　微气候对人心理的影响

　　人在适宜的气候条件下，会感到舒适，人体各器官的机能也可以正常发挥。在不利的气候条件下，人不但在生理上发生各种反应，而且心理也受到影响。

在高温环境中，由于热环境下体表血管扩张，血液循环量增加，导致大脑中枢相对缺血，使人注意力分散，记忆力减退，思维迟缓，知觉和感觉能力受到消极影响，以及人辨识能力和反应速度等下降。在低温环境中，由于神经兴奋性和传导能力减弱，也会使人出现上述症状。

不适的微气候环境还影响到人的情绪，高温环境增加人的烦躁感，低温环境会使人增加紧张不安感。此外，不适的微气候引起人生理上的不良反应也会导致情绪变坏。比如由于呼吸和心率的加快，人会感到慌乱和紧张，容易疲乏。在情绪不佳的情况下，人的责任感和工作积极性也易受到消极影响。

【案例反思】 伦敦帝国理工学院气候变化与健康专业初级研究员 Le Vay 称，"无论在哪，当温度超过一定的阈值时，气温每上升 1°F❶，自杀率就会增加 1% 左右。"格兰瑟姆研究所的报告指出，患有精神疾病的人，尤其是精神病、痴呆症或成瘾症患者，在热浪中死亡的可能性是无精神疾病人群的两至三倍。此外，气温升高还会导致冲突、暴力（尤其是家暴），以及袭击事件不断增加。美国俄亥俄州伍斯特学院心理学教授 Clayton 认为，"总的来说，人们的幸福指数因气候变化而不断下降。"

## 5.4.3  微气候环境的改善与安全

### 5.4.3.1  人体对微气候环境的主观感觉

衡量微气候环境的舒适程度是相当困难的，不同的人有不同的估价。一般认为，"舒适"有两种含义，一种是指人主观感到的舒适；另一种是指人体生理上的适宜度。人的自我感觉的舒适度与工作效率有关。

（1）舒适的温度  人主观感到舒适的温度与许多因素有关，从客观环境来看，湿度越大，风速越小，则舒适温度越低；反之则越高。从主观条件看，体质、年龄、性别、服装、劳动强度、热习服等均对舒适温度有重要影响。生理学上常用的规定是：人坐着休息，穿着薄衣服，无强迫热对流，未经热习服的人所感到的舒适温度。按照这一标准测定的温度一般是 (21±3)℃。影响舒适温度的因素很多，主要有：季节（舒适温度在夏季偏高，冬季偏低）、劳动条件、衣服（穿厚衣服对环境舒适温度的要求较低）、地域（人由于在不同地区的冷热环境中长期生活和工作，对环境温度习服不同。习服条件不同的人，对舒适温度的要求也不同）、性别、年龄等。一般女子的舒适温度比男子高 0.55℃；40 岁以上的人比青年人约高 0.55℃。

（2）舒适的湿度  舒适的湿度一般为 40%～60%。在不同的空气湿度下，人的感觉不同，温度越高，高湿度的空气对人的感觉和工作效率的消极影响越大。

（3）舒适的风速  在工作人数不多的房间里，空气的最佳速度为 0.3m/s；而在拥挤的房间里为 0.4m/s。室内温度和湿度很高时，空气流速最好是 1～2m/s。有关工作场所风速可参阅采暖通风和空调设计规范。

### 5.4.3.2  微气候环境的综合评价

目前，评价微气候环境有三种方法或指标。

---

❶ $t/℃=\dfrac{5}{9}(t/℉-32)$，下同。

（1）有效温度（感觉温度）　有效温度是美国采暖通风工程师协会研究提出的，是根据人在不同的空气温度、湿度和空气流速的作用下产生的温热主观感受所制定的经验性温度指标。此指标使用比较方便，其缺点是在一般温度条件下过高地估计了高湿度的影响，而在高温情况下又低估了风速、高温度的不利作用。德国的工效学标准采用该指标。当有效温度高时，人的判断力减退。当有效温度超过 32℃ 时，作业者读取误差增加，到 35℃ 左右时，误差会增加 4 倍以上。不同作业种类的有效温度参见表 5-13。

**表 5-13　不同作业种类的有效温度**

| 作业种类 | 脑力作业 | 轻作业 | 体力作业 |
| --- | --- | --- | --- |
| 舒适温度/℃ | 15.5～18.3 | 12.7～18.3 | 10～16.9 |
| 不适温度/℃ | 26.7 | 23.9 | 21.1～23.9 |

（2）不适指数　不适指数是纽约气象局于 1959 年发表的一项评价气候舒适程度的指标，它综合了气温和湿度两个因素。不适指数可由下式求出：

$$DI = (t_d + t_w) \times 0.72 + 40.6$$

式中　DI——不适指数；
　　　$t_d$——干球温度，℃；
　　　$t_w$——湿球温度，℃。

日本学者研究认为，日本人感到舒适的气候条件与美国人有所区别。表 5-14 为美国人和日本人对不同的不适指数与不适主诉率。

**表 5-14　不适指数与不适主诉率**

| 不适指数 | 不适主诉率/% | |
| --- | --- | --- |
| | 美国人 | 日本人 |
| 70 | 10 | 35 |
| 75 | 50 | 36 |
| 79 | 100 | 70 |
| 86 | 难以忍耐 | 100 |

通过计算各种作业场所、办公室及公共场所的不适指数，就可以掌握其环境特点及对人的影响。不适指数的不足之处是没有考虑风速。

（3）卡他度　卡他温度计是一种测定气温、湿度和风速三者综合作用的仪器。卡他度一般用来评价劳动条件舒适程度。卡他度 H 可通过测定卡他温度计的液柱由 38℃ 降到 35℃ 时所经过的时间（t）而求得。

$$H = F/t$$

式中　H——卡他度；
　　　F——卡他计常数；
　　　t——由 38℃ 降至 35℃ 所经过的时间，s。

卡他度分为干卡他度和湿卡他度两种。干卡他度包括对流和辐射的散热效应。湿卡他度则包括对流、辐射和蒸发三者综合的散热效果。一般 H 值越大，散热条件越好。工作时感到比较舒适的卡他度见表 5-15。

表 5-15　较舒适的卡他度

| 项目 | 轻劳动 | 中等劳动 | 重劳动 |
| --- | --- | --- | --- |
| 干卡他度 | ＞6 | ＞8 | ＞10 |
| 湿卡他度 | ＞18 | ＞25 | ＞30 |

### 5.4.3.3　改善微气候环境的措施

5.4.3.3.1　改善高温作业环境

高温作业环境的改善应从生产工艺和技术措施、保健措施、生产组织措施等几个方面入手。

（1）生产工艺和技术措施

① 合理设计生产工艺过程。在进行生产工艺设计时，要切实考虑作业人员舒适与否，应尽可能将热源布置在车间外部，使作业人员远离热源，或者将热源设置在天窗下或夏季主导风向的下风头，或热源周围设置挡板，防止热量扩散。

② 屏蔽热源。在有大量热辐射的车间，应采用屏蔽辐射热的措施。屏蔽方法有三种：直接在热辐射源表面铺上泡沫类物质；在人与热源之间设置屏风；给作业者穿上热反射服装。

③ 降低湿度。人体对高温环境的不舒适反应很大程度上受湿度的影响，当相对湿度超过 50% 时，人体通过蒸发散热的功能显著降低。

④ 增加气流速度。增加工作场所的气流速度可以提高人体的对流散热量和蒸发散热量。高温车间通常采用自然通风和机械通风措施以保证室内一定的风速。高温环境下，气流速度的增加与人体散热量的关系是非线性的，在中等以上工作负荷，气流速度大于 2m/s 时，增加气流速度，对人体散热几乎没有影响。

（2）保健措施

① 合理供给饮料和补充营养。高温作业时应及时补充与出汗量相等的水分和盐分，否则会引起脱水和盐代谢紊乱。一般每人每天需补充水 3～5kg、盐 20g。另外还要注意补充适量的蛋白质和维生素 A、B$_1$、B$_2$、C 及钙等元素。

② 合理使用劳保用品。高温作业的工作服，应具有耐热、导热系数小、透气性好的特点。

③ 进行职工适应性检查。在就业前应进行职业适应性检查。凡有心血管器质性病变的人、高血压，溃疡病，肺、肝、肾等病患的人都不适应于高温作业。

（3）生产组织措施

① 合理安排作业负荷。高温作业条件下，不应采取强制性生产节拍，应适当减轻工人负荷，合理安排作息时间，以减少工人在高温条件下的体力消耗。

② 合理安排休息场所。为高温作业者提供的休息室中的气流速度不能过高，温度不能过低，否则会破坏皮肤的汗腺机能。温度在 20～30℃ 之间最适用于高温作业环境下，身体积热后的休息。

③ 职业适应。对于离开高温作业环境较长时间又重新从事高温作业者，应给予更长的休息时间，使其逐步适应高温环境。

5.4.3.3.2　改善低温作业环境

（1）做好采暖和保暖工作　应按照《工业建筑供暖通风与空气调节设计规范》（GB 50019—2015）的规定，设置必要的采暖设备。调节后的温度要均匀恒定。

（2）提高作业负荷　增加作业负荷，可以使作业者降低寒冷感。

（3）个体保护　低温作业车间或冬季室外作业者，应穿御寒服装，御寒服装应采用热阻值大、吸汗和透气性强的衣料。

（4）采用热辐射取暖　室外作业，若用提高外界温度的方法消除寒冷是不可能的；若采用个体防护方法，厚厚的衣服又影响作业者操作的灵活性，而且有些部位又不能被保护起来。采用热辐射的方法御寒最为有效。

### 5.4.3.3.3　推荐的环境微气候

在热环境中，高湿或低湿都会增加机体的热负荷。当气温大于皮温时，气流速度加大，促使人体从外界环境吸收更多的热，使人更觉炎热。在寒冷的冬季，低温高湿，气流速度大，则会使人体散热过多，令人更觉寒冷，从而引起冻伤。

当空气流速为 0.15m/s 时，即有空气清新感觉。在室内，即使空气温度适宜，若空气流速接近于零，也会使人产生沉闷的感觉。工作场所的风速以不超过 2m/s 为宜。空调车间的循环空气中至少应加入 10% 新鲜空气。德国劳动保护与事故研究所推荐的生产环境微气候，见表 5-16。

**表 5-16　德国劳动保护与事故研究所推荐的生产环境微气候**

| 劳动类别 | 空气温度/℃ | | | 相对湿度/% | | | 空气最大流速 /(m/s) |
|---|---|---|---|---|---|---|---|
| | 最低 | 最佳 | 最高 | 最低 | 最佳 | 最高 | |
| 办公室工作 | 18 | 21 | 24 | 30 | 50 | 70 | 0.1 |
| 坐着轻手工劳动 | 18 | 20 | 24 | 30 | 50 | 70 | 0.1 |
| 站着轻手工劳动 | 17 | 18 | 22 | 30 | 50 | 70 | 0.2 |
| 重劳动 | 15 | 17 | 21 | 30 | 50 | 70 | 0.4 |
| 最重劳动 | 14 | 16 | 2 | 30 | 50 | 70 | 0.5 |

**复习思考题**

（1）简述采光的意义。

（2）亮度的物理意义是什么？

（3）阐述视觉疲劳的概念，并分析产生的原因。

（4）试分析照明对安全生产的影响，并阐述根据心理特征的照明设计原则。

（5）试分析颜色的意义，并阐述颜色中的常见色对生理与心理的作用。

（6）分析色彩与安全的关系，阐述色彩的设计与应用原则。

（7）阐述常用的 4 种安全色，并说明其含义、用途。

（8）试说明机器设备用色应注意的问题。

（9）8 种标志用色是哪些？其意义是什么？

（10）如何理解噪声？

（11）分析噪声对安全的影响，并阐述噪声的分类、评价指标。

（12）试阐述噪声评价的意义。

（13）简述噪声的控制原则与途径。

（14）什么是微气候？微气候的组成要素有哪些？

（15）综述微气候对人体的影响。

（16）如何进行微气候环境的综合评价？主要的衡量指标有哪些？

（17）简述改善微气候环境的措施。

# 6 安全管理行为与安全

在安全管理的各个环节中存在着不同的安全管理行为，管理者依据什么样的管理理论，采用什么样的安全管理方法，用什么样的安全管理理念管理员工的工作行为，如何对员工进行安全教育和安全培训，领导者如何进行领导，本章将就这些问题进行分析与讨论。

拓展阅读：
行为安全管理元模型

## 6.1 安全管理行为的基本概念

安全管理行为是在生产过程中为保障安全生产而发生的与安全管理相关的行为统称，它是组织行为的特例，正确、有效的安全管理行为对促进安全生产具有重要的意义。

### 6.1.1 安全管理行为的特征

（1）目标性　安全管理行为应有明确而具体的目标性。就是安全管理者通过对安全生产进行的计划、组织、指挥、协调和控制的一系列行为活动，贯彻执行国家安全生产的方针、政策、法律和法规，保证生产过程的安全进行，达到保护职工在生产过程中的安全与健康，保护财产不受到损失。

（2）秩序性　安全管理行为的秩序性是指为建立、维护正常的安全生产秩序而进行的一系列行为特征。任何企业和生产过程必须有秩序，才能保证企业计划的顺利完成。

① 秩序性表现在企业有一个复杂而正式的结构。它是保证高效有序进行安全生产的前提。

② 在企业的生产过程中，由于安全管理的秩序性，各个部门才能各司其职、合理配合，为实现安全生产奠定基础。

③ 为了保证企业安全行为的秩序形成和正常持续，必须制定一系列的安全规章制度、操作规程等规范。

安全管理行为的秩序性是企业权力核心的体现。用以指挥、调节企业员工的安全行为，促进企业安全生产的实现。

拓展阅读：
Reason 组织
失误事故模型

（3）高效性　安全管理行为的高效性就是强调安全管理行为在生产过程中的合理性和有效性。高效的安全管理行为是促进企业安全、快速发展的根本。

### 6.1.2 安全管理行为的主要内容

安全管理行为的主要内容大体分为四个方面：

（1）管理体制及基础工作　管理体制是安全管理行为的基础。安全管理体制包括纵向的专业管理、横向的各职能部门（各专业）管理和与群众监督相结合的组织协调管理形式，以及企业的安全生产责任制。基础工作包括安全规章制度建设，安全生产标准化工作，生产前的安全评价和管理（如设计安全、技术开发安全等前期管理），工人和干部的安全培训教育，安全技术措施制定和实施，定期或不定期的安全检查，安全管理方式、方法和手段的改进研究，以及有关安全情报资料的搜集分析，安全生产中疑难问题的提出等。

（2）生产（建设）过程中的动态安全　企业的生产、检修、施工等过程以及设备的安全保证问题，构成了企业动态安全管理。安全生产过程中，最核心的是工艺安全、操作安全。检修过程安全，包括全厂停车大修，车间系统停车大修，单机大、中、小修，以及应急抢修等不同情况的安全问题。经验表明，在检修和抢修情况下发生的死亡事故要占 1/3 以上。施工过程安全，特别是企业的扩建、改造工程，往往是在不停产的情况下进行施工，同检修安全一样重要。设备安全，包括设备本身的安全可靠性和正确合理的使用等。

（3）安全信息、安全预测和监督　事故管理实质上起着信息搜集、整理、分析、反馈的作用。安全分析和预测，是通过分析、发现和掌握安全生产的某些规律及趋势，做出预测、预报。监督、检查安全规章制度的执行情况，发现安全生产责任制执行中的问题，为加强动态安全管理提供依据。

（4）安全管理的法治化、标准化、规范化、系统化

① 安全管理法治化就是贯彻、执行国家法律法规，依法管理安全生产。有关法律、法令，正是为了强制人们提高对安全生产科学性的认识，对违反科学、冒险蛮干和不关心职工生命安全和身体健康的现象加以制约的重要方式。

② 安全生产标准化是综合性的安全基础工作，对保证安全生产、提高经济效益有着重要作用。

③ 规范化安全管理，除属于安全生产标准化内容的范围应按专门要求进行外，其他一切行为、活动均应依照安全规章制度进行。企业应根据国家及行业主管部门颁布的条例、规定及其细则的要求，制定出满足上述要求，并结合企业实际情况的各种安全规章制度，安全管理规范化是以保证生产安全为目的，是企业安全管理行为准则之一。

④ 安全管理系统化。系统化的建立必须改变人们的传统观念，学习和掌握系统的理论知识，确立全员、全面、全过程、全方位的安全系统管理，消除从生产单一产品的观点来处理安全生产。

【案例反思】 行为安全管理与传统安全检查的区别：①行为安全管理关注的主要是人员的行为，传统安全检查关注的主要是物的状态。②行为安全管理的范围是全面的，而传统安全检查的范围是局部的。③行为安全管理采取互动沟通的方式，而传统安全检查的方法对员工来说则是被动的。④行为安全管理的内容既有积极一面的，也有负面的，而传统安全检查的内容主要是针对负面的行为。⑤行为安全管理的心态是反思，传统安全检查的心态则是挑错。

## 6.1.3　安全管理行为的层次

安全管理行为的层次与安全管理的组织结构密切相关，其行为一般分为三个层次。

（1）安全管理个体行为　安全管理个体行为是在安全管理过程中单个人的行为，是个人对安全管理在内在心理和外在环境驱使下形成与安全管理相关的行为。安全管理个体行为是

安全管理群体行为的基础单位，是安全管理行为研究的起点。安全管理个体行为包括不同个体心理因素下的安全管理行为、不同环境刺激下的安全管理行为、不同个体的安全管理行为等。

（2）安全管理群体行为　安全管理群体行为是以安全管理个体行为为基础，但是安全管理群体行为并不是安全管理个体行为简单地相加，而是一种群体在安全管理过程中实际行为和工作行为的综合表现。安全管理群体行为包括不同类型群体的安全管理行为、群体的安全管理决策行为、群体的一致性安全管理行为、非正式群体的安全管理行为等。

（3）安全管理组织行为　安全管理组织行为是以安全管理个体行为和安全管理群体行为为基础产生的，但不等于安全管理个体行为和安全管理群体行为的简单相加。安全管理组织行为包括安全管理目标行为、安全管理组织架构行为、安全管理运行机制、安全管理设计行为、安全管理变革行为等。

# 6.2　安全管理行为的基本原理

安全管理行为是安全管理的外在表现，是对安全管理各项目标的落实。其行为原理也就遵循安全管理的基本原理，其基本原理包括系统原理、人本原理、预防原理、强制原理和责任原理。

## 6.2.1　系统原理

系统原理是指人们在从事管理工作时，运用系统的观点、理论和方法对管理活动进行充分的系统分析，以达到安全管理的优化目标，从系统论的角度来认识和处理企业管理中出现的问题。在管理活动中运用系统原理应遵循以下原则。

拓展阅读：
行为安全管理
实施步骤

（1）动态相关性原则　任何安全管理系统的正常运转，不仅要受系统自身条件和因素的制约，还要受到其他有关系统的影响，并随时间、地点及人们的不同努力程度而发生变化。动态相关性原则可以从两个角度考虑：

① 系统内各要素之间的动态相关性是事故发生的根本原因。正因为构成管理系统的各要素处于动态变化之中，并相互联系、相互制约，才使事故有发生的可能性。

② 为搞好安全管理，掌握与安全有关的所有对象要素之间的动态相关特征，必须要有良好的信息反馈手段，能够随时随地掌握企业安全生产的动态情况，且处理各种问题时要考虑各种事物之间的动态相关性。

（2）整分合原则　为了实现高效的管理，必须在整体规划下明确分工，在分工基础上进行有效的综合。整体规划就是在对系统进行深入、全面分析的基础上，把握系统的全貌及其运动规律，确定整体目标，制定规划、计划及各种具体规范。

明确分工就是确定系统的构成，明确各个局部的功能，把整体的目标分解，确定各个局部的目标以及相应的责、权、利，使各局部都明确自己在整体中的地位和作用，从而实现最佳的整体效果。

有效综合就是对各个局部必须进行强有力的组织管理，在各纵向分工之间建立起紧密的横向联系，使各个局部协调配合，综合平衡地发展，从而保证最佳整体效应。

在整分合原则中，整体把握是前提，科学分工是关键，组织综合是保证。

（3）反馈原则　反馈是指被控制过程对控制机构的反作用，是由控制系统把信息输送出去，又把其作用结果返送回来，并对信息的再输出发生影响，起到控制作用，以达到预定的目的。

现代企业管理要发挥出组织系统的积极弹性作用并导向优化目标的实现，就必须对环境变化和每一步行动结果不断进行跟踪，及时准确地掌握变动中的态势，进行"再认识、再确定"。一方面，一旦发现原计划、目标与客观情况发展有较大出入，做出适时性的调整；另一方面，将行动结果情况与原来的目标要求相比较，如有"偏差"，则采取及时有效的纠偏措施，以确保组织目标的实现。

安全管理行为实质就是一种控制行为，安全管理中常用的 PDCA 方法（"计划→实施→检查→处理"周而复始，不断循环改进提高）实际上就是反馈控制在管理中的应用。

（4）封闭原则　封闭原则是指任何一个系统的安全管理手段、安全管理过程等必须构成一个连续封闭的回路，才能形成有效的管理运动。尽管任何系统都与外部进行着物质、能量、信息交换，但在系统内部却是一个相对封闭的回路，这样，物质、能量、信息才能在系统内部实现自律化与合理流通。

封闭，就是把管理手段、管理过程等加以分割，使各部分、各环节相对独立，各行其是，充分发挥自己的功能。然而又互相衔接，互相制约，并且首尾相连，形成一条封闭的管理链，见图 6-1。

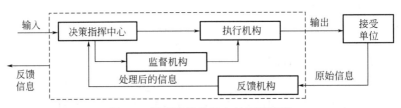

图 6-1　管理系统的基本封闭回路图

封闭原则应用到安全管理领域中，要求安全管理机构之间、安全管理制度和方法之间，必须具有紧密的联系，形成相互制约的回路，保证安全管理活动的有效进行。首先，为保证安全管理执行机构准确无误地贯彻安全指挥中心的命令，在系统中应建立安全监督机构。没有正确的执行，就没有正确的输出，也无从正确的反馈，反馈原理也就无法实现。其次，建立安全管理规章制度是贯彻封闭原理，即建立尽可能完整的执行法、监督法和反馈法，构成一个封闭的制度网，使安全管理活动高效正常运行。

（5）弹性原则　弹性原则是指在对系统外部环境和内部情况的不确定性给予事先考虑并对发展变化的各种可能性及其概率分布，做较充分认识、推断的基础上，在制定目标、计划、策略等方面，相适应地留有余地，有所准备，以增强组织系统的可靠性和管理对未来态势的应变能力。

安全管理有弹性就是当系统面临各种变化状态时，管理能机动灵活地做出反应以适应变化，使系统得以生存并求得发展。

弹性可以分整体弹性和局部弹性。整体弹性是指系统整体的可塑性或适应能力；局部弹性是指系统在一系列管理环节上具有弹性，特别是在关键的环节上要保持足够的弹性。在应用弹性原理时要倡导积极弹性，反对消极弹性。要加强科学预测，遇事"多一手"，而不是消极保留，遇事"留一手"。

## 6.2.2 人本原理

安全管理以人为主体，以调动人的积极性为根本。人本原理有两层含义：①一切管理活动都是以人为本展开的，人既是管理的主体，又是管理的客体，每个人都处在一定的管理层面上，离开人就无所谓管理；②管理活动中，作为管理对象的要素和管理系统各环节，都是需要人掌管、运作、推动和实施。

拓展阅读：
人本原理

（1）能级原则　能级原则是现代物理学的一个重要的概念。安全管理从这一理念获得启示：一个稳定而高效的安全管理系统必须是由若干分别具有不同能级的不同层次有规律地组合而成的安全管理结构，如图 6-2 所示。

由图可见，管理三角形一般可分为四个层次。最高是决策层，它处于最高的能级，是确定系统的大政方针的。第二层是管理层，它处于次高能级，是运用各种管理技术来实现决策层所做出的大政方针。第三层是执行层，它处于较低的能级，是贯彻执行管理指令，直接调动和组织人、财、物等管理要素的。第四层是操作层，它处于最低的能级，是从事操作和完成各项具体任务的。四个层次能级不同，使命不同，必须划分清楚，不可混淆。

图 6-2　稳定的管理能级结构图

（2）动力原则　动力原则是指管理必须要有能够激发人的工作能力的动力，才能使管理运动持续、有效地进行下去。对于管理系统而言，基本动力有三类，即物质动力、精神动力和信息动力。动力原则的正确运用需要考虑以下因素：

① 三种动力要协调配合，综合使用；
② 要正确认识和处理个体动力与集体动力的辩证关系；
③ 在使用动力时，所加的"刺激量"要适当。

（3）激励原则　激励原则就是利用某种外部诱因的刺激，调动人的积极性和创造性，以科学的手段，激发人的内在潜力，使其充分发挥积极性、主动性和创造性。

研究表明，在一般情况下，一个人只能发挥自己能力的 20%～30%。然而，如果受到充分的激励，就能发挥其能力的 80%～90%。其间存在着大约 60%的差距。可见贯彻激励原则对发挥人的积极性有着重要作用。

## 6.2.3 预防原理

我国安全生产的方针是"安全第一，预防为主，综合治理"。通过有效的管理和技术手段，减少并防止人的不安全行为和物的不安全状态，从而使事故发生的概率降到最低，这就是预防原理。做好安全管理工作就必须把握"预防原则"，在完善各项安全规章制度、开展安全教育、落实安全责任的同时，多举措做好安全管理工作的全过程控制，使事故发生率降低到最小，真正使安全工作做到"防微杜渐"。

（1）偶然损失原则　事故后果以及后果的严重程度都是随机的、难以预测的。反复发生的同类事故，并不一定产生完全相同的后果，这就是事故损失的偶然性。海因里希事故法则（1∶29∶300 法则）的重要意义在于指出事故与伤害后果之间存在着偶然性的概率关系。偶然损失原则说明：在安全管理实践中，一定要重视各类事故，包括险肇事故，而且不管事故是否造成了损失，都必须做好预防工作。

（2）因果关系原则　因果关系原则是指事故的发生是许多因素互为因果连续发生的最终结果，只要诱发事故的因素存在，发生事故是必然的，只是时间或迟或早而已。从因果关系原则中认识事故发生的必然性和规律性，要重视事故的原因，切断事故因素的因果关系链环，消除事故发生的必然性，从而把事故消灭在萌芽状态。

（3）3E原则　造成人的不安全行为和物的不安全状态的原因可归结为三个方面：技术原因、人的原因以及管理原因。针对这三个方面的原因，可以采取三种预防事故的对策，即工程技术（Engineering）对策、教育（Education）对策和法治（Enforcement）对策，即3E原则。

（4）本质安全化原则　本质安全化是指设备、设施或技术工艺含有内在的能够从根本上防止发生事故的功能。包括：

① 失误-安全（fool-proof）功能；

② 故障-安全（fail-safe）功能。

这两种安全功能应在设备、设施规划设计阶段就被纳入其中，而不是事后补偿的，包括在设计阶段就采用无害的工艺、材料等。

遵循这样的原则可以从根本上消除事故发生的可能性，从而达到预防事故发生的目的。本质安全化是安全管理预防原理的根本体现，是安全管理的最高境界。

【案例反思】　安全行为对安全的重要作用：某企业罐区外操在执行装车监护工作时，发现C11装车位灌装平台上的收放式踏步东侧2根护栏栏杆脱落。在进行灌装作业时，展开的踏步因一侧栏杆脱落，受力失去平衡，会向另外一侧偏移。作业人员上下扶梯时，如无护栏保护和扶手扶持，会产生跌落的安全隐患。因此外操立即向当班值班长汇报了该情况。值班长接报后迅速赶到现场确认评估，同时发现踏步第二级踏板固定螺栓脱落，踏板晃动，便立即安排此车位暂停使用，进出口用红白带隔离，联系承包商对踏板进行紧固修复，并对其他车位相同螺栓进行了紧固确认，同时将栏杆脱落隐患向工程师汇报。第二天，设备相关人员现场确认后制作了配套的固定插销，对栏杆进行了固定修复，装车位恢复正常作业。正是由于罐区外操的认真监护检查，及时发现了装车位移动踏步栏杆脱落的安全隐患，避免了安全事故。切实践行标准化的安全行为，就能够将隐患消灭在萌芽状态，确保装置的安全平稳运行。

## 6.2.4　强制原理

强制就是绝对服从，无需经被管理者同意便可采取控制行动。因此，采取强制管理的手段控制人的意愿和行为，使个人的活动、行为等受到管理要求的约束，从而有效地实现管理目标，就是强制原理。

安全管理需要强制性是由事故损失的偶然性、人的"冒险"心理以及事故损失的不可挽回性决定的。安全强制性管理的实现，离不开严格合理的法律、法规、标准和各级规章制度，这些法规、制度构成了安全行为的规范。同时，还要有强有力的管理和监督体系，以保证被管理者始终按照行为规范进行活动，一旦其行为超出规范的约束，就要有严厉的惩处措施。因此，在安全管理活动中应用强制原理时应遵循以下原则。

（1）安全第一原则　安全第一就是要求在进行生产和其他活动时把安全工作放在一切工作的首要位置。当生产和其他工作与安全发生矛盾时，要以安全为主，生产和其他工作要服从安全，这就是安全第一原则。贯彻安全第一原则，要求在计划、布置、实施各项工作时首先想到安全，预先采取措施，防止事故发生。需要指出的是，安全第一要落到实处，必须要有经济基础、文化理念、法规制度等的支撑。

（2）监督原则　监督原则是指在安全工作中，为了落实安全生产法律法规，必须授权专门的部门和人员行使监督、检查和惩罚的职责，对企业生产中的守法和执法情况进行监督，追究和惩戒违章失职行为，这就是安全管理的监督原则。

### 6.2.5　责任原理

责任是指责任主体方对客体方承担必须承担的任务、完成必须完成的使命、做好必须做好的工作。在管理活动中，责任原理是指管理工作必须在合理分工的基础上，明确规定组织各级部门和个人必须完成的工作任务和相应的责任。

拓展阅读：
责任原理

在安全管理、事故预防中，责任原理体现在很多地方，例如，安全生产责任制的制定和落实、事故责任问责制，以及越来越被国际社会推行的SA8000（社会责任标准 Social Accountability 8000 的简称，是全球首个道德规范国际标准）等。在安全管理活动中，运用责任原理，大力强化安全管理责任建设，建立健全安全管理责任制，构建落实安全管理责任的保障机制，促使安全管理责任主体到位，且强制性地安全问责、奖罚分明，才能推动企业履行应有的社会责任，提高安全监管部门监管力度和效果，激发和引导好广大社会成员的责任心。

## 6.3　激励与安全生产

### 6.3.1　激励概述

#### 6.3.1.1　激励的含义

所谓激励就是组织通过设计适当的外部奖酬形式和工作环境，以一定的行为规范和惩罚性措施，借助信息沟通，来激发、引导、保持和归化组织成员的行为，以有效地实现组织及其成员个人目标的系统活动。

这一概念包含以下几方面的内容。

① 激励的出发点是满足组织成员的各种需要。

② 科学的激励工作需要奖励和惩罚并举。

③ 激励贯穿于企业员工工作的全过程，包括对员工个人需要的了解、个性的把握、行为过程的控制和行为结果的评价等。赫兹伯格说，如何激励员工：锲而不舍。

拓展阅读：
激励

④ 信息沟通贯穿于激励工作的始末，从对激励制度的宣传、企业员工个人的了解，到对员工行为过程的控制和对员工行为结果的评价等，都依赖于一定的信息沟通。

⑤ 激励的最终目的是在实现组织预期目标的同时，也能让组织成员实现其个人目标，

即达到组织目标和员工个人目标在客观上的统一。

【案例反思】 行为安全激励机制的应用。中建八局第二有限公司装饰公司安全观察员现场巡查时观察一线作业人员、班组的作业行为情况，对在保障环境安全、保障他人安全、保障自我安全、合理建言献策及应急处置得当等方面表现较好的施工作业人员，发放"行为安全之星"表彰卡。表彰卡设置一定面额，工人可凭卡消费或兑换物品。项目部建立发卡及卡片兑换台账，每月根据作业人员获卡数量评选月度"行为安全之星"，每季度根据各班组"行为安全之星"数量评选季度"平安班组"。对评选出的月度"行为安全之星"及"平安班组"，项目组织公开表彰并予以"物质＋精神"双重奖励，如现金奖励、设置风采展示展板或给家属寄送感谢信等。

### 6.3.1.2 激励的基本特征

（1）激励应有具体的对象 在劳动生产过程中，激励的对象是企业的每一个职工，企业的每一个职工都有其自己的需要以及自我价值所决定的个人目标。企业为了有效地运行，必须对职工进行激励，以求实现企业的目标。从广义上讲，企业的激励也包含着对企业内的群体（例如，车间、班组、科室）的激励，这是因为企业作为一个系统，是由许多具有不同特点和功能的群体所组成，它们以不同形式组合才能形成企业系统的整体功能和特点，企业内各群体被激励的水平，也决定着企业的协调发展。因此，激励的对象不仅是企业职工个体，也涉及企业内各群体以及领导的心理行为问题。

（2）激励是人的动机激发循环 当人有某种需要时，心理上就会处于一种激励状态，形成一种内在的驱动力（即动机），并导致行为指向目标，当目标达到后，需要得到满足，激励状态解除，随后又会产生新的需要。可以认为，激励是人的动机激发循环的重要外界刺激。但是人被激励的动机强弱不是固定不变的，而且激励水平与许多因素有关，如职工的文化构成、人的价值观、企业目标的吸引力、激励的方式等。

（3）激励的效果可由人的行为和工作绩效予以判断 企业对职工进行激励，其动机激发的程度，只能由外显的行为和绩效表达出来，这是因为人的行为及其结果是由动机所推动的。例如，在企业安全生产中，企业运用激励机制，激发职工的安全动机，从而使职工认真遵循安全操作规程，一丝不苟地进行安全生产活动，并为实现企业安全生产目标做出绩效。因此，激励与行为之间存在着某种因果关系。

一般讲，企业的目标与职工的个人目标之间，存在着一致性与矛盾性两方面的倾向，企业要有效地运行，并实现其整体目标，必须对职工的个人目标与企业目标之间进行调整和控制，以达到目标一致化，这种目标一致化的过程，就要靠组织的激励机制及其实施来完成。企业通过激励，可充分挖掘职工的工作潜力，发挥其工作能力，提高工作效率。在国内外许多企业中，通过设置合理化建议奖和技术革新奖，企业从而获得明显效益。此外，激励作为一种重要手段对增强企业内部的结合力和凝聚力也是极其重要的，它不仅可避免人才流失，而且可吸引有利于企业发展的人才，促进企业的发展，在企业竞争的环境中，还能提高企业的应变能力。

### 6.3.1.3 激励的基本原则

（1）目标结合原则 在激励机制中，设置目标是一个关键。目标设置必须同时体现组织目标和员工需要。

（2）物质激励和精神激励相结合的原则 物质激励是基础，精神激励是根本。在两者结合的基础上，逐步过渡到以精神激励为主。

（3）引导性原则 外激励措施只有转化为被激励者的自觉意愿，才能取得激励效果。因此，引导性原则是激励过程的内在要求。

（4）合理性原则 激励的合理性原则包括两层含义：①激励的措施要适度，要根据所实现目标本身的价值大小确定适当的激励量；②奖惩要公平。

（5）明确性原则 激励的明确性原则包括三层含义：①明确激励的目的是需要做什么和怎么做；②公开，特别是在处理奖金分配等大量员工关注的问题时，更为重要；③直观，实施物质奖励和精神奖励时都需要直观地表达它们的指标，总结和授予奖励和惩罚的方式，直观性与激励影响的心理效应成正比。

（6）时效性原则 要把握激励的时机，"雪中送炭"和"雨后送伞"的效果是不一样的。激励越及时，越有利于将人们的激情推向高潮，使其创造力连续有效地发挥出来。

（7）正激励与负激励相结合的原则 所谓正激励就是对员工的符合组织目标的期望行为进行奖励。所谓负激励就是对员工违背组织目的的非期望行为进行惩罚。正负激励都是必要而有效的，不仅作用于当事人，而且会间接地影响周围其他人。

（8）按需激励原则 激励的起点是满足员工的需要，但员工的需要因人而异、因时而异，并且只有满足最迫切需要（主导需要）的措施，其效价才高，其激励强度才大。因此，领导者必须深入地进行调查研究，不断了解员工需要层次和需要结构的变化趋势，有针对性地采取激励措施，才能收到实效。

### 6.3.1.4 激励的过程

每个人的行为的产生不是无缘无故的，必定经历一个复杂的过程。

首先，任何行为的产生全都是由动机驱使。但每个人的行为动机是有差别的，而且每个人的动机还可能因时、因地而有差别，这样就产生了动机与环境的关系，动机受环境的影响和制约。

其次，动机是以需要为基础的。不论你是否意识到需要的存在，动机都是因需要而产生的。人的需要很复杂，一方面，人的需要分为基本的需要和第二位的需要。基本的需要主要是水、空气、食物、睡眠、安全等生理需要。第二位的需要主要是如自尊心、地位、归属、情感、礼尚往来、成就和自信等。这些需要也因时、因人而异。另一方面，人的需要会受环境的影响。如闻到食物香味可以使人产生饥饿感；看到某商品的广告可激发人的购买欲望等。

激励的过程是需要决定动机，动机产生行为的过程。可是作为一个具体的激励来说，过程要复杂得多。当然，需要始终是激励过程的原动力。激励过程可参见第1章图1-7：行为的原理模式。

### 6.3.1.5 激励的功能

激励是安全管理的重要手段，其主要功能在于以下几个方面。

（1）提高安全工作绩效 激励水平对安全工作绩效有相当大的影响。心理学家奥格登进行的"警觉性实验"证明了激励对工作能力的影响。实验表明，经过激励的行为和未经过激励的行为存在着明显的差距。

（2）激发人的潜能　美国哈佛大学的心理学家詹姆士在对职工的激励研究中发现，若按工作时间计酬，职工的工作能力仅发挥出 20%～30%。但是，一旦他们的动机处于被充分激励的状态，他们的能力则可以发挥到 80%～90%。这说明，同样一个人在经过充分激励后所发挥的作用相当于激励前的 3～4 倍。可见，激励在激发人的潜能方面，具有显著的功能。

（3）激发人对安全工作的热情与兴趣　激励具有激发人对安全工作的热情与兴趣、解决安全工作态度和认识倾向问题的独特功能。在激励中，职工对安全工作产生强烈、深刻、积极的情感，并能以此为动力，集中自己的全部精力为达到预期安全目标而努力；激励还使人对安全工作产生浓厚而稳定的兴趣，使职工对安全工作产生高度的注意力、敏感性，形成对安全工作的喜爱。并且能够促使个人的技术和能力，在浓厚的职业兴趣基础上发展起来。

（4）调动和提高人工作的自觉性、主动性和创造性　实践表明，激励能提高人们接受和执行工作任务的自觉程度，能解决职工对工作价值的认识问题，能使职工感受到自己所从事工作的重要性与迫切性，进而更主动地、创造性地完成本职工作。

#### 6.3.1.6　激励的方式

（1）目标激励　目标是活动的未来状态，是激发人的动机、满足人的需要的重要诱因。设置的目标应从目标的价值性、挑战性和可能性三个方面来加以衡量。

① 目标的价值性。目标的价值是以它能否满足一定的社会需要、群体的某种需要和个人的需要，以及需要满足的程度来加以衡量的。所以，目标的价值越大，就越能鼓舞人和吸引人，从而使被领导者朝向目标指引的方向努力奋斗。如果目标的价值不大，很难形成真正的动力，促使人们去采取相应的行为。

② 目标的挑战性。主要是通过实现目标所付出的努力程度来衡量的。因此，所设置的目标要具有挑战性，使人们感到实现它不是轻而易举的事情，必须付出一定的努力，这样才能够强化目标的激励作用。

③ 目标的可能性。是指所设置的目标经过努力实现的可能。如果设置的目标太高，实现它的难度太大，那么尽管它价值很大、挑战性很强，仍会让人们感到可望而不可即，从而减少目标的吸引力，影响积极性。

（2）参与激励　所谓参与激励，就是让下属参与本部门、本单位重大问题的决策与管理，并对领导者的行为进行监督。参与激励主要有以下几种。

① 开放式管理。让下属参与部门或单位目标的制定，让下级人员参与上级重大问题的讨论、研究与决策。

② 提案制。让下属充分地提意见和建议，群策群力，集思广益。

③ 对话制。通常在领导与群众代表之间进行。群众可提出各种意见和质疑，领导者听取群众的意见或回答群众的质疑，达到彼此沟通情况、交流思想、相互理解的目的。

④ 员工代表大会制。通过员工代表大会，被领导者经常性地参与部门或单位的管理和决策，对领导者进行监督，使人民当家作主的权利切实得到保障。

（3）荣誉激励　荣誉激励主要是把工作成绩与晋级、提升、选模、评先进联系起来，以一定的形式或名义标定下来。其主要的方法是表扬、奖励、经验介绍等。荣誉可以成为不断鞭策荣誉获得者保持和发扬成绩的力量，还可以对其他人产生感召力，激发比、学、赶、超的动力，从而产生较好的激励效果。

（4）奖罚激励　奖励是对人的某种行为给予肯定与表彰，使其保持和发扬这种行为。惩罚则是对人的某种行为予以否定和批判，使其消除这种行为。

奖励只有得当，才能收到良好的激励效果。在实施奖励激励的过程中，领导者必须注意善于把物质奖励与精神奖励结合起来，奖励要及时。过时的奖励，不仅削弱奖励的激励作用，而且可能导致下属对奖励产生漠然视之的态度。奖励的方式要考虑到下属的贡献的大小，拉开奖励档次；奖励的方式要富于变化。

惩罚的方式也是多种多样的，要做到惩罚得当，领导者需要注意惩罚要合理，达到化消极因素为积极因素的目的。

（5）关怀激励　关怀激励是指领导者通过对下属多方面的关怀来激励其积极性。如领导者经常与下属谈心，了解他们的要求，帮助他们克服种种困难，把组织的温暖送到群众的心坎上等，可以激发他们热爱集体的情感。

领导者关心、支持下属的工作是关怀激励的一个重要的方面。支持下属的工作就要尊重他们，注意保护他们的积极性，并为他们的工作创造有利的条件。下属在领导者的支持下，就会干劲倍增，就会更有勇气和信心克服困难，顺利完成工作任务。所以，领导者应当尊重下属的人格和尊严，保护他们的积极性、主动性和创造性。同时，还要充分信任他们，鼓励他们大胆工作，积极为他们创造条件，给他们以充分施展才华的机会。

（6）榜样激励　榜样的力量是无穷的，选准一个榜样就等于树立起一面旗帜，使人学有方向，赶超有目标，起到巨大的激励作用。领导者在组织内选择的榜样应当是思想进步、品格高尚、工作绩效突出的成员，是大部分成员都可以学习并通过努力可以做到的。

（7）公平激励　人对公平是相当敏感的，有公平感时，会心情舒畅，努力工作；而感到不公平时，则会怨气冲天，大发牢骚，影响工作的积极性。公平激励是强化积极性的重要手段。所以在工作过程中，领导在职工分配、晋级、奖励、实用等方面要力求做到公平、合理。

（8）宣泄激励　人的思想状况是错综复杂的、充满矛盾的。为使矛盾得到缓和，就要使职工的不满情绪得到有效的宣泄，宣泄激励就是要领导主动去听"牢骚"，给员工创造"发泄"的机会与环境，以此相互沟通、消除隔阂、加强理解、相互支持、相互信任。

（9）危机激励　在市场经济日趋发展、竞争日趋激烈的形势下，一个企业发展面临的压力越来越大。在竞争的因素和复杂多变的环境中，往往潜伏着危机，没有压力感和危机意识，组织就有可能被击倒，被淘汰出局。因此一个明智的领导者，必须时时提醒人们审时度势，居安思危；要善于把这种压力的危机感转化为人们的动力，转化为凝聚力，把人们的积极性调动起来，克服困难，群策群力，实现群体目标。

## 6.3.2　激励理论简介

从1924年开始的霍桑试验，开创了行为研究的先河。行为研究的发展，也引起了以研究人的行为为主的激励理论的发展。从20世纪50年代以来，有代表性的激励理论不下十余种，这些理论从不同的侧面研究了人的行为动因，但每一种理论都具有其局限性，不可能用一种理论去解释所有行为的激励问题。各种理论可以相互补充，使激励理论得以完善。下面简要地介绍比较有影响的一些激励理论。

#### 6.3.2.1 需要层次理论

在所有的激励理论中，最早的也是最受人瞩目的理论是由美国心理学家亚伯拉罕·马斯洛提出的需要层次论。马斯洛对人的需要按重要性程度分为五个层次：

① 生理需要。包括食物、水、衣着、住所、睡眠及其他生理需要。

② 安全需要。包括免受身体和情感伤害及保护职业、财产、食物和住所不受丧失威胁的需要。

③ 归属需要。包括友谊、爱情、归属和接纳方面的需要。

④ 尊重需要。包括自尊、自主和成就感等方面的需要，以及由此而产生的权力、地位、威望等方面的需要。

⑤ 自我实现需要。包括发挥自身潜能、实现心中理想的需要，追求个人能力之极限。

马斯洛认为，人的五个层次的需要是由低向高排列的。需要层次的排列一方面表明需要层次由低到高的递进性，即人们最先表现为生理需要，当生理需要得到满足以后，生理需要消失，表现出安全需要，依次递进，最终表现为自我实现的需要。另一方面，越是低层次的需要，越为大多数人所拥有。越是高层次的需要，拥有的人越少。

如果要按马斯洛的观点去激励人，就必须掌握人所处的需要层次，尽量去满足他的需要。同时，又必须了解该人需要的变化，前一层次需要满足后，必须了解他的下一层次的需要是什么，而用区别于前面所采用的激励手段，使之需要得以满足。应当指出的是，马斯洛的需要层次也会有例外现象，如需要层次的跳越。

#### 6.3.2.2 X理论和Y理论

道格拉斯·麦格雷戈从人性的角度，提出了两种完全不同，甚至可以说是截然相反的理论，即X理论和Y理论。

（1）X理论　习惯于称之为人性为恶理论。该理论对人性有如下假设：

① 一般人天性都好逸恶劳；

② 人都以自我为中心，对组织的需要采取消极的，甚至是抵制的态度；

③ 缺乏进取心，反对变革；

④ 不愿意承担责任；

⑤ 易于受骗和接受煽动。

如果按X理论对员工进行管理，必须对员工进行说服、奖赏、惩罚和严格控制，才能迫使员工实现组织的目标，所以在管理中强制性措施是第一位的。

（2）Y理论　又称之为人性为善理论。Y理论对人性有如下假设：

① 人们并不是天生就厌恶工作，他们把工作看成像休息和娱乐一样快乐、自然；

② 人们并非天生就对组织的要求采取消极或抵制的态度，而经常是采取合作的态度，接受组织的任务，并主动完成；

③ 人们在适当的情况下，不仅能够承担责任，而且会主动承担责任；

④ 大多数人都具有相当高的智力、想象力、创造力和正确做出决策的能力，而是没有充分发挥出来。

根据Y理论，要激励员工去完成组织的任务、实现组织的目标，只需要改善员工的工作环境和条件（包括良好的群体关系，干净、整洁的环境等），让员工参与决策，为员工提供富有挑战性的和责任感的工作，员工就会有很高的工作积极性，会将自身的潜能充分发挥出来。

麦格雷戈认为，Y 理论比 X 理论更有效，因此他建议应更多地用 Y 理论而不是用 X 理论来管理员工。令人遗憾的是，在现实生活中很少有利用 Y 理论管理员工而取得成功的典型事例，而利用 X 理论而卓有成效的管理者则确有其人。如丰田公司美国市场运营部副部长总裁鲍勃·麦格克雷就是 X 理论的追随者，他实施"鞭策"式的政策，激励员工拼命工作，使丰田公司的产品，在激烈的市场竞争中，市场占有份额大幅度提高。

### 6.3.2.3 激励因素、保健因素理论

激励因素、保健因素理论，又称双因素理论，是由美国心理学家弗雷德里克·赫茨伯格提出来的。赫茨伯格在马斯洛的需要层次论基础上开展了进一步研究，他在调查中问了这样一个问题："你希望在工作中得到什么？"他要求人们在具体情境下详细描述他们认为工作中特别满意和特别不满意的方面。

通过对调查结果的分析，赫茨伯格发现，员工对各种因素满意与不满意的回答十分不同。他还发现与满意有关的因素都是与自身有关的因素，如成就、承认、责任等，与不满意有关的因素都是外部因素，如公司政策、管理和监督、人际关系、工作条件等。赫茨伯格进一步指出，满意的对立面并不是不满意，消除了工作中的不满意也并不一定能使工作令人满意。所以他认为，满意的对立面是没有满意，不满意的对立面是没有不满意。赫茨伯格认为，导致工作满意的因素与导致工作不满意的因素是有区别的。他把导致工作不满意的因素称为保健因素，因为这些因素的缺少或不好，会引起员工的不满，而这些因素的大量存在和无比优越，只能减少员工的不满，不能增加员工的满意，所以这些因素不能起到激励作用。赫茨伯格把导致工作满意的因素设立为一般激励因素，工作的改善可以增加员工的满意程度，激发员工的进取心，所以只有这类因素才能真正激励员工。

### 6.3.2.4 期望理论

期望理论是由维克托·弗鲁姆提出的。他认为，当人们预期到某一行为能给个人带来既定结果，且这种结果对个体具有吸引力时，个人才会采取这一特定行为。它包括以下三项变量或三种联系：

① 努力、绩效的联系。个体感觉到通过一定程度的努力而达到工作绩效的可能性。也就是我必须付出多大的努力才能实现某一工作绩效水平？我付出努力后能达到该绩效水平吗？

② 绩效、奖赏的联系。个体对于达到一定工作绩效后即可获得理想的奖励结果的信任程度。也就是当我达到该绩效水平后会得到什么奖赏？

③ 吸引力。个体所获得的奖赏对个体的重要程度。也就是该奖赏是否有我期望的那么高？该奖赏能否有利于实现个人目标？

以上三种联系形成的期望理论的简化模式，如图 6-3 所示。

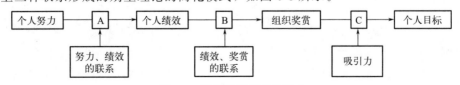

图 6-3　简化的期望理论模式

弗鲁姆在分析了期望理论的简单模式后，进一步建立了激励模型。在模型中引入了 3 个参数：激励力、效价和期望率。激励力是指一个人受到激励的强度；效价是指这个人对某种成果的偏好程度；期望率则是个人通过特定的努力达到预期成果的可能性或概率。因此弗鲁姆建立的期望理论模型为：

$$激励力 ＝ 效价 \times 期望率$$

弗鲁姆研究的是个体特征。尤其是他的理论是以个人的价值观为基础的，这种因人、因时、因地而异的价值观假设，比较符合现实生活，而且在逻辑上都是非常正确的，但是这种个体价值观的假设所形成的激励理论，在实际应用时有许多困难。

除了上述主要激励理论外，还有如公平理论、强化理论、激励需要理论、ERG 理论、不成熟-成熟理论、挫折理论等。

## 6.3.3　激励理论在安全管理行为中的应用

### 6.3.3.1　企业安全管理工作的激励原则

"物质激励和精神激励并重"是我国企业安全生产管理中，用以调动职工在安全生产中的积极性的基本激励原则。

物质激励主要指满足职工物质利益方面需要所采取的激励，例如，奖金、奖品、增加工资、提高福利标准等；精神激励主要指满足职工的精神需要所采取的激励，例如，表扬、评先进、委以重任、提升等。这两种激励手段，从内容和形式上有所区别，但两者之间存在一定的联系。以安全奖金为例，它属于物质激励的范畴，职工从金钱、物质上获得利益，具有经济上的刺激作用，这仅为其外显部分。但是，有限的奖金常常成为人们估价自我价值的存在和工作绩效的大小的一种心理上满足的尺度，人们总是将其在安全生产中的贡献值与奖金分配的实现值的相对比值与他人比较，因此，在安全奖的分配中，蕴含着较大的精神激励成分。企业对职工在安全生产中贡献的肯定程度，可激发职工的成就感。以评选安全先进个人（集体）而论，它是一种精神激励的方式，通过评选活动不仅对职工在安全生产中的绩效或贡献，以社会承认的形式予以肯定，从而满足了人的尊重需要和自我实现的需要。作为先进工作者（或集体），由于获得先进称号而产生荣誉感，这种荣誉感会导致积极的心理不平衡，从而形成内在"压力"，激发人的积极性。虽然，精神激励的表现形式上可有物质利益的内容，但并非一定有着必然的联系（如能通报表扬并不一定发奖品）。

从人的需要来讲，物质需要是基础，而精神需要属较高层次的需要，物质激励反映了人对物质利益需要的满足，因此，它是企业基本的激励形式；精神激励反映了人对需要追求的升华，它是不能以物质激励所能代替的，尤其是随着社会的发展，物质生活条件逐渐丰富，人们对自尊、成就、理想的实现等精神上需要的满足欲望越来越强烈，对精神激励的要求必然显得更加突出；再者，物质奖励的作用遵循"边际效应"递减的原则，在短时期作用明显，但当达到一定程度时，激励作用就开始消退，其"边际效应"将趋向为零。而精神激励的作用一般比较持久，而且对人的激发更加深刻，但是精神激励在一定条件下也是有限的。

【案例反思】"正向激励"赋能安全生产。2022 年 11 月 25 日，大亚湾国家应急救援基地举办大亚湾区 2022 年安全生产"正向激励"（授予荣誉与颁发奖金）奖励颁奖典礼活动，三菱化学化工原料（惠州）有限公司黄莹等人在 DCS 控制的基础上增加先进过程控制

（APC），保证了生产过程中关键控制变量的稳定性，使生产装置始终运转在最佳状态，取得最大的安全效益和经济利益，荣获"年度特别奖"。受表彰的还有中海壳牌石油化工有限公司、欧德油储（大亚湾）有限责任公司、惠州伊斯科新材料科技发展有限公司等单位的职工。通过"正向激励"奖励及先进人员的示范引领，充分调动危险化学品企业及维保承包商员工参与安全生产的积极性、主动性和创造性，鼓励一线员工主动、自觉规范自身安全行为，有效提升了大亚湾石化园区企业的整体安全生产水平。

### 6.3.3.2　激励实施应注意的问题

在企业安全生产管理中，对职工进行激励是一种有目的的行为过程，其目的在于激发职工的安全动机，调动职工实现安全生产目标。因此，如何最大限度地发挥激励行为的有效性，应该注重正确实施激励的一些基本问题。

（1）激励时间的选择　指在安全生产过程中选择最佳激励时间，以求取得最佳激励效果，这就是激励的时效性。一般可将激励时间划分为超前激励（期前激励）、及时激励、延时激励（期末激励）。

超前激励是在开展某项工作之前，就明确将完成预定任务与激励的形式、标准挂钩，如设置百日无事故活动奖、开展争创双文明先进集体（个人）活动等。

及时激励是在工作周期内适时地进行激励，以求及时地取得"立竿见影"的效果。

延时激励是指在工作任务完成后，根据完成任务的情况给予奖励，仅对今后的工作任务起到一定的激励作用。

（2）激励程度的确定　指对安全生产活动中取得成效的集体或个人进行奖励的标准。一般而论，要视职工完成安全生产任务的大小和艰巨程度而定，它主要受激励目标所制约。要根据激励目标的大小和企业的具体情况，恰如其分地确定激励的最佳适度，以求取得预期的激励效果。

（3）激励方式的更迭　指物质激励和精神激励的交替应用。由于这两种激励方式均具有"疲劳效应"的特点，并易于从激励因素转变为保健因素，因此，可采取两种办法来预防这种"疲劳效应"。

其一，将此两种激励方式巧妙地合起来并进行更迭，在某一时期可以某种激励方式为主，并辅以另一种形式，也可根据激励目标的不同进行激励方式的更迭。

其二，采取符合职工心理要求的多样化的方式，在激励的内容和形式这两个维度上丰富激励的内容。不要千篇一律地按常规方式进行，有时可能在激励效果上更具有积极的意义。

# 6.4　沟通与安全

## 6.4.1　沟通概述

### 6.4.1.1　沟通的概念

沟通就是为了完成预定的目标，人们在互动过程中，通过一定渠道（也称媒介或通道），以语言、文字、符号等表现形式为载体，进行信息（包括知识和情报）、思想和情感等交流、传递和交换，并寻求反馈以达到相互理解的过程。

沟通包含以下几方面的含义：

① 沟通首先是意义的传递；

② 信息不仅要被传递到，还要被充分理解；

③ 有效的沟通是双方准确地理解信息的含义；

④ 沟通是一个双向的、互动的反馈和理解过程。

#### 6.4.1.2　沟通的作用

未来学家约翰·奈斯比特讲过："未来竞争将是管理的竞争，竞争的焦点在于每个社会组织内部成员之间及其与外部组织的有效沟通上。"沟通的作用主要有：

① 沟通是组织与外部环境之间建立联系的桥梁；

② 沟通是组织协调各方面活动，实现科学管理的手段；

③ 沟通是领导者激励下属，履行领导职能的基本职能；

④ 沟通有利于满足员工的心理需要，改善人际关系。

拓展阅读：
沟通

#### 6.4.1.3　沟通的类型

（1）根据沟通参与者类型的不同　可以分为机-机沟通、人-机沟通和人-人沟通。

① 机-机沟通。即机器与机器之间的沟通。如通信工具之间的信息交流，包括电话、电传、电视、电子邮件等。它属于科学技术领域所研究的问题，是一种单纯的信息交流。

② 人-机沟通。即人与机器之间的沟通。这广泛存在于人对物资设备的高效运用过程中，如确定车间现场管理中设备的摆放位置、与操作人员的距离远近、劳动效率及安全性等。它属于工程心理学与科学技术领域所研究的问题，也是一种单纯的信息交流。

③ 人-人沟通。即人与人之间和以人为主体的组织与组织之间的沟通。它既包括了信息在人与人之间的传递，又包括人与人之间思想、观点、态度的交流，属于一种综合性沟通。为实现成功的沟通，必须深入、细致、有针对性地分析沟通的主体和客体，才能选择沟通的信息内容和安排、沟通的渠道和方式。

（2）根据沟通所经过的途径存在的差异　可以分为正式沟通与非正式沟通。

① 正式沟通。是指组织中依据规章制度明文规定的原则进行的沟通。例如组织间的公函来往、组织内部的文件传达、召开会议等。

② 非正式沟通。是指在正式沟通渠道之外进行的信息传递和交流。非正式沟通和正式沟通不同，它在沟通对象、时间及内容等各方面，都是未经计划和难以辨别的。

（3）按传播媒体的形式划分　有书面沟通、口头沟通、非语言沟通和电子媒介。

① 书面沟通是以书面文字的形式进行的沟通，信息可以长期得到保存。在组织中，一些重要文件如合同、协议、规章、制度、规划等都要运用书面沟通。

② 口头沟通是以口头交谈的形式进行的沟通，包括人与人之间面谈、电话、开讨论会以及发表演说等。

③ 非语言沟通主要有声调、音量、手势、体语、颜色、沉默、触摸、时间、信号和实物等。

④ 电子媒介是指运用各种电子设备进行信息的传递。如电视会议、电子邮件等。

（4）按沟通网络的基本形式划分　有链式、轮式、Y式、环式和全通道式沟通。

① 链式沟通。属于控制型结构，在组织系统中相当于纵向沟通网络。

② 轮式沟通。又称主管中心控制型，该种沟通网络图中，只有一名成员是信息的汇集发布中心，相当于一个主管领导直接管理几个部门的权威控制系统。

③ Y式沟通。又称秘书中心控制型，这种沟通网络相当于企业主管、秘书和下级人员之间的关系。

④ 环式沟通。又称工作小组型沟通，该网络图中，成员之间依次以平等的地位相互联络，不能明确谁是主管，组织集中化程度低。

⑤ 全通道沟通。是一个完全开放式的沟通网络，沟通渠道多，成员之间地位平等，合作气氛浓厚，成员满意度和士气均高。

（5）根据沟通时是否出现信息反馈　分为单向沟通和双向沟通。

① 单向沟通。是指在沟通过程中，信息发送者与接收者之间的地位不变，一方主动发送信息，另一方只被动地接收信息，没有反馈发生。

② 双向沟通。是指在沟通过程中，发送者和接收者的地位不断变换，信息在双方间反复流动，直到双方对信息有了共同理解为止，如讨论、面谈等。

## 6.4.2　沟通障碍及应对策略

### 6.4.2.1　沟通障碍

沟通障碍主要来自三个方面：发送者的问题、接收者的问题以及信息传播通道的问题。

拓展阅读：
沟通障碍

（1）发送者的问题　在沟通过程中，信息发送者的情绪、倾向、个人感受、表达能力、判断力等都会影响信息的完整传递。障碍主要表现在：

① 表达能力不佳。发送信息方如果口齿不清、词不达意或者字体模糊，就难以把信息完整地、正确地表达出来，使接收者无法理解。

② 信息传送不全。发送者有时缩减信息，使信息变得模糊不全。

③ 信息传递不及时或不适时。信息传递过早或过晚，都会影响沟通效果。

④ 知识经验的局限。信息发送者与接收者如果在知识和经验方面水平悬殊，发送者认为沟通的内容很简单，不考虑对方，只按自己的知识和经验范围进行编码，而接收者却难以理解，从而影响沟通效果。

⑤ 对信息的过滤。过滤是指故意操纵信息，使信息显得对接收者更有利。如管理者向上级传递的信息都是对方想听到的东西，这位管理者就是在过滤信息。过滤的程度与组织结构层次与组织文化有关。组织纵向管理层次越多，过滤的机会也就越多。

（2）接收者的问题

① 信息译码不准确。

② 对信息的筛选。

③ 对信息量的承受力。

④ 心理上的障碍。

⑤ 过早地评价。

⑥ 情绪。

（3）信息传播通道的问题

① 选择沟通媒介不当。

② 几种媒介互相冲突。

③ 沟通渠道过长。

④ 外部干扰。

**【案例反思】** 沟通障碍可能影响生产和生活，也可能导致事故的发生，甚至造成重大的人员伤亡和财产损失。下面来分析一下阿维安卡 52 航班的事故案例。1990 年 1 月 25 日，由于阿维安卡 52 航班飞行员与纽约肯尼迪机场航空交通管理员之间的沟通障碍，导致了一场空难事故，机上 73 名人员全部遇难。

1 月 25 日晚 7 时 40 分，阿维安卡 52 航班飞行在南新泽西海岸上空 11277m 的高空。机上的油量可以维持近 2h 的航程，在正常情况下飞机降落至纽约肯尼迪机场仅需不到半小时的时间，这一油量应该说是安全的。然而，此后发生了一系列耽搁。首先，晚 8 时整，肯尼迪机场管理人员通知 52 航班由于严重的交通问题他们必须在机场上空盘旋待命。晚 8 时 45 分，52 航班的副驾驶员向肯尼迪机场报告他们的"燃料快用完了"。管理员收到了这一信息，但在晚 9 时 24 分之前，没有批准飞机降落。在此之间，阿维安卡机组成员再没有向肯尼迪机场传递任何十分危急的信息，但飞机座舱中的机组成员却相互紧张地通知飞机燃料供给出现了危机。

晚 9 时 24 分，由于飞行高度太低以及能见度太差，无法保证安全着陆，52 航班第一次试降失败。当肯尼迪机场指示 52 航班进行第二次试降时，机组成员再次提到燃料将要用尽，但飞行员却告诉管理员新分配的飞行跑道"可行"。晚 9 时 32 分，飞机的两个引擎失灵，1 分钟后，另两个也停止了工作，耗尽燃料的飞机于晚 9 时 34 分坠毁于长岛。

当调查人员考察了飞机座舱中的磁带并与当事的管理员交谈之后，他们发现导致这场悲剧的原因是沟通的障碍。为什么一个简单的信息既未被清楚地传递又未被充分地接受呢？下面针对这一事故做进一步的分析。

首先，飞行员一直说他们"燃料不足"，交通管理员告诉调查者这是飞行员们经常使用的一句话。当被延误时，管理员认为每架飞机都存在燃料问题。但是，如果飞行员发出"燃料危急"的呼声，管理员有义务优先为其导航，并尽可能迅速地允许其着陆。一位管理员指出，如果飞行员"表明情况十分危急，那么所有的规则程序都可以不顾，会尽可能以最快的速度引导其降落的"。遗憾的是，52 航班的飞行员从未说过"情况紧急"，所以肯尼迪机场的管理员一直未能理解到飞行员所面对的真正困境。

其次，52 航班飞行员的语调也并未向管理员传递燃料紧急的严重信息。许多管理员接受过专门训练，可以在各种情境下捕捉到飞行员声音中极细微的语调变化。尽管 52 航班的机组成员相互之间表现出对燃料问题的极大忧虑，但他们向肯尼迪机场传达信息的语调却是冷静而职业化的。

最后，飞行员的文化和传统以及机场的职权也使 52 航班的飞行员不愿意声明情况紧急。正式报告紧急情况之后，飞行员需要写出大量的书面汇报。另外，如果发现飞行员在计算飞行过程需要多少油量方面疏忽大意，联邦飞行管理局就会吊销其驾驶执照。这些消极强化原则极大阻碍了飞行员发出紧急呼救。在这种情况下，飞行员的专业技能和荣誉感可以变成赌注。

当然，该事故的背后也存在其他方面的不安全因素。

#### 6.4.2.2 应对策略

根据沟通的基本过程，要克服沟通的障碍，应当从三个方面入手。

（1）信息发送者　信息发布者是信息沟通中的主体因素，起着关键性作用，要想提高信息传递的效果，必须注意下列因素：

① 要有认真的准备和明确的目的性；

② 正确选择信息传递的方式；

③ 沟通的内容要准确和完整；

④ 沟通者要努力缩短与信息接收者之间的心理距离；

⑤ 沟通者要注意运用沟通的技巧。

（2）信息渠道的选择　尽量减少沟通的中间环节，缩小信息的传递链。在沟通过程中，环节和层次过多，特别容易引起信息的损耗。从理论上分析，由于人与人之间在个性、观点、态度、思维、记忆、偏好等方面存在巨大差别，因此信息每经过一次中间环节的传递，将丢失 30% 左右的信息量。所以，在信息交流过程中要提倡直接交流，对信息的传播和收集都会有极大的好处。

要充分运用现代信息技术，提高沟通的速度、广度和宣传效果。避免信息传递过程中噪声的干扰。组织中要注意建设完全的信息传递系统和信息机构体系，确保渠道畅通。

（3）信息的接收者　信息的接收者要以正确的态度去接收信息。在安全管理活动中，作为领导者应当把接收和收集信息看成是正确决策和指挥的前提，也是与下属建立密切关系、进行交流与取得良好人际关系的重要条件。而对被领导者，应当把接收信息看成是一次重要的学习机会。社会的发展更要求人们不断地进行知识更新，而沟通就是一种主要手段。其次，通过沟通可以更好地理解组织和上级的决策、方针和政策，开阔视野，提高工作水平和工作能力。如果人们都能正确认识接收信息的重要性，沟通的效果就会大大提高。

接收者要学会"听"的艺术。认真地"听"，不仅能更多更好地掌握许多有用的信息和资料，同时也体现了对信息传递者的尊重和支持。

### 6.4.3　沟通的原则和技巧

#### 6.4.3.1　建设性沟通理念

拓展阅读：人际关系

在沟通中，要坚持建设性沟通的思想，在不损害，甚至在改善和巩固人际关系的前提下，帮助管理者进行确切、诚实的人际沟通。建设性沟通具有以下三个方面的重要特征：

① 实现了信息的准确传递；

② 通过沟通双方的关系得到巩固与加强，从而形成积极的人际关系；

③ 建设性沟通的目标不仅在于为他人喜爱，或为了被社会承认，而是为了解决现实的问题。

建设性沟通的本质是换位思考。以客体为导向的沟通思维，也就是换位思考，即无论何时、何地、何种环境，采取何种方式进行沟通，均必须站在沟通对象的立场上去考虑问题，以"对方需要什么"作为思考的起点，不但有助于问题的解决，而且能更好地建立并强化良好的人际关系，达到建设性沟通的目标。

#### 6.4.3.2　成功沟通的技巧

成功沟通的起点——倾听策略，成功沟通的关键——说的艺术；成功沟通的基础——写的技能。在日常生活中，写的技能训练比较多，这里主要阐述倾听技巧，以及说的两种主要形式——演讲与谈判。

（1）有效的倾听　国际倾听协会认为，倾听是接受口头和语言信息，确定其含义并对此做出反应的过程。积极倾听的技巧是每一名管理者必须具备的管理技能之一。积极倾听的技巧分为以下五种。

① 解释。倾听者要学会用自己的语言解释讲话者所讲的内容，从而检查自己的理解。

② 向对方表达认同。当有人表达某种情感或感觉很情绪化时，对对方的感受表示认同能够帮助对方进一步表达他的想法。

③ 简要概括对方表达的内容。将对方所说的内容进行简要的概括，表明确实了解对方所要表达的内容，并促使对方进一步说明他的观点，将谈话推向更进一步的话题。

④ 综合对方表达的内容得出一个结论。

⑤ 站在对方的角度进行大胆的设想。

理论与经验都表明，是否善于倾听是衡量一个管理者水平高低的标志。成功的管理者，一般来讲，大多是善于倾听的人。学会倾听是管理者的基本素质。

积极倾听的 8 点建议如下。

① 为听做好准备。沟通是一个双向的过程，听者与说话者应该共同承担沟通效率的责任。

② 培养自己的兴趣。要记住听者与说者同样有激发对方兴趣的责任。

③ 倾听主要的观点。不好的倾听者只注意听取事实。要学会区分事实和理论、观点和例证、证据和辩解。

④ 以批判的态度听。应当在无偏见的情况下对说者相应的假设和辩解持批判的态度，并小心估量主要观点背后的证据的价值和所运用的逻辑基础。

⑤ 集中注意力，避免分心。

⑥ 善于做笔记。如果所说的内容十分重要，就有必要将所说内容的要点和可能会遗忘的个别例子等内容做大致的记录。

⑦ 帮助说者。

⑧ 克制自己。作为一个好的倾听者，最困难的或许是尽力克制自己不插话。

（2）有效的演讲　在人类文明史上，作为一种社会实践活动，演讲可谓源远流长。早在殷商时期就有了盘庚迁都的著名演讲；而在古希腊，演讲的风气更盛，演讲被誉为"艺术之女王"。在现代社会，演讲成了一种普遍的口语交际形式，日益成为与多数人进行交际沟通的有效形式。

通常许多人认为演讲是由演讲者"告知"听众的单向过程，其实不然，演讲是演讲者与听众双方积极交流、互动的过程。经验丰富的演讲者往往能根据听众的反馈例如眼神、身体姿态等信号判断出他与听众交际的效果。由此可见，实现演讲的三个必备条件是：演讲者、听众和当时的环境。鉴于此，演讲是演讲者在特定的时间、环境中借助有声语言和态势语言的手段，面对听众发表意见，抒发情感，从而达到感召听众的一种现实的，带有艺术性、技巧性的社会实践活动，通过这种实践活动将演讲者的目的传递给听众。

演讲不但是一种以讲为主的宣示活动，同时又是一种以演为辅的活动。演讲是有声语言与态势语言的统一，再加上演讲者的形象来作为传播信息的手段的。只有演与讲两个要素和谐、有机地统一才能构成完整的演讲。

（3）有效的谈判　谈判就是有关组织或个人对涉及切身利益的分歧或冲突进行反复磋商，寻求解决途径和达成协议来满足各自需要的沟通协调活动。谈判是以满足自身的利益需要为目的的。通过谈判，可以改善原来的社会关系，建立起和谐的氛围。同时谈判也是信息的传递和沟通过程，是谈判双方彼此交流思想的过程。

谈判是一种极为普通的活动，几乎每个人每天都要进行某种形式的谈判，以便解决同他人的分歧或者满足自己的愿望。对管理者来说，谈判已经不仅仅是一种极为普通的活动了，而是极为重要的活动。因为他们需要处理许多有关组织方面的问题，管理者必须找到一种有效的方法，使持有不同意见的人们彼此合作，相互沟通，达成共识。

### 6.4.3.3　成功沟通的基本定律

一位科学家问爱因斯坦："为什么人类解决了这么多物理问题，却解决不了人际关系问题？"爱因斯坦回答说："物理问题简单，人际关系复杂。"

在这个充满生机但又充满矛盾的世界里，古往今来，从宗教到科学，都希望能够找到一种方法，以化解敌意、增进人际和谐。近代的许多心理学家、行为学家都在研究与探索如何解决人际关系不协调问题。

（1）第一沟通定律

① 自卑与敌意。自尊是伤害不得的。伤害了自尊，就会出现敌意。敌意情绪进一步发展，就会出现矛盾、出现斗争。"自卑-敌意"，这是人类心理运动的普遍规律。了解掌握"自卑-敌意"的产生机理，是揭开人际沟通法则之谜的一把金钥匙。

② 人格动量。"动量"概念来自物理动力学定律。它代表无机世界存在的一种状态，表征无机物体的一种自在潜能。无机物体的动量等于质量与速度的积函数。在人类社会，这种以"动量"衡量潜能大小的法则也同样存在。其中，最基本的组织结构就是人类的人格心理。人格心理也受"平衡-守恒"法则支配。

人类的行为表现，首先要确保自己能处于"势平衡"态；在此前提下，再力图让自己的人格尊严守恒。但人类在主观的"自我"意识支配下，有对长远生活质量提高的追求。人类的人格动量具有"自为"性，人们不仅希望自己的动量不亏损，而且希望自己的动量能够不断得到更多的增益，从而使自己乃至后代的生活质量越来越好。这是人格动量在自我意识支配下所出现的一种"自为"属性，此属性使人类的人格动量随着阅历、履历的积累，不断地得到提升。

人类的身心是宇宙中最高级的组织系统，其动量的内涵已远远超出了物理学层面的概念。常言道："水往低处流，人往高处走。"无机物质在受力时，其动量总是随着力作用的方向做加速运动。而人格心理在受外力时，其动量总是向着摆脱压力的方向运动。人格动量的结构完全由属于心理学层面的要素组成，其身心质量由"智慧"与"道德"两要素的积函数确定，同时还受到人的"欲望"制约。因此，对于人格动量可作如下的定义：

人格动量是由智慧、道德、欲望三要素交互感应确定的、人类的行为表现，其属性优劣，由三者综合决定。

③ 人际沟通第一定律。理解了上述关于人格动量的内涵，可推得一条非常重要的心理学定律，称人际沟通第一定律。此定律非常类似于牛顿动力学第一定律，故也称心理动力学第一定律。

人际沟通第一定律可表述为：每一个人都有自尊心，自尊心受到伤害时（自卑）总是力图以抗拒（敌意）心理来求得补偿。"自卑-敌意"，这是人类对人格自我保护的本能反应。如果用数学模型表述，其瞬时值可用类似牛顿第一定律的动量守恒方程表述：

$$P \propto IQ \cdot EQ \cdot V = C（瞬时守恒） \tag{6-1}$$

式中　　$P$——人格动量；

　　　　$IQ$——智慧；

　　　　$EQ$——道德；

　　　　$V$——欲望。

这里所说的"瞬时守恒"概念很重要，它表达了人类在进行人际沟通时，随时都有自我尊严不受侵犯的需求。一旦自尊受到挫折，第一个心理反应就是敌意，以补偿失去的自尊。这种瞬时守恒需求不像物理学中以惯性质量实现静态平衡；而是以改变情绪属性的方式，实现心理上的动态平衡。

**【案例反思】** 你在街上行走，一个人无意踩了你的脚后跟。此时，你的自尊受损，就会出现自卑情绪，你的第一个反应就可能是回头，以不友好的神色看他一眼，这就是一种敌意情绪。修养差一点的人，还会随口说一句："你瞎眼啦！"这样，他就能对丧失的自尊进行自我补偿。如果踩你脚后跟的人很有修养，他说一句："对不起！"此时，你得到一个亏损补偿，于是，就会说："没有关系！"这是日常生活中司空见惯的心理"平衡-守恒"规律。"自卑-敌意"心理反应犹如手被烫后立即缩回那样敏感，我们称这一瞬时守恒律为人际沟通第一定律。

（2）第二沟通定律　美国一位企业家曾以"用赞美来结束你的惩罚"的箴言来总结他一生企业管理中处理人际关系的经验，这也是人际沟通第二定律所要表述的内容。

人际沟通第二定律非常类似于牛顿的加速度定律，故也称为人格动量提升律，即心理动力学第二定律。其表述如下：提升对方自尊，能化解敌意、改善人的行为。用数学模型表述为：

$$F \cdot dt = d(mv) = mdv + vdm \tag{6-2}$$

公式的意思是：当人的自尊受到伤害（即产生自卑）时，给对方一个提升力 $F$，使受伤害的自尊（$P$）获得一个增量 $mdv$，人际敌意即能得到化解。由于人的身心质量 $m$ 是可微的。因此，这个增量根据不同情况，可以从 $mdv$ 增加，即满足其欲望（$dv$）入手；也可以从 $vdm$ 增加，即从提升身心质量入手。如果一个组织能不断地应用这个动力学定律，则就会随着时间的积累，能获得一个稳定的动量增量 $\Delta mv$。

倘若导向得当，组织中的每一个人，不仅欲望 $v$ 得到满足，身心质量 $m$ 亦将会得到提升和提高，整个团体将导向文明成熟。"用赞美来结束你的惩罚"这个命题，实际上就是要求领导人主动给被惩罚者一个动量增量，弥补因受惩罚引起的动量亏损，使属下获得一个动量"平衡-守恒"的补偿要求。这样，对方就不会以敌意情绪进行自我补偿了。

（3）第三沟通定律　自然界因果对应律是普遍规律，在物理学中叫牛顿动力学第三定律，即作用力与反作用力的关系定律。这种因果关系在人际沟通中也存在，称之为人际沟通第三定律：你给别人多少尊重，别人同样会给你回报多少尊重。用数学语言来表达就是：

$$f = -f' \tag{6-3}$$

人际沟通第三定律在有思想意识的心理系统中，已不再是简单的数值对应关系。人际沟通中的互相"尊重"是一种激发潜能、创造财富、分享成果的"属性"对应关系。由于人类的人格动量具有"自为"属性，人们总是希望使自己的人格动量不断得到增益；因此，第三定律正好迎合了人类的这一心理需求。故应用第三定律的最终效应，不是动量的守恒，而是人格动量快速提升，从而促进社会的物质文明与精神文明高速积累。

（4）沟通定律的应用和要求　下面分别论述三定律在组织管理中的应用和要求。

① 激励。激励是一种驱动力，是推动组织提高效率、创造价值的策略。也是正确处理人际沟通关系的重要管理行为。激励的方法有两种：一是使属下"期望得到"；二是使属下"害怕失去"。前者称积极激励，也叫活驱力；后者称消极激励，也叫死驱力。组织中的激励策略既要符合第三定律中的因果对应律，又要符合组织的价值观。符合因果对应律是在创造价值与分享成果之间建立一种合理的对应关系。激励策略一定要与组织的价值取向一致，不可出现互悖冲突。

② 约束。约束是一种凝聚力，是对组织有序运行的管理。根据第一、三定律，不恰当的约束，将会使属下的动量受损。动量受损，就会产生"自卑-敌意"情绪，于是，管理者就必须应用第二定律来加以平衡。约束的最终结果，必须是增强组织凝聚力，而不是相反。所以，约束管理是对人际沟通第一、二、三定律的综合应用。

【案例反思】　例如某一个企业领导人觉得公司的服装应当统一，但他又怕公司出钱，于是，他就号召职工自费统一制作服装。这种约束使职工的动量受损（支付金钱），而企业没有给予其他方面的补偿，随之产生的是"自卑-敌意"情绪。企业可能因此而受到更大的损失。如果这种约束管理变成由企业出钱制作统一服装，则就很容易被人接受，因为约束引发自卑，已被公司支付金钱的增量得以补偿。此时，即使爱漂亮的女孩子，亦愿意接受公司统一服装这个约束要求。这就是第一定律在约束管理中的对应关系。

③ 赞美与奖励。管理者一定要认识到，组织中最廉价的成本是"赞美"。一句赞美之词，可能创造几百万甚至上千万的社会财富。没有一个投入比"赞美"之词更便宜的了。但是管理者往往十分吝惜，不舍得做此投资。前面说的那位美国企业家，总结了"用赞美来结束你的惩罚"，这实际上是一种投资。惩罚对方按价值规律可能是公平的，但对方的"自卑-敌意"情绪随之而产生。如果不用"赞美来结束惩罚"，这种敌意就无法消除。敌意的人可能会在工作上找回他的损失。这个损失可能是几万元、几十万元。但如果用赞美给予自尊补偿，其动量就会得到恢复，他可能因受到尊重而为组织创造更多的价值。

但是，根据第三定律，仅有赞美没有奖励是不行的，当属下因赞美而创造更多价值后，一定要给予合理的物质奖励。只有这样，才能产生第三定律从精神尊重转化为物质创造的动力学效果。以物质奖励回报创造财富的人，这是第三定律所确定的铁律，不可违背。

④ 批评与惩罚。在组织运行过程中，肯定会有某些系统或某些人因工作失误、失职而造成功能紊乱。管理者的责任就是随时控制这种紊乱功能发生。在控制过程中，就会有批评与惩罚的不愉快事情发生。此时，受批评的人肯定会产生"自卑-敌意"情绪。如何把握好"批评与自卑""惩罚与敌意"之间的平衡，这就需要管理者具有相当水准把握第三定律的能力。只要切记因果对应关系，防止感情用事，你就能做得很好。在进行批评与惩罚管理后，如果对被惩罚的人再应用第二定律，则会有更好的效果。

⑤ 分享成果。因果对应律不仅只服从于组织价值观，还必须与组织的个人价值相对应。也就是说，在实现组织价值的同时，必须将这种价值让所有创造者分享。这是一个很重要的因果对应关系。有的人只知道用第三定律为自己挣钱谋名，不懂得分享成果的重要，最后导致整个组织失去活力。组织运行过程中的每一个环节都会受因果报应律支配，其中分享成果

是最重要的环节。

⑥ 人格导向。第三定律的应用实际上是管理者对属下的人格导向过程。应用第三定律绝对不只是物理学层次的动量平衡-守恒，它是一个心理学层次的人格动量增益过程。这一过程能改善人际间的人格不投合性，使人们都能振奋精神、愉快地生活与工作。此时，人格动量就会处于不断增量状态。因此，第三定律应用也是对"组织人"进行人格导向、使人格动量得到增量的过程，具有很重要的管理价值。

⑦ 价值观导向。人格动量具有"自为"属性，这一属性来自人类心灵中的"思想"功能。人类的思想具有凭抽象概念进行思维的特点，这是一种心灵层面的再编程功能。"自为"动量依靠"概念"与"逻辑"获得，是一种经过思想的对"概念"的认知。其中最伟大的认知，就是对人生价值的认识。价值观是任何人都可以通过后天学习训练获得的一种哲学观，它不受遗传等先天因素制约。人格动量"自为"属性，其本质就是对人生价值的认知属性。对人格动量的认识有来自三个方面的评价：一是自我评价；二是组织评价；三是社会评价。这三种价值评价的结果是不一样的，管理者的任务就是要统一这种评价不一样的价值观。任何一个人的行为，都是自我价值观的表达，如果他的自我价值观与组织价值观、社会价值观发生冲突，则他的行为就会变得很糟糕。管理者在应用人际沟通第三定律时，必须从价值观高度把握，才能有真正卓越的管理"价值"。

⑧ 公正意识培育。人际沟通是随着社会发展而不断变化的一种人与人关系的处理法则。这种人际关系处理法则由于先进文化的推动，而不断地改变着它的结构。均衡的价值观导向，会引发这种人际关系的结构向追求"公正"的方向演化。故在动力学第三定律应用中，会引发一种公正意识的产生。管理者必须懂得公正意识对于组织成长的重要性。所谓"公正"是一个带有物质、精神双重属性的概念。它的内涵是在物质领域与精神领域都必须把握好第三定律阐明的因果对应律。管理"人"不同于管理"物"，管理者必须从人性动机出发，将"道德"要素注入管理内容中，将公平、责任和道德有机结合起来，形成一种被称为"公正"的管理格局，才能实现管理目标。

⑨ 超越自我。人际沟通定律运用十分娴熟的管理者，一般都是在实践中成长起来的"历练"者。尤其是对第三定律的应用，就是因果对应律的应用。管理者必须将自我价值与组织价值、社会价值融为一体，一切行为都要为这个综合价值服务。这些卓越的历练者都有一种超越自我、与众不同的人格。

# 6.5 安全教育培训与安全

安全教育、培训的重要性，首先在于它能够提高企业领导和广大职工搞好事故预防工作的责任感和自觉性。其次，安全技术知识的普及和安全技能的提高，能使广大职工掌握工业伤害事故发生发展的客观规律，提高安全操作技术水平，掌握安全检测技术和控制技术，搞好事故预防，保护自身和他人的安全健康。

## 6.5.1 安全教育与培训概述

（1）安全教育与培训的含义　安全教育和培训统称为安全教育，实际上应包括安全教育和安全培训两大部分。安全教育是通过各种形式，包括学校教育、媒体宣传、政策导向等，提高人的安全意识和素质，学会从安全的角度观察和理解所从事的活动和面临的形势，用安全的观点解释和处理自己遇到的安全问题。安全教育主要是一种意识的培养，是长时期的，甚至贯穿于人的一生的，并在人的所有行为中体现出来，而与其所从事的职业并无直接关系。而安全培训虽然也包含有关教育的内容，但其内容相对于安全教育要具体得多，范围要小得多，主要是一种技能的培训。安全培训的主要目的是使人掌握在某种特定的作业或环境下正确并安全地完成其应完成的任务，故也称在生产领域的安全培训为安全生产教育。

（2）安全教育与培训的意义　"以人为本，关爱生命"是我国的安全生产活动的主题，也是安全教育与培训的意义所在。

国际上有关人权的公约中涉及最多的是生命健康权。生命健康权是基本人权，而且是首要的人格权。活着，并且要获得健康，是每个公民的最高利益，现代国家都用立法的方式对此加以保护。危及生命健康的安全利益，属于公共利益，我国政府采取了尽可能地干预政策。这种干预，不附带任何条件，不论生命健康遭受的危险是现实的还是潜在的，是自愿承受的还是不自愿的，而且不论这个人的职业、地位、学识等的影响，国家都会干预，用宪法、刑法、民法和一些部门法严加禁止。任何组织任何个人都不能破坏公共利益，危及他人安全。

尊重生命健康的权利，体现的就是人权、人本、人性。过去常讲"为人民服务"，现在常说"以人为本"，其精神实质是恒定不变的，就是把人民的利益作为一切工作的出发点和落脚点。生命健康权属于基本人权，没有生命健康，人的生存发展、人的价值体现和生活的幸福美满就是一句空话。"以人为本，尊重生命，安全生产"是政府、社会、组织在经济发展中需要首先考虑的因素。

安全教育与培训就是不仅要考虑安全工程，还要考虑人力资源、投资管理、质量管理、法律责任等，通过安全教育与培训的实施来实现"以人为本，尊重生命，安全生产"的目的。

## 6.5.2　安全教育的原则

为了达到教育培训的目的，必须在安全教育培训过程中，贯彻以下几个原则。

（1）科学性与系统完整性　每一项安全法规都是经过反复讨论、研究修改之后才正式通过和颁布实施的，其概念和体系都具有较高的科学性和系统完整性。在安全教育培训中，必须贯彻科学性和系统完整性的原则，并要求达到以下两点：

① 必须保证安全法规教育培训内容的科学性和系统完整性，除了注意概念的科学性外，还必须反对顾此失彼、一知半解和"各取所需"，必须提倡辩证地理解安全法规条款中互相制约的关系。

② 采取科学的、系统完整的法规教育培训体系，统筹规划，相互协调，避免漏洞，以保证科学地、系统完整地理解安全法规的条款和精神实质。

（2）教育性　安全法规本身富有教育意义，在进行安全法规教育培训工作时，应充分发挥法规本身所具有的教育作用。为更好地贯彻教育性原则，必须注意：

① 充分挖掘安全法规及其具体条款的教育性，使接受安全教育培训的员工受到深刻的教育，充分领会精神，养成安全法规所指引的思想感情和行为习惯，坚定维护和实施安全法规的信念。

② 在利用事故案例进行教育时，也要适当注意分寸和效果，避免有意无意地过分夸大

事故后果的严重性。

（3）普及性　安全规章制度要用以调整人们在生产过程及社会关系中的规范和行动，安全教育培训工作就必须遵循普及性的原则，力求达到最大限度地普及，需要注意：

① 安全教育培训工作必须面向最广大的社会面，安全法规的精神应力求家喻户晓，人人皆知。

② 安全教育培训工作必须通过一切可以利用的渠道（形式）和宣传媒体，扩大社会的宣传面，其中主要包括报纸、书刊、广播、电影、电视、教学、培训、宣讲、竞赛、演习、文艺演出等。

（4）通俗性　安全教育培训工作重在普及，应注意：

① 安全规章制度的条款在安全教育培训中要力求通俗易懂。

② 对每一项重要的安全法规，都应编写出通俗词语、名词解释和注释，甚至应用相应的图解之类，广泛发行张贴。

（5）直观性　安全法规既然是人们的行为规范，就必然可以体现在具体行为中，这就为安全教育培训贯彻直观性原则提供了基础，同时直观性的教育培训要生动形象、易懂易记、易于广大员工所接受。直观性原则可通过以下几个方面体现出来。

① 结合典型事故案例进行安全宣传教育。

② 利用形象化信息工具，如电影、电视、广播、录音、录像等进行。

③ 对于文化基础较差的员工，贯彻直观性原则更为重要。

（6）理论联系实际

① 安全宣传教育工作本身负有预防违章肇事行为的使命，而只有理论联系实际才能收到更大的效果，这就需要针对人们存在的实际问题，开展安全宣传教育工作。

② 联系周围现实生活中的具体事故案例，可以使接受宣传教育的人获得现实真切的认识和感受。

在生产过程中，人是最积极最活跃的因素，强化安全宣传教育，可使人们掌握客观规律，使之可能去限制它不利的一面，利用它有利的一面，充分发挥人的主观能动性，把各类事故消灭在萌芽状态，确保企业安全稳定生产。

### 6.5.3　人的行为层次及安全教育

拉氏姆逊（J. Rasmussen）把生产过程中人的行为划分为 3 个层次，即反射层次的行为、规则层次的行为和知识层次的行为，见图 6-4。

根据生产操作特征对人的行为层次的要求，安全教育相应地有 3 个层次，即反射层次的教育、规则层次的教育和知识层次的教育。

① 反射层次的教育是通过反复进行操作训练，使手脚熟练地、正确地、条件反射式地操作。

② 规则层次的教育是教育操作者按一定的操作规则、步骤进行复杂的操作。经过这样的教育，操作者牢记操作程序，可以不漏任何步骤地完成规定的操作。

③ 知识层次的教育使操作者不只学会生产操作，而且要学习掌握整个生产过程、生产系统的构造、工作原理、操作的依据及步骤等广泛的知识等。生产过程自动化程度越高，知识层次的教育越显得重要。在进行安全教育时，要注意针对各层次行为存在的问题，采取恰当的弥补措施。

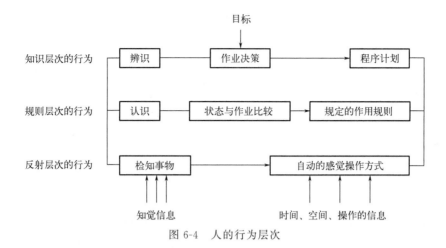

图 6-4　人的行为层次

## 6.5.4　安全教育的内容

安全教育的内容可概括为 3 个方面，即安全知识教育、安全技能教育和安全态度教育。

① 安全教育的第一阶段应该进行安全知识教育，使人员掌握有关事故预防的基本知识。通过安全知识教育，使操作者了解生产操作过程中潜在的危险因素及防范措施等。

② 安全教育的第二阶段应该进行所谓"会"的安全技能教育。经过安全知识教育，尽管操作者已经充分掌握了安全知识，但是，如果不把这些知识付诸实践，仅仅停留在"知"的阶段，则不会收到实际的效果。安全技能是只有通过受教育者亲身实践才能掌握的东西。也就是说，只有通过反复地实际操作、不断地摸索而熟能生巧，才能逐渐掌握安全技能。

③ 安全态度教育是安全教育的最后阶段，也是安全教育中最重要的阶段。经过前两个阶段的安全教育，操作人员掌握了安全知识和安全技能，但是在生产操作中是否实行安全技能，则完全由个人的思想意识所支配。安全态度教育的目的，就是使操作者尽可能自觉地实行安全技能，搞好安全生产。

成功的安全教育不仅使职工懂得安全知识，而且能正确地、认真地实施安全行为。

### 6.5.4.1　安全知识教育

安全知识教育包括安全管理知识教育和安全技术知识教育。

（1）安全管理知识教育　安全管理知识教育包括对安全管理组织结构、管理体制、基本安全管理方法及安全心理学、安全人机工程学、系统安全工程等方面的知识。通过对这些知识的学习，可使各级领导和职工真正从理论到实践上认清事故是可以预防的。预防事故发生的管理和技术措施要符合人的生理和心理特点。

（2）安全技术知识教育　安全技术知识教育的内容主要包括：一般生产技术知识、一般安全技术知识和专业安全技术知识教育。

① 一般生产技术知识主要包括：企业的基本生产概况，生产技术过程，作业方式或工艺流程，与生产过程和作业方法相适应的各种机器设备的性能和有关知识，工人在生产中积累的生产操作技能和经验及产品的构造、性能、质量和规格等。

② 一般安全技术知识是企业所有职工都必须具备的安全技术知识。主要包括：企业内

危险设备所在的区域及其安全防护的基本知识和注意事项，有关电气设备（动力及照明）的基本安全知识，起重机械和厂内运输的有关安全知识，生产中使用的有毒有害原材料或可能散发的有毒有害物质的安全防护基本知识，企业中一般消防制度和规划，个人防护用品的正确使用以及伤亡事故报告方法等。

③ 专业安全技术知识是指从事某一作业的职工必须具备的安全技术知识。专业安全技术知识比较专门和深入，其中包括安全技术知识，工业卫生技术知识，以及根据这些技术知识和经验制定的各种安全操作技术规程等。其内容涉及锅炉、受压容器、起重机械、电气、焊接、防爆、防尘、防毒和噪声控制等。

#### 6.5.4.2　安全技能教育

要实现从"知道"到"会做"的过程，就要借助于安全技能培训。

（1）安全技能　安全技能是人为了安全地完成具有一定意义的操作任务，经过训练而获得的完善化、规范化的行为方式。由于安全技能是经过训练获得的，所以通常把安全技能教育叫做安全技能训练。技能是个人全部行为的一部分，是行为规范化了的一部分，是经过练习逐渐形成的。它受意识的控制较少，并且随时都可以转化为有意识的行为。技能达到一定的熟练程度后，具有了高度的规范化和精确性，便称为技巧。达到熟练技巧时，人员可以条件反射式地行动。

安全技能培训包括正常作业的安全技能培训、异常情况的处理技能培训。

（2）安全技能的形成及其特征　安全技能的形成是有阶段性的，不同阶段显示出不同的特征。一般来说，安全技能的形成可以分为3个阶段，即掌握局部动作的阶段、初步掌握完整动作阶段、动作的协调和完善阶段。在技能形成过程中，各个阶段的变化主要表现在行为的结构的改变、行为的速度和品质的提高及行为的调节能力的增强3个方面。

行为的结构的改变主要体现在动作技能的形成，表现为许多局部动作联系为完整的动作系统，动作之间的互相干扰以及多余动作的逐渐减少；智力技能的形成表现为智力活动的多个环节逐渐联系成一个整体，概念之间的混淆现象逐渐减少以至消失，内部趋于概括化和简单化，在解决问题时由开展性的推理转化为"简缩推理"。

行为的速度和品质的提高主要体现在动作技能的形成，表现为动作速度的加快和动作的准确性、协调性、稳定性、灵活性的提高；智力技能的形成则表现为思维的敏捷性与灵活性、思维的广度与深度、思维的独立性等品质的提高，掌握新知识速度和水平是智力技能的重要标志。

行为的调节能力的增加主要体现在一般动作技能形成，表现为视觉控制的减弱与动觉控制的增强，以及动作的紧张性的消失；智力技能则表现为智力活动的熟练化，大脑劳动的消耗减少等。

（3）基于VR技术的安全教育培训　基于VR技术的安全教育系统应实现3个任务，分别是操作培训、场景模拟和设计原则。

操作培训任务是指安全教育系统需要有使用户获得在危险场景下进行正确的安全操作或行为的意识和技能的能力，用户可以将在系统中学习的技能应用到现实场景中，并达到良好的规避或处理危险情景的效果。由于VR安全教育系统虚拟环境的独特性，场景模拟任务就显得尤为重要。VR安全教育系统需要在虚拟世界中构造一个与现实世界极其相似的场景，逼真的虚拟场景更容易让用户有代入感，并且场景中关键细节的模拟逼真度会在很大程度上影响用户的学习效果。设计原则任务是指 VR 安全教育系统在最初的设计时需要遵从某些理论和原则，构建合适的安全教育指导体系，从而保证安全教育系统的可用性和教学效果。

头戴显示器的出现开拓了 VR 技术可实现的应用范围，并推动了 VR 安全教育领域的进步。

### 6.5.4.3 安全态度教育

安全态度教育就是要灌输有关安全意识及安全行为的必要性，以清除头脑中那些固有的带有倾向性的不正确的知识和看法，认识不安全的个性心理的危害性，实现端正安全态度的目的。所以，安全态度教育是安全教育中最困难的工作，必须经过经常的耐心说服和教育，才能使之逐渐得到改变。安全态度教育一般可以采取以下几种方式。

① 解释。这是对员工进行安全教育常用的一种方式。目的是使员工认识到安全生产不仅关系到生产活动能否顺利进行，同时也关系到个人家庭的幸福。

② 劝慰。对员工给予劝导慰抚。员工在工作、学习、生活等方面会时常遇到困难和挫折，这些都会形成生产中的不安全因素。安全管理人员发现情况要及时做好疏导抚慰工作，帮助员工解决问题，以消除或缓解不安全因素。

③ 说服。通过摆事实、讲道理，使员工能够充分地、心悦诚服地理解和领会某种正确的观点和思想。这不是单方面的强求而是要通过互相深入地交谈取得的。

④ 感染。感染是集体的情绪对他人施加影响的方式，这对人的思想和行为有着很大的影响。应该充分发挥积极向上的情绪感染作用，阻止消极情绪感染作用。

⑤ 奖惩。建立有利于安全生产的各项奖惩制度，目的是激发员工的安全行为动机，引导更多的人遵守操作规程。

在安全教育中只有将三种教育有机地结合在一起，才能取得较好的安全教育效果。在思想上有了强烈的安全要求，又具备了必要的安全技术知识，掌握了熟练的安全操作技能，才能取得安全的结果，避免事故和伤害的发生。

## 6.5.5 安全教育的形式、方法与注意的问题

### 6.5.5.1 安全教育的形式与方法

安全教育形式大体可分为以下 7 种。

① 广告式。包括安全广告、标语、宣传画、标志、展览、黑板报等形式，它以精练的语言、醒目的方式，在醒目的地方展示，提醒人们注意安全和怎样才能安全。

② 演讲式。包括教学、讲座的讲演，经验介绍，现身说法，演讲比赛等。这种教育形式可以是系统教学，也可以专题论证和讨论，用以丰富人们的安全知识，提高对安全生产的重视程度。

③ 会议讨论式。包括事故现场分析会、班前班后会、专题研讨会等，以集体讨论的形式，使与会者在参与过程中进行自我教育。

④ 竞赛式。包括口头、笔头知识竞赛，安全、消防技能竞赛，以及其他各种安全教育活动评比等。激发人们学安全、懂安全、会安全的积极性，促进职工在竞赛活动中树立安全第一的思想，丰富安全知识，掌握安全技能。

⑤ 声像式。它是用声像等现代艺术手段，使安全教育寓教于乐。主要有安全宣传广播、电影、电视、录像等。

⑥ 文艺演出式。它是以安全为题材编写和演出的相声、小品、话剧等文艺演出的教育形式。

⑦ 学校正规教学。利用国家或企业办的大学、中专、技校，开办安全工程专业，或穿插渗透于其他专业的安全课程。

### 6.5.5.2　安全教育应注意的问题

（1）领导者要重视安全教育　企业安全教育制度的建立、安全教育计划的制定、所需资金的保证及安全教育的责任均由企业领导者负责。

（2）安全教育要注重效果

① 教育形式要多样化。安全教育形式要因地制宜，因人而异，灵活多样，采取符合人们的认识特点的、感兴趣的、易于接受的方法。

② 教育内容要规范化。安全教育的教学大纲、教学计划、教学内容及教材要规范化，使受教育者受到系统、全面的安全教育，避免由于任务紧张等原因在安全教育实施中走过场。

③ 教育要有针对性。要针对不同年龄、工种、作业时间、工作环境、季节、气候等进行预防性教育，及时掌握现场环境和设备状态及职工思想动态，分析事故苗头，及时有效地处理，避免问题累积扩大。

④ 充分调动职工积极性。应深入群众，了解工人的所需和所想，并启发工人提出合理化建议，使之感到自己不仅仅是受教育者，同时也在为安全教育的实施和完善做贡献，从而充分调动他们的积极性。

（3）要重视初始印象对学习者的重要性　对学习者来说，初始获得的印象非常重要。如果最初留下的印象是正确的、深刻的，他将会牢牢记住，时刻注意；如果最初的印象是错误的、不重要的，他也将会错误下去，并对自己的错误行为不以为意。由于旧的习惯很难改掉，所以一旦他学习了错误的东西并已经形成了习惯，则以后很难改正。

（4）要注意巩固学习成果

① 要让学习者了解自己的学习成果。每一个人都愿意知道其所从事的工作收效如何，学习也是如此。因此，将学习者的进展、成果、成绩与不足告知他们，就会增强其信心，明确方向，有的放矢地、稳步地使自己各方面都得到改善。

② 实践是巩固学习成果的重要手段。在进行安全教育中，要让人们反复地实践，养成在工作中自觉地、自动地采用安全的操作方法的习惯。

③ 以奖励促进巩固学习成果。心理学家通过实验发现，对于学习效果的巩固，给予奖励比不用奖励效果好得多。

④ 学习内容既要全面又要突出重点。安全教育的内容应有一定的系统性，要使学习者对所学的知识有比较全面的了解。另外，对其中的关键部分，要重点突出，反复讲解。例如，组织职工学习安全操作规程时，如果只是把小册子发给每个人，然后给他们念一遍，效果是不会很好的。

（5）应与企业安全文化建设相结合　安全文化是企业文化的重要组成部分，它包含人的安全价值观和安全行为准则两方面内容。前者主要是安全意识、安全知识和安全道德，以及企业的向心力和凝聚力，是安全文化的内层，是最重要、最基本的方面；后者则属于物质范畴，主要包括一些可见的规章制度以及物质设施。

【案例反思】 杜邦（DuPont）的安全教育与培训。

杜邦有一套非常成熟的安全教育与培训系统。公司安全培训队伍遍布世界各地，把杜邦的安全理念、安全系统、安全管理，形成了安全产品——全套杜邦工厂安全系统，在各地推广。该系统包括五大内容：工作场所安全、人机工效、承包商安全、资产效率、应急响应。

（1）应急响应计划培训 杜邦公司开发了一套杜邦应急响应方法（DuPont emergency responds solutions），培训学员应急响应的能力，培训应急响应方法，以及检查现有的应急响应计划是否合适。这是一种灵活、客户化的培训，配有装备全新仪器的培训车，并且开发了一个桌面培训模型（"Responds City"），用于模拟研究事故情况，讨论事故情况下的合适应急响应。

（2）STOP（Safety Training Observation Program）培训 STOP 是 DuPont 工厂安全系统的一个部分，主要培训现场安全观察和现场交流的能力。

STOP 共分 5 个模块：STOP for Supervision、Advanced STOP、STOP for Employees、STOP for Each Other 和 STOP for Ergonomics。其中 STOP for Supervision 是基础，其它模块都是在此基础上建立的。

通过 STOP 培训，使高层管理者、高级安全技术员、基层管理者成为有技能的安全观察员，具有辨识风险的能力，能够提出有力的预防和整改措施。

杜邦的研究发现，引起损失工作日事件的原因有 96% 是由于不安全行为引起的，只有 4% 是其他原因。只要通过培训，就可以在工作区域内评估出所有不安全行为。理论上讲伤害率可以下降 96%。培训非常注重对实际工作中遇到的问题的讨论，通过讨论和实践达到相互交流、相互学习的目的。

除此以外，杜邦还非常重视对过程危险物质的培训，主要内容包括过程危险分析过程安全和风险管理人员的资质培训等。

杜邦成立了杜邦国际安全管理资源中心，专门从事安全运营和培训业务，现已发展成集咨询培训、解决方案于一体的专门服务机构。

杜邦在北京、上海、深圳都建立了杜邦分部，2004 年又在深圳成立了国内首家外商独资的安全评价公司。该公司主要推广杜邦的安全理念和经验，为客户提供"一站式"服务，对产品设计、生产、应用的全过程进行安全评估，提供解决方案，涉及工作场所安全、应急响应、人机工程学、承包商安全等方面，帮助客户配备"安全阀门"。

杜邦通过安全教育与培训取得了优异的安全业绩，杜邦的安全业绩号称有两个 10 倍：一个是杜邦的安全纪录优于其他企业 10 倍，另一个是杜邦员工上班时比下班后还要安全 10 倍。杜邦深圳独资厂从 1991 年起，因无工伤事故而连续获得杜邦总部颁发的安全奖。1993 年上海杜邦农化有限公司创下 160 万工时无意外，成为世界最佳安全纪录之一。美国职业安全局 2003 年嘉奖的"最安全公司"中，有 50% 以上的公司接受了杜邦安全咨询服务。

**复习思考题**

（1）阐述安全管理行为的概念与特征。

（2）综述安全管理行为的层次分类。

（3）如何理解能级原则？

（4）阐述激励的含义与基本特征。

（5）试分析激励的过程及意义。

（6）综述几种常用的激励理论，并分析它们的优缺点。

（7）阐述沟通的概念，并说明其类型、作用。

（8）如何理解人际关系？

（9）阐述沟通障碍的概念及应对策略。

（10）阐述沟通三大定律的内涵，分析其有效应用与要求。

（11）简述安全教育、培训的重要性与原则。

（12）如何理解安全意识？

（13）试分析人的行为层次与安全教育的关系。

（14）如何对待基于 VR 技术的安全教育培训？

# 7 安全文化与安全行为管理

## 7.1 安全文化概述

### 7.1.1 安全文化的涵义

#### 7.1.1.1 安全文化的定义

安全文化是企业文化的一个分支，是社会文化的组成部分。与文化范畴一样，由于人们的认识和应用范围不同，安全文化也有不同的定义。目前还没有一个统一公认的定义，综合我国在安全文化理论方面的研究，可归纳有以下 4 种定义。

① 1988 年国际核安全咨询组提出了安全文化（safety culture）这一术语。在 1991 年 INSAG-4 报告（即《安全文化》小册）中给出的安全文化定义为：

安全文化是存在于单位和个人中的种种素质和态度的总和，它建立一种超出一切之上的观念，即核电厂的安全问题由于它的重要性要保证得到应有的重视。

这个安全文化的定义表明，安全既是有关人的态度问题又是组织问题，既是单位的问题又是个人的问题。建立一种超出一切之上的概念，即安全第一的概念，是安全生产的根本保障，特别是核电厂的安全运转的需要，必须保证安全第一。

② 英国保健安全委员会核设施安全咨询委员会（HSCASNI）组织认为，国际核安全咨询组的安全文化定义是一个理想化的概念，在定义中没有强调能力和精通等必要成分，提出了修正的定义：

一个单位的安全文化是个人和集体的价值观、态度、能力和行为方式的综合产物，它决定于保健安全管理上的承诺、工作作风和精通程度。具有良好安全文化的单位有如下特征：相互信任基础上的信息交流，共享安全是重要的想法，对预防措施效能的信任。

③ 我国学者曹琦在研究我国安全管理模式与分析的基础上，提出了安全文化的定义：安全文化是安全价值观和安全行为准则的总和。安全价值观是指安全文化的里层结构，安全行为准则是指安全文化的表层结构。并指出我国安全文化产生的背景具有现代工业社会生活的特点、现代工业生产的特点和企业现代管理的特点。

④ 作为我国安全文化研究重要成果之一，1994 年 12 月以来，"中国安全文化建设系列丛书"陆续出版。该系列丛书对安全文化的定义进行了科学论述，最终给出的安全文化定义为：在人类生存、繁衍和发展的历程中，在其从事生产、生活乃至实践的一切领域内，为保障人类身心安全（含健康）并使其能安全、舒适、高效地从事一切活动，预防、避免、控制

和消除意外事故和灾害（自然的、人为的），为建立起安全、可靠、和谐、协调的环境和匹配运行的安全体系；为使人类变得更加安全、康乐、长寿，使世界变得友爱、和平、繁荣而创造的安全物质财富和安全精神财富的总和。

【案例反思】安全文化源于一场核灾难。1986 年 4 月，苏联基辅（现乌克兰）发生切尔诺贝利核电站爆炸事故。国际原子能机构事故调查组认为，此次事故最根本的原因是"安全文化薄弱"。由此，安全文化概念首次被正式提出。此后，安全文化一词逐渐用于各种安全管理和事故调查报告中，安全文化被认为是预防和控制事故的有效方法。

### 7.1.1.2 对安全文化定义的理解

（1）共同点 分析上述 4 种安全文化的定义，其共同点有：

① 安全是一种超出一切之上的观念，强调各层次人员的本质安全素质和结构，因此都具有"安全第一"的哲学思想。

② 安全文化是存在于单位和个人的、具有多层次复杂结构的综合系统文化。

③ 安全文化是以具体的形式、制度和实体表现出来的，并可分不同的层次。

④ 安全文化具有社会文化的属性和特点，是社会文化的组成部分，属于文化的范畴。

⑤ 安全文化把企业要实现的生产价值和实现人的价值统一起来，以保护人的安全与健康为目的，实现安全价值观和安全行为准则的统一。

（2）不同点

① 定义④既包括了安全物质又包括了安全精神。从文化属性上，定义④属于安全文化的广义定义；定义①、②、③指出安全文化用于管理文化，强调安全管理制度、安全法律属性和安全管理模式，因此定义①、②、③属于安全文化的狭义定义。

② 定义④指出在人类生存、繁衍和发展的历程中，安全文化存在于生产、生活的一切领域，强调安全文化既有历史继承性，又有强烈的时代特征。定义①、②、③明确安全文化以现代工业为基础，强调是在现代工业社会生活、现代工业生产和企业现代管理特点的背景下产生的。

③ 定义①、②的安全文化实质上是某一企业或某一行业的安全管理手段，如定义①是指核电厂安全管理的一种手段；定义②虽然已经拓延领域，但仍没有超出企业和行业的范畴。因此定义①、②的是一种企业安全文化。定义③、④既指企业安全，又包括社会基础性文化，指出安全文化建设包括全民安全文化建设和企业安全文化建设两个层次，因此定义③、④的是全民安全文化。

### 7.1.1.3 企业安全文化的精髓

"以人为本，关爱生命"是企业在长期安全生产经营活动中形成的企业安全文化精髓。以人为本，保护人的身心健康，尊重人的生命，实现人的安全价值的文化，是企业安全形象的重要标志。应通过大力的宣传、培训，以及组织形式多样的安全活动来进一步提升企业的安全文化层次，营造良好的安全文化氛围，使员工能将每一个强制性的安全管理规定和规范，转化为自觉的安全行为，并能关心周围同事的行为是否符合安全规范的要求。

拓展阅读：
企业安全文化

实现"以人为本，关爱生命"就是要落实"安全第一"。"安全第一"已经不是一句口号，而是国际公认的公理——"安全第一"公理。

最早提出"安全第一"理念的是美国人。1906 年，美国 US 钢铁公司生产事故频发，亏损严重，濒临破产。公司董事长 B. H. 凯理在多方查找原因的过程中，对传统的生产经营方针"产量第一、质量第二、安全第三"产生怀疑。经过全面计算事故造成的直接经济损失、间接经济损失，还有事故影响产品质量带来的经济损失，凯理得出了结论：是事故拖垮了企业。凯理力排众议，不顾股东的反对，把公司的生产经营方针来了个"本末倒置"，变成了"安全第一、质量第二、产量第三"。凯理首先在下属单位伊利诺伊制钢厂做试点，本来打算是不惜投入抓安全的，不承想事故少了后，质量高了，产量上去了，成本反而下来了。然后全面推广，US 钢铁公司由此走出了困境。

"安全第一"方针诞生后，迅速得到全球企业界的认可。1912 年，美国芝加哥创立了"全美安全协会"。1917 年，英国成立了"安全第一协会"。1927 年，日本以"安全第一"为主题开展了安全周活动，至今已坚持了 90 多年。德国、法国、意大利、苏联等国在第二次世界大战前后，我国在新中国成立之初，都开始提倡"安全第一"。各个国家都一致接受了"安全第一"的公理。

"安全文化"作为企业文化的重要组成部分，是企业在长期的生产经营活动中逐步形成的，并为企业员工普遍认同接受的，以安全价值观为核心的安全思想意识、行为规范、价值观念、管理理念等要素的总和。开展安全文化建设，就是将安全生产工作由自然科学领域扩展到了人文科学领域。

拓展阅读：
应急文化

拓展阅读：
安全文化新概念模型

## 7.1.2 安全文化的特性与功能

### 7.1.2.1 安全文化的特性

安全文化以保护人在从事各项活动中的身心安全与健康为目的，它以大安全观、大文化观为基础，是人们实现安全、健康的重要保障。它有如下特点。

（1）时代性 安全文化是人类文化的最重要的组成部分，是安全科学的基础。安全文化属于上层建筑，它的发展和繁荣均受时间、地点、社会政治背景、经济基础、人口素质、科技条件以及大众需求的影响，也受世界科技进步、国际形势、市场竞争的影响。随着科技进步和现代管理水平的提高，民众对生命的价值有了新的认识，在建立正确的安全价值观的基础之上，倍加爱护自己的生命和别人的生命。安全文化要既有物质的安全文化，又有精神的安全文化，符合时代发展的需求，是时代精神和生命价值观的客观反映。

（2）人本性 安全文化是爱护生命，尊重人权，保护人民身心安全与健康的文化。是以保护人的生命安全，保护从事一切活动的人的安全与健康，保护生命权、生存权、劳动权，维护人民应当享受的安全生产、安全生活、安全生存的一切合法权益的文化。是以人生、人权、人文、人性为核心的文化。是公开、公正地为保护大众的身心安全与健康，维护社会的安全伦理道德，推崇科学的安全生命价值观和安全行为规范，调整人与人之间安全、关爱、和谐、友善的高尚文化；是充分体现自尊、自信、自强的安全人格、人性的时代精神的文化。

（3）实践性　安全文化是人类的安全生产、安全生活、安全生存的实践活动的产物。安全文化又反作用于实践，指导实践，使安全活动更有成效，产生新的安全文化内容。没有安全文化的实践活动，就没有新的理论和现代安全科技方法及手段。大众的安全文化实践活动是安全文化丰富、发展的源泉和动力。

（4）系统性　安全文化内涵丰富，涉及领域广泛，不仅体现在文化学与安全科学的交叉与综合上，还是自然科学与社会科学的交叉与综合。要解决人的身心安全与健康的本质和运动规律问题，必须以文化的观点，用系统工程的思路，综合处理的方法，建立安全文化系统工程的体系。

（5）多样性　安全文化内涵丰富，安全文化活动涉及的领域和时空，大众对安全文化接受的程度和安全文化素质，决定了安全文化的多样性特点。因此，安全文化既有生产领域的，也有非生产领域的，乃至整个生存环境都存在各具特色的安全文化。由于人们对安全问题认识的局限性和阶段性，存在安全价值观和安全行为规范的差异，精神安全需求和物质安全需求的不同，都必然会产生或形成各式各样的安全文化样式，并为不同知识水平的人所接受，这种差异就使安全文化的存在呈多样性。

（6）可塑性　文化是可以继承和传播的，不同文化还可以在融合中创新。文化可为不同社会、不同民族、不同国家接受，按时代的需求，按人们的特殊要求，可以让不同文化互相借鉴，优势互补，也可以进行融合再造，能动地、科学地、有意识有目的地创造出一种理想的新文化。例如，我国的注册安全工程师制度，就是把国外的类似制度与我国的国情相结合，创造性地推出了在国际上绝无仅有的中国特色的一项安全制度。

（7）预防性　以安全宣传教育为手段，从培养人的安全意识、安全思维、安全行为、安全价值观入手，通过安全文化知识的传播，科普知识教育、三级安全教育、继续安全工程教育的途径，促进决策层、管理层、操作层人员的安全文化知识教育和安全文化素质的提高，形成安全第一、珍惜生命的理念。

### 7.1.2.2　安全文化的主要功能

安全文化可以通过其自身的规律和运行机制，创造其特殊形象及活动模式。

（1）安全认识的导向功能　对安全生产的认识，必须通过企业安全文化的建设，通过不断的安全文化宣传和教育，使广大员工树立科学的安全道德、理想、目标、行为准则等，为企业的安全生产提供正确的指导思想和精神力量，是企业和员工的安全行为导向。

（2）安全观念的更新功能　安全文化提供了安全新观念和新意识，使其对安全的价值和作用有正确的认识和理解，并用其指导自身的活动，规范自己的行为，更有效地推动安全生产。

（3）安全文化的凝聚功能　安全文化是以人为本、尊重人权、关爱生命的大众文化，体现尊重人、爱护人、信任人，建立平等、互尊、互敬的人际关系，树立一种共同的安全价值观，形成共同遵守的安全行为规范。

（4）以人为本的激励功能　正确的安全文化机制和强大的安全文化氛围，使安全价值得到最大限度的尊重和保护，安全是企业员工最基本的需求，人的安全行为和活动将会从被动、消极的状态，变成一种自觉、积极的行动。

（5）安全行为的规范功能 安全文化的宣传和教育，将会使员工加深对安全规章的理解和认识，从而对员工生产过程的安全操作和行为起到规范的作用，并在功能上形成自觉的、持久的约束性。

（6）安全生产的动力功能 安全文化树立了正确的安全文明生产的思想、观念及行为准则，使员工具有强烈的安全使命感，并产生巨大的工作推动力。心理学表明：越能认识行为的意义，行为的社会意义越明显，越能产生行为的推动力。

（7）安全知识的传播功能 通过安全文化的教育功能，采用各种传统和现代的安全文化教育方式，对员工进行各种传统和现代的安全文化教育，包括各种安全常识、安全技能、安全态度、安全意识、安全法规等的教育，从而广泛地宣传和传播安全文化知识和安全科学技术。

当然安全文化还有融合功能、示范功能、信誉功能和辐射功能等，充分发挥和有效利用这些功能，对企业安全文化的建设将会发挥极为重要的作用。

## 7.1.3 安全文化的层次

文化具有时间性和空间性。研究文化的时间性，就是从动态的角度考察文化。研究文化的空间性，就是从相对静态的角度分析文化。文化是运动的，运动必然引起文化的变迁。因此，考察文化的过去、现在、将来，了解文化变迁历程的始末，探讨某种文化的产生、发展和消亡过程，就必须研究文化的时间性。文化又是相对静止的，它在一定时间内保持相对稳定的状态，因此，研究文化的内部结构，分析各种文化元素的功能，考察各种文化之间的相互关系，就必须探析文化的空间性。

### 7.1.3.1 时间层次

从时间层次了解安全文化，从历史层面挖掘安全文化，可以通过其源流变进行概括性的了解，从而对安全文化的产生、发展、变迁有一个初步的感性认识。

（1）安全文化的起源 "安全文化"是人类社会最古老的一种文化。从云贵高原的元谋、从华北龙骨山山顶洞里的灰烬，到燧人氏的钻木取火熟食，以防疾病，防野兽侵袭；从有巢氏的构木为巢以防群兽之害，到鲧偷"息壤"以堵水患，再到禹开挖沟渠以疏导水流消除水害，及诺亚方舟拯救人类于洪灾之中，这些都闪耀着安全文化的光芒。

人类战胜自身、征服自然、争取安全的斗争（无论是自然之为还是自觉之为），人类对安全的渴求和争取安全所采取的行动，始终呈现着人力胜天的许许多多的物证，这些都明明白白地在历史的书卷上烙上了深深的印记。即使到了今天，人们仍然在远古的消灾避害的经验中吸取养料。以治水为例，"宜疏不宜堵""深淘滩、低作堰"一直被作为信条在治水工程中运用。

（2）安全文化形成的途径 时间文化层的形成主要有两种途径。

① 社会经济大变革引起新文化层的产生和形成。例如，在人类社会的早期，人类主要以狩猎和采集为生，生活资料完全靠大自然的恩赐。这一时期形成的文化层是与攫取性的社会生产相适应的，是狩猎、采集经济生活的反映，它以图腾文化为特征。

② 大量地采用他族文化，形成与原有文化不同的新一层文化。这种现象的出现有两种情况：一是由于战争，被征服者被迫接受征服者的文化；二是长期受相邻大民族文化的影

响，自然而然地采用他族文化。

安全文化的若干文化丛或若干文化元素不是同时产生的，而是先后产生的，较早产生的是基层或原生层次的安全文化，较晚产生的是次生层次的安全文化。不同时期产生的安全文化有可能同时存在并为不同的人用于同一目的。

### 7.1.3.2 空间层次

从安全文化的空间看，也有其层次结构，它一般可分为上、中、下三个层次，即表层、中层和深层。

表层安全文化是以物质或物化形态表现的，它是外显的，是摸得着、看得见的，是使人一目了然的。如各种劳保用品、劳保教育室和展览厅、消防设备、瓦斯检测仪、安全标志牌、十字路口红绿灯、人行横道斑马线以及各种安全报刊及出版物等等均属此层。

中层安全文化是以人的行为活动或行为化的方式表现的，它不像表层文化那样外露，但也不像深层文化那样隐秘，虽然摸不着，但能看得见或听得见。如建设项目的安全评估、生产场所和社区的危险源辨识、重大事故应急预案及安全技术措施、企业的安全生产发展规划和职工安全培训规划、各种安全检查和专项治理、各项安全活动、各种安全法律法规和标准制度、安全文艺演出以及安全影视作品的拍摄制作等等。

深层安全文化是以人的意识形态表现的，它是无形的、内隐的、不易觉察的，它是蕴藏在人的头脑中的各种观念。例如"安全第一"的价值观念、尊重生命的道德观念、不安全不生产的法治观念、以行为安全为美的审美观念、崇尚安全的各种信仰等。

文化空间的三层结构是彼此关联的，形成一个横向系统。各个文化层中，往往你中有我、我中有你，但各层之间也有差别。其核心层是深层文化，它是文化形成、发展的基础。

社会存在的变化必然会引起观念、信仰等深层文化的变化。例如事故频发，死的人多，人们的安全意识会因此而增强，安全观念会有所更新，安全文化会有一个阶段性的顺利发展的机会。新中国成立以来所经历的五次事故高峰和安全管理机构的多次撤并转换，这些事实，都表明安全文化发展的起伏不定与社会存在的状况密不可分。

在安全文化的空间结构上，有不同的分类方法，下面以"四分法"为例加以说明。

（1）安全器物层-安全物质（器物）文化 安全器物层次包括：人类因生产、生活、生存和求知的需要而制造并使用的各种防护或保护，如古代寻食护身的石器、铜器；防护的盔甲；当今的防弹车、防弹衣；耐湿抗酸的防护服，防静电、防核辐射的特制套装；连锁装置、超速超限自动保护装置等；阻燃、隔声、隔热、防毒材料等；本质安全型防爆器件、光电报警器件；水位仪、泄压阀、气压表、毒气报警仪等。

安全文化的器物层能够较明显、较全面、较真实地体现一定社会发展阶段的科技文化特点，安全器物层次相应的安全文化为安全器物文化，通常又被称为安全物质文化。

（2）安全制度层-安全制度文化 为保障人和物安全而形成的各种安全规章制度、安全操作规程、安全防范措施、安全宣教与培训制度、各种（各级）安全管理责任制等，均属于安全制度文化。它是安全精神（智能）文化的物化体现和结果，是物质文化和精神文化遗传、涵化和优化的实用安全文化。

（3）安全精神（智能）层-安全精神（智能）文化 安全精神（智能）层次包括：安全哲学思想、宗教信仰、安全审美意识（安全美学）、安全文学、安全艺术、安全科学、安全技术以及关于自然科学、社会科学的安全科学理论或安全管理方面的经验与理论。安全文化的精神（智能）层次，从安全本质来看，它是人的思想、情感和意志的综合表现，是人对外部客观和自身内心世界的认识能力与辨识结果的综合体现，人们把它看成是文化结构系统中的"软件"。

安全文化的器物层次、制度层次都是精神（智能）层次的物化层或对象化，是其"物化"或称为"外化"的表现形式（见图 7-1），是精神转化为物质的"外化"结果。

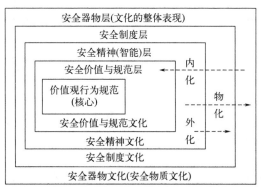

图 7-1  安全文化内在结构

（4）安全价值与规范层-安全价值与规范文化  安全价值规范层次包括人们对安全的价值观和行为规范。安全行为规范具体表现为安全的道德、风俗、习惯、伦理等。安全价值规范层次处于文化系统的深层结构之中，是文化中最不易变更的而较为固定的成分。价值规范层次被视为是它所属的文化系统的特质和核心。图 7-2 是安全文化的形态、层次和结构。

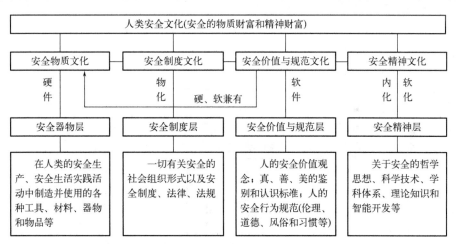

图 7-2  安全文化形态、层次和结构示意

## 7.1.4  安全文化与安全管理

企业安全管理是企业安全文化的一种表现形式，是安全管理文化，也是一种特殊的文化管理，企业安全文化是企业安全管理的基础。

（1）安全文化与人的行为规范  人的安全需求是有其动机和目的的，把安全工作、安全生产简单看成是管理或是安全管理，光靠制度和安全操作规程管理是不够的。而那种管、卡、压式的粗放型管理是非人性管理，是落后的，与安全文化所倡导的管理不相容。

不同安全文化素质的人对待安全管理会有不同的态度，要使人的行为得以规范，只能靠文化的熏陶，靠规范的教育，靠科学的启迪，靠理性的思维和正确的方法。通过多层次、全方位教化，即物态安全文化、精神安全文化、制度安全文化、行为规范与安全价值观的教育和潜移默化逐渐改变人的行为。安全文化规范人的行为可用图 7-3 表示。

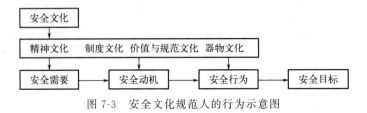

图 7-3　安全文化规范人的行为示意图

（2）安全文化与群体安全行为　通过安全文化的传播，增长人的安全知识，通过培训、教育，提高人的安全文化素质和安全技能水平，掌握更多的安全理论和实用方法，是一个潜移默化的过程。

不断为人们创造学习和培训的机会，以人为本，爱护人、尊重人，创造良好的环境，不断提高其安全科技文化素质，个体的安全行为就会较为规范，逐渐成为习惯。然而只有个体安全素质极大提高，形成一种宜人的安全文化氛围，人人懂得人命关天的道理，个个都能珍惜生命、善待人生，视安全责任如泰山压顶，全员、全方位、全过程保障安全，才能达到群体安全的目的或形成企业安全文化。

不断提高群体（员工）的安全文化素质，规范企业安全文化建设的模式和目标确定，必须考虑到安全文化的潜移默化是一个长期而复杂的过程。企业安全文化与群体行为的关系可用图 7-4 表示。

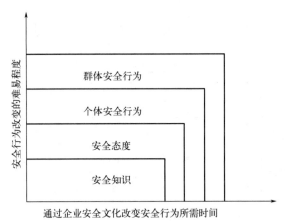

图 7-4　企业安全文化与群体行为的关系

（3）安全文化与企业安全管理的区别　安全文化与企业安全管理从文化或安全文化的渊源上考虑，有其内在联系，但安全文化不是纯粹的安全管理，企业安全文化也不是企业安全管理。

企业安全管理是企业对自身的生产经营活动实施的安全管理，这项管理与企业管理同步进行。企业安全文化是企业安全管理的基础和必要的环境条件，是安全管理的重要理念和精神支柱。

安全文化与企业安全管理的区别可以简要归纳为以下几个方面：

① 涉及的对象不同；

② 范围及环境不同；

③ 时空观念不同；

④ 追求安全与健康程度有别；

⑤ 采用的方法有别；

⑥ 对人影响的侧重点不同；

⑦ 对人影响的深度不同；

⑧ 经济投入不同；

⑨ 对外部环境的反应能力不同；

⑩ 学科归属不同。

安全文化与企业安全管理，还有很多区别，可参阅有关资料。

（4）大安全观与全面安全管理

① 全面安全管理是安全文化在制度层次的继承和创新。全面安全管理的思想，是一种超前的大安全观。对倡导和弘扬安全文化，建立大安全观，开展企业安全文化建设，具有普遍的指导意义。

② 大安全观要求人们超越分工对待安全。在人们的习惯认识上，将安全工作仅仅当作一项社会分工来对待。过分地强调安全的纯技术性，在工学领域努力培养高学历的安全工程技术专门人才，然而却忽略了一般人的参与，造成具有群众意义的安全责任与非群众意义的安全管理相互混淆，于是管安全的就有责任，不管安全的就无责任等。

大力传播的安全文化，既是一种关于安全问题的新观念，又是全社会科学地认识和对待安全问题的新的方法。倡导安全文化，目的很明确，就是要使每一个人都按照安全的要求来规范自己的行动，让注意安全成为每一个人的习惯。

③ "三违"，既是管理问题，更是文化问题。全面安全管理思想是在工作层次上建设企业安全文化的指南，也对在普通层次上建设大众安全文化有所启迪。

④ 企业安全文化建设应首倡全面安全管理。安全工作不只是安全部门的事，这实际上就是安全文化的思路，尤其是"横向到边，纵向到底"这八个字，言简意赅地告诉我们，安全文化在企业安全生产中如何应用。

全面安全管理观，应是企业开展安全文化建设的指导思想，全面安全管理在企业的推行，就是最切合企业实际的安全文化建设实践方式。

# 7.2 安全文化的建设

## 7.2.1 安全文化建设综述

### 7.2.1.1 安全文化建设的意义

企业安全文化建设具有重要的意义和作用，主要体现在以下几个方面。

（1）企业安全文化建设体现了"以人为本"的先进理念，对于建设和谐企业和和谐社会具有重要的意义 "以人为本"是企业安全文化建设的核心理念，"一切为了人"的观念是安全文化建设的基本准则，是安全物质文化、制

拓展阅读：
核安全文化的
"四种意识"

度文化、精神文化的最终落脚点。企业安全文化建设的最终目标是防止事故、抵御灾害、维护健康。形成以人为本的安全管理理念和自觉遵章守纪的价值观，形成安全和健康、保护环境、遵章守纪、尊重人和平等待人的理念。明确一切生产的目的都是为了人，为了人活得更好，为了满足人的需要，为了人的发展。

（2）加强企业安全文化建设是企业安全生产管理向深层次发展的需要　当前，有的企业存在着这样的怪现象：一方面有严格的安全管理制度，另一方面员工对制度却熟视无睹，违章作业屡见不鲜，究其原因不难得出企业安全文化基础不牢固是产生这样怪现象的关键所在。

①加强安全文化建设，有利于树立正确的安全生产观。通过加强企业安全文化建设，确立"安全第一、预防为主、综合治理"的指导思想，把"没有安全，就没有效益"的经营理念贯穿于整个企业经营活动之中，树立正确的安全生产观，是搞好安全生产管理的前提。正确认识安全文化作为一种新型管理理论的价值与其有利于树立正确的安全生产观的重要作用，使安全生产管理与安全文化建设有机地结合起来，将"安全第一、预防为主、综合治理"的思想渗透到企业所追求的价值观、经营理念和企业精神等深层内涵中，促进安全生产管理持续健康地发展。

②加强安全文化建设，有利于增强安全防范意识。主要表现在以下几方面：a. 超前意识。搞好安全生产，要具有超前的安全防范意识，提前做好预防准备并付诸实际行动，防患于未然，将事故消灭在萌芽之中。b. 长远意识。根据安全发展的需要，认真研究安全管理方面的问题，制定长远的安全管理规划，认真组织实施，强化安全生产基础管理工作，建立安全生产管理长效机制。c. 全局意识。对生产过程中出现的问题和发生的矛盾，要以个体服从整体、局部服从全局利益的原则来处理与协调好各方面的关系。d. 创新意识。必须大胆地对现有的安全生产技术与管理进行改革和创新，创建具有自身特色的安全生产管理模式，促进安全生产管理全面健康地发展。e. 人本意识。树立以人为本的经营理念，充分发挥他们的积极性、主动性和创造性。f. 效率意识。避免随意减少安全生产投入，削减安全成本的短期行为，预防安全隐患的产生，提高安全生产管理的效率。

③加强安全文化建设，有利于健全安全生产组织管理。安全文化实质上是一种经营文化、竞争文化、组织文化。不同的信仰、价值观会干扰环境和资源对组织的影响作用。因此，健全组织机构，强化组织管理，树立以人为本的管理理念，依靠人、尊重人，充分发挥职工的聪明才智，调动职工的积极性、主动性和创造性，使职工投身于企业安全生产活动之中，是安全文化建设的精髓所在。

④加强安全文化建设，有利于建立安全生产管理长效机制。注重制度"硬管理"和文化"软管理"的有机结合，既是企业文化建设的需要，更是建立长效安全管理机制的需要。一方面是制度"硬管理"。通过健全与完善有关的安全管理制度，从制度上规范安全生产管理，明确与落实安全管理工作职责，实现安全生产制度化与规范化。另一方面是文化"软管理"。管理制度再严密也不可能包罗万象，制度管理的强制性往往使得员工在形式上服从，而是否能赢得员工的心，可通过文化"软管理"，促使员工认同企业使命、企业精神、价值观，从而理解和执行各级管理者的决策和指令，自觉地按企业的整体战略目标和制度要求来调节和规范自己的行为，建立安全生产管理长效机制的目的。

⑤加强安全文化建设，有利于实施预防型安全生产管理。一方面，始终贯彻"安全第一、预防为主、综合治理"的指导思想，可以从战略管理的高度，进行科学的安全管理规

划，确立安全目标，制订安全计划，并认真组织实施，同时对安全问题时刻保持高度的责任感和警惕性，密切注意各种安全动态，采取预先防范的有效措施，对可能发生的危险进行预测和评估，以确定危险的级别，进行分级管理，可以及时发现和消除安全隐患，预防和遏制可能发生的安全问题，提高安全管理工作的效率。另一方面有利于加强安全生产管理队伍的建设，提高实施预防型安全管理的组织协调与实务操作的能力，并且进行广泛的宣传教育与培训，使员工明确实施预防型安全管理的重要性和必要性，积极投身于预防型安全生产管理活动之中，确保安全管理目标的顺利实现。

（3）加强企业安全文化建设有利于企业整体效益的提高

① 企业的安全文化建设通过物质、制度和精神三个层面全方位的建设，可以为企业其他方面的建设提供有益的补充和借鉴。企业安全文化是企业文化的重中之重，其建设是全方位和覆盖企业全员和全过程的，必然涉及企业其他方面的制度和文化，而企业安全文化建设得好，必然推动其他制度和文化的发展。

② 企业安全文化建设的要求之一就是将安全管理的重心转移到提高人的安全文化素质上来，转移到以预防为主的方针上来。通过安全文化建设提高职工队伍素质，树立职工新风尚、企业的新形象，增强企业的核心竞争力。同时企业内共同的价值观、信念、行为准则又是一种强大的精神力量，它能使员工产生认同感、归属感、安全感，起到相互激励的作用。

③ 企业安全文化比较集中地体现了企业文化的基本宗旨、经营哲学和行为准则。优秀的企业安全文化通过企业与外界的每一次接触，像新闻发布、社会活动和公关活动等向社会大众展示着本企业成功的管理风格、良好的经营状态和积极的精神风貌，从而为企业塑造良好的整体形象。

为了对一个企业安全文化的状况进行分析评价，首先应该确定评价的因素集合，然后给出各因素的评价等级，再对照企业的现状，给出企业安全文化当前所处的状态或发展阶段。

对安全文化进行衡量的因素，究竟应该有哪些，还没有统一的标准。国外的一些文献提出过 2～19 个不等的因素。如亚洲地区核安全文化项目研讨会提出衡量安全文化的因素有 6个。下面就组织承诺、管理参与、员工授权、奖惩系统、报告系统和培训教育 6 个评价因素进行讨论。

（1）安全文化中的组织承诺　安全文化中的组织承诺就是企业组织的高层管理者对安全所表明的态度，是组织高层领导将安全视作组织的核心价值和指导原则。因此，这种承诺也能反映出高层管理者始终积极地向更高的安全目标前进的态度，以及有效激发全体员工持续改善安全的能力。只有高层管理者做出安全承诺，才会提供足够的资源并支持安全活动的开展和实施。

（2）安全文化中的管理参与　安全文化中的管理参与是指高层和中层管理者亲自积极参与组织内部的关键性安全活动。高层和中层管理者通过每时每刻参加安全的运作，与一般员工交流注重安全的理念，表明自己对安全重视的态度，会在很大程度上促使员工自觉遵守安全操作规程。

（3）安全文化中的员工授权　安全文化中的员工授权是指组织有一个"良好的"授权予员工的安全文化，并且确信员工十分明确自己在改进安全方面所起的关键作用。授权就是将高层管理者的职责和权力以下级员工的个人行为、观念或态度表现出来。在组织内部，失误可以发生在任何层次的管理者身上，然而，第一线员工常常是防止这些失误的最后屏障，从而防止伤亡事故发生。授权的文化可以带来员工不断增加地改变现状的积极性，这种积极性可能超出了个人职责的要求，但是为了确保组织的安全而主动承担责任。根据安全文化的含义，员工授权意味着员工在安全决策上有充分的发言权，可以发起并实施对安全的改进，为了自己和他人的安全对自己的行为负责，并且为自己的组织的安全绩效感到骄傲。

（4）安全文化中的奖惩系统　　安全文化中的奖惩系统就是指组织需要建立一个公正的评价和奖惩系统，以促进安全行为，抑制或改正不安全行为。是一个组织安全文化的重要组成部分，是在内部建立一种行为准则。在这个准则之下，安全和不安全行为均被评价，并且按照评价结果给予公平一致的奖励或惩罚。从文化的角度说，奖惩系统是否被正式文件化、奖惩政策是否稳定、是否传达到全体员工和被全体员工所理解等才更属于文化的范畴。

（5）安全文化的报告系统　　安全文化的报告系统是指组织内部所建立的、能够有效地对安全管理上存在的薄弱环节在事故发生之前就被识别并由员工向管理者报告的系统。有人认为，一个真正的安全文化要建立在"报告文化"的基础之上，有效的报告系统是安全文化的中流砥柱。一个组织在工伤事故发生之前，就能积极有效地通过意外事件和险肇事故取得经验并改正自己的运作，这对于提高安全来说，是至关重要的。一个良好的"报告文化"的重要性还体现在：对安全问题可以自愿地、不受约束地向上级报告，可导致员工在日常的工作中对安全问题的关注。需注意的是，员工不能因为反映问题而遭受报复或其他负面作用。另外要有一个反馈系统告诉员工他们的建议或关注的问题已经被处理，同时告诉员工应该如何去做以帮助其自己解决问题。

（6）安全文化中的培训教育　　安全文化中的培训教育是评价安全文化的重要因素。安全文化所指的培训教育，既包括培训教育的内容和形式，也包括安全培训教育在企业重视的程度、参与的主动性和广泛性以及员工在工作中通过传帮带自觉传递安全知识和技能的状况等。

【案例反思】　中国中车集团的安全文化建设。中国中车作为大型国有企业，承载着振兴国家高端装备制造业的重大使命，承载着中国高铁走出国门走向世界的光荣使命。中国中车通过长期的现场写实、创新实践，逐步总结形成了以安全文化为主线的"一核三维"安全管控坐标体系，其设计原理是将安全文化理念作为核心原点、安全文化建设作为主线，以机制驱动维度为 $X$ 轴、资源协同维度为 $Y$ 轴、现场运行维度为 $Z$ 轴，构成"一主线、三维度"的安全管控体系。

### 7.2.1.2　企业安全文化建设的主要途径

（1）以坚持强化现场管理为基础　　一个企业是否安全，首先表现在生产现场，现场管理是安全管理的出发点和落脚点。员工在企业生产过程中不仅要同自然环境和机械设备等相互作用，而且还要同自己的不良行为作斗争。因此，必须加强现场管理，搞好环境建设，确保机械设备安全运行。同时要加强员工的行为控制，健全安全监督检查机制，使员工在安全、良好的作业环境和严密的监督监控管理中，没有违章的条件。

拓展阅读：
安全文化评估

（2）坚持安全管理规范化　　人的行为养成，一靠教育，二靠约束。约束就必须有标准、有制度，建立健全一整套安全管理制度和安全管理机制，是搞好企业安全生产的有效途径。

首先要健全安全管理法规，让员工明白什么是对的，什么是错的；应该做什么，不应该做什么，违反规定应该受到什么样的惩罚，使安全管理有法可依，有据可查。对管理人员、操作人员，特别是关键岗位、特殊工种人员，要进行强制性的安全意识教育和安全技能培训，使员工真正懂得违章的危害及严重的后果，提高员工的安全意识和技术素质。解决生产过程中的安全问题，关键在于落实各级干部、管理人员和每个员工的安全责任制。

其次是要在管理上实施行之有效的措施，从公司到车间、班组建立一套层层检查、鉴定、整改的预防体系，企业成立由各专业的专家组成的安全检查鉴定委员会，每季度对重点装置进行一次检查，并对提出的安全隐患项目进行鉴定，分项目进行归口及时整改。车间成立安全检查小组，每周对管辖的装置（区域）进行一次详细的检查，能整改的立即整改，不能整改的上报公司安全检查鉴定委员会，由上级部门鉴定进行协调处理。同时，重奖在工作中发现和避免重大隐患的员工，调动每一个员工的积极性，形成一个从上到下的安全预防体系，从而堵塞安全漏洞，防止事故的发生。

（3）坚持不断提高员工整体素质　企业安全文化建设，要在提高人的素质上下功夫。近几年来，企业发生的各类安全事故，大多数是员工出于侥幸、盲目、习惯性违章造成的。这就需要从思想上、心态上去宣传、教育、引导，使员工树立正确的安全价值观，这是一个微妙而缓慢的心理过程，需要做艰苦细致的教育工作。提高员工安全文化素质的最根本途径就是根据企业的特点，进行安全知识和技能教育、安全文化教育，以创造和建立保护员工身心安全的安全文化氛围为首要条件。同时，加强安全宣传，向员工灌输"以人为本，安全第一""安全就是效益、安全创造效益""行为源于认识，预防胜于处罚，责任重于泰山""安全不是为了别人，而是为了自己"等安全观，树立"不做没有把握的事"的安全理念，增强员工的安全意识，形成人人重视安全、人人为安全尽责的良好氛围。

（4）坚持开展丰富多彩的安全文化活动　开展丰富多彩的安全文化活动，是增强员工凝聚力、培养安全意识的一种好形式。要广泛地开展认同性活动、娱乐活动、激励性活动、教育活动；张贴安全标语，提合理化建议；举办安全论文研讨、安全知识竞赛、安全演讲、事故安全展览；建立光荣台、违章人员曝光台；评选最佳班组、先进个人；开展安全竞赛活动，实行安全考核，一票否决制等。通过各种活动方式向员工灌输和渗透企业安全观，取得广大员工的认同。对开展的"安全生产月""百日安全无事故""创建平安企业"等系列活动，都要与实际相结合，其活动最根本的落脚点都要放在基层车间和班组，只有基层认真地按照活动要求结合自身实际，制定切实可行的实施方案，扎扎实实地开展，不走过场才会收到实效，才能使安全文化建设更加尽善尽美。

（5）坚持树立大安全观　企业发生事故，绝大部分是职工的安全意识淡薄造成的，因此，以预防人的不安全行为生产为目的，从安全文化的角度要求人们建立安全新观念。比如上级组织安全检查是帮助下级查处安全隐患，预防事故，这本是好事，可是下级往往是百般应付，恐怕查出什么问题，就是真的查出问题也总是想通过走关系，大事化小、小事化了。又如安监人员巡视现场本应该是安全生产的"保护神"，可是现场管理者和操作人员利用"你来我停，你走我干"的游击战术来对付安监人员。还有，本来"我要安全"是员工本能的内在需要，可现在却变成了管理者强迫被管理者必须完成的一项硬性指标。这些错误的观念一日不除，正确的安全理念就树立不起来，安全文化建设就永远是空中楼阁。要利用一切宣传媒介和手段，有效地传播、教育和影响公众，建立大安全观，通过宣传教育途径，使人人都具有科学的安全观、职业伦理道德、安全行为规范，掌握自救、互救应急的防护技术。

拓展阅读：
安全行为观察

### 7.2.1.3 企业安全文化建设应注意的问题

（1）加强领导，提高各级领导的安全文化素质　领导者好比种子，通过他们把安全价值观言传身教播种到每一名员工的心里，进而通过细致的工作和努力的实践不断进行培育，就能最有效地加快安全文化建设速度，从而形成良好的安全文化氛围。

（2）紧紧围绕企业实际，推进安全文化建设　在安全文化推进过程中，各单位要注重与本单位实际相结合。可以按照"先简单后复杂、先启动后完善、先见效后提高"的要求，统一规划，分步实施，切实抓好企业安全文化建设。

（3）不断创新安全文化的培育手段和方式　在坚持已有的行之有效的管理制度和措施的同时，要根据企业的发展和生产情况，根据员工的思想状况，及时地创新工作方法和机制，吸收国内外先进的管理理念，吸收职业安全健康管理体系思想，有针对性地加强对员工安全意识、安全知识和安全技能的培训。要利用一切的宣传和教育形式传播安全文化，充分发挥安全文化建设的渗透力和影响力，达到启发人、教育人、约束人的目的。

（4）利用一切手段和设施，加大对安全文化的传播　要把对安全文化的宣传摆在与生产管理同等重要，甚至比其更重要的位置来宣传。抓好安全文化建设，有助于改变人的精神风貌，有助于改进和加强企业的安全管理。文化的积淀不是一朝一夕，但一旦形成，则具有变化人、陶冶人的功能。

（5）不断加大投入，发挥硬件的保证作用　企业要预防事故，除了抓好安全文化建设外，还需要不断加大投入，依靠技术进步和技术改造，依靠不断采用新技术、新产品、新装备来不断提高安全化的程度，要保证工艺过程的本质安全、保证设备控制过程的本质安全、保证整体环境的本质安全。

## 7.2.2 安全文化建设与"人"的关系

安全文化是本单位全体员工安全价值观念、安全意识、安全目标和行为准则的总和，是单位与个人安全素质和态度总的体现。企业安全文化也是企业文化的一部分，其形成和发展，首先是从生产实践出发，经归纳总结形成，再用于安全生产实践。

拓展阅读：
安全文化与
员工安全状态
的层次对应关系

现代企业的大规模发展，更为企业的安全文化提供了丰富的内涵。抓好安全生产工作，首先要从"人"抓起。"人"是企业的主宰，所以提高人的安全意识、安全水平，强化安全、法治观念，树立正确的安全理念，是安全文化素养的主要表现手段。企业的员工人数众多，在自身的修养方面各有差异，层次区分明显，因此对安全的理解深浅不一，通过开展丰富多样的企业安全文化活动，可以引导员工关注安全、体会安全、共同提高。

日本经营业先驱松下幸之助指出："企业可以凭借自己高尚的价值观，把全体员工的思想引导到自身意想不到的高境界，产生意想不到的激情和工作干劲，这才是决定企业成败的根本"。大家也许听说过，在日本企业，许多员工能以为企业贡献为荣，甚至放弃双休日、节假日。

海尔前首席执行官张瑞敏在分析海尔经验时说过："海尔过去的成功是观念和思维方式的成功。企业发展的灵魂是企业文化，而企业文化最核心的内容是价值观"。这与松下幸之助的观点不谋而合。事实上，海尔文化的形成完全是自身努力的结果，是不断探索积累的结果。众所周知，国企的改革难度很大，难在人的思想、行为的改变上。然而海尔在 20 世纪 80 年代就开始推行自己的管理模式，海尔文化的延续是在兼并中求发展。当年兼并青岛洗衣机厂时，只派了三个人去：一位总经理、一位会计师、一位企业文化中心经理，他们用海尔的企业文化、海尔的管理模式救活了这个企业，短时间内使其扭亏为盈。当时有 20 几人上街闹事，排斥这种管理模式，理由是原来工资很少，可以不干活，现在工资虽然是过去的几倍，但这么严格的管理使人受不了。公司派去的负责人通过给大家分析利弊，最后由全体职工自己讨论决定，结果是同意接纳这种管理模式。事实证明海尔的发展思路是对的。所以说企业的发展转变，其实就是新旧文化的碰撞，就是人的思想、行为的改变、发展，就是建立新型企业文化的氛围。安全生产事关人民群众的根本利益，如何在实际工作中抓好安全？真正做到全员自主管理，这恐怕还需要一个较长的时期。企业应走出传统的管理模式，建立起新型企业文化的氛围，杜绝出现一方面员工对安全视若无睹，一方面又对安全生产大讲、特讲的怪现象。企业安全文化的形成是企业向"人本管理"转变的重要标志，企业应将安全文化作为企业文化建设的重要组成部分，纳入企业工作计划日程，并尽可能地给予政策和物质上的支持。

企业的安全文化建设与"人"的关系可从以下几个方面入手。

（1）员工心态、安全文化的培养

① 安全思想教育。主要是针对全体员工，就安全认识长期进行思想、态度、责任、法治、价值观等方面的系统教育，从根本上提高其安全意识，树立"安全第一"的观念。

② 安全知识教育。通过一定的手段对职工进行生产作业安全技术知识、专业安全技术知识等教育，加强其自我保护意识。

③ 创造安全文化氛围。通过各种形式的安全活动，逐步形成企业安全文化的浓厚氛围，营造安全需求环境。

（2）安全文化制度的建立与教育

① 建立强有力的企业安全管理机制。一是切实执行"企业负责制"，各层次人员逐级落实责任，建立起横向到边、纵向到底的安全管理网络；二是切实履行"社会监督"职责，奖惩严明、行之有效。

② 建立健全各项规章制度。所谓执法有依。有了完善的安全法规和制度以及安全规程，就可以规范员工的安全行为，起到约束作用。

③ 有了健全的规章制度，并不是说就可以高枕无忧了，必须将死的制度变成活的思想。通过对员工的宣传、教育，使其能掌握并接受，最终形成员工的一种自主行为。

（3）员工行为安全文化教育　理论要与实践相结合，一个人树立了正确的安全观念，掌握了一定的安全知识还不够，必须进行反复的技能训练，才能真正做到自我保护、安全作业。进行现场危险源、危害因素辨识就是一种手段。

（4）物态安全本质化培训　整个安全强化过程要按照 PDCA 循环的方式来加以提高。事故危险的消除、制度的建设、现场的监督、可靠的安全设施、先进的技术、优良的作业环境缺一不可。

（5）组织领导　安全文化建设需要得到组织的协调、领导的参与管理，以便安全工作的顺利进行和有效实施。通过建立、完善企业文化，改变员工的思想、行为以及价值观，形成积极向上的团队氛围，在这样的前提下，再创建企业的安全文化，规范员工的安全行为，让安全管理工作逐步向自主管理、团队管理这样更高的目标发展。

### 7.2.3 安全文化建设的创新与发展

#### 7.2.3.1 安全文化的时代新内涵

在市场经济进一步完善的条件下，推崇大众安全文化、提高全民的安全文化素质、弘扬和倡导安全文化更加符合时代的要求。安全文化在精神文化、智能开发方面，在安全科学技术和现代生产技术方面，在安全高技术的转换和应用安全技术方面都是强大的精神动力和无法替代的智力支持。

拓展阅读：
企业安全文化
建设新特点

安全文化的时代新内涵就是科学发展观。安全文化保护和发展生产力，提高人民的安全文化因素，提高员工应急救援的技能，是先进生产力的发展方向。安全文化是推动社会文明，增进人民身心健康，促进人与环境和谐，保持社会稳定和国民经济可持续发展的先进文化。安全文化是关爱人民，保护人民切身利益的大众安全文化。安全文化的时代新内涵突出表现如下：

（1）安全文化融汇了保护和发展生产力　安全文化保护了人，保护了从事一切活动人的身心安全与健康，预防、减少或控制灾害与事故，极大减少人的伤亡。其结果是减少设备、设施的损失，减少原材料的损失，用低毒材料代替高毒材料，用无毒材料代替低毒材料，减少和防治职业病的发生，保护员工安全与健康，实质上是保护了生产力，发展了生产力。

（2）安全文化是先进文化的发展方向　安全文化是保护人民活动的安全与健康的大众文化。只要有人存在，就要从事生产、生存活动，自然就有保护人在活动中的身心安全与健康的问题，这属于人类可持续发展和人类文明的问题，也必然会成为当代先进安全文化的泉源和动力。安全文化是经过传继、优化、融合、发展而成的，既有时代特征，又反映人民最新安全需求。

#### 7.2.3.2 弘扬和传播安全文化

（1）宣传教育是安全文化传播的根本途径　通过文化的宣教，启发人、影响人、教育人、塑造人。最重要的一步是从人的启蒙开始、从孩童抓起。安全文化是随着人类生存、繁衍、发展和社会文明而不断继承、吸收、优化、繁荣并滚滚向前、奔腾不息的科技文化长流，安全文化弘扬和传播的长流示意图，如图7-5所示。

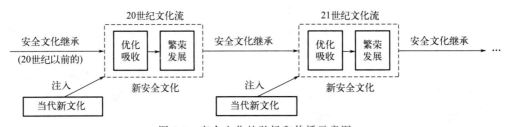

图 7-5　安全文化的弘扬和传播示意图

（2）树立安全文化宣教工作的新理念　这种新理念可以概括为以下几个方面：
① 树立安全文化观；
② 营造关注安全、关爱生命的舆论和氛围；
③ 树立大众安全观；
④ 发挥各方力量拓展传媒渠道；
⑤ 正确处理安全文化宣教工作效益问题。

## 7.3　安全文化与安全管理

### 7.3.1　安全文化在安全管理中的作用

（1）安全文化是企业安全管理的灵魂　在企业安全管理中能否认识到"员工第一"，这不但是一个"位置"的问题，更是一个涉及企业发展的核心问题。"员工"究竟在领导心目中的地位是怎样的？如何才能真正实现"以人为本"？一般说来，人的追求并不仅仅以薪金报酬为唯一目标，更重要的是随着企业文化的发展而实现自我价值。企业提高薪酬在员工看来只是应得的回报，如果能在心灵上给员工以关怀和慰藉，则更能产生感召力。在加强企业安全管理、发展企业安全文化的同时，要真正做到"员工第一"，真正实现员工在企业中的地位和价值，只有把企业的发展真正融入员工的人生目标和个人发展中去，把企业的发展观念与员工的价值观念进行整合和统一，充分反映企业发展的核心作用，这才是"企业安全文化"作为推动企业安全发展的"安全管理思想"上的真正意义所在。

"人"是企业中核心的要素，无论是对企业发展还是员工个人，企业安全文化都是一个涉及企业生存与发展的问题。安全管理工作，就是要真正地做到领导与员工、员工与员工之间的互动：既要让员工熟悉企业的发展现状、理解企业的困难、熟知领导安排自己的良苦用心，又应使领导熟悉员工的工作状态和内心需求，理解员工的心理，只有这样才能真正实现"人"在企业中的地位和价值。而企业的领导者真正能做到从内心去理解员工，做到企业人与人之间的平等、真诚、合作、发展，将是企业安全文化成熟发展的生动体现，更是一个企业保持良性发展、持续进步的源泉和灵魂。

（2）安全管理与安全文化的关系　安全管理与安全文化建设有着必然的内在联系，但安全文化不是纯粹的安全管理。安全管理是制定措施、组织实施、购置设施、指挥协调、过程控制、总结评价等有投入、有产出、有目标、有实践的生产经营活动的全过程，主要通过制度的约束力强制职工"要我安全"。而安全文化则是安全管理的基础和背景，是企业安全共识的理念和精神支柱，主要通过职工自我的执行力主动意识"我要安全"。在约束力和执行力的作用下，安全文化与安全管理达到有机的统一。安全管理提炼了安全文化，丰富了安全文化的内容和理念，而安全文化又促进了安全管理，营造了一种全新的"以人为本，关爱生命"的安全氛围。

现代安全管理需要如下安全理念文化的支撑。

①"安全第一"的哲学观。在思想认识上，安全高于其他工作。在组织机构上，安全权威大于其他部门。在资金安排上，安全重于其他工作所需的资金。在知识更新上，安全知识（规章制度）先于其他知识培训和学习。当安全与生产、安全与经济、安全与效益发生矛盾时，安全必须先行。

② 重视生命的情感观。善待生命，珍惜健康是人之常情，是企业每一个职工必须建立的情感观。对于领导层而言，表现为激励职工的"热情"，服务职工的"衷情"，温暖职工的"深情"，关爱职工的"柔情"，严管职工的"绝情"，铁面如山的"无情"。而广大职工的安全情感主要是通过"爱人（不伤害别人）""爱己（不伤害自己）""行为有德""操作无违"来实现。

③ 安全效益的经济观。安全就是生命，安全就是效益。安全不仅能"减损"，而且能"增值"，安全的投入不仅能给企业带来间接的回报，而且能产生直接的效益。实现安全生

产，保护职工的生命安全与健康，不仅是企业的工作责任和任务，而且是保障生产顺利进行、促进效益实现的基本条件。

④ 预防为主的科学观。站在"一切事故都可以预防"的高度，以现代安全管理技术为支撑，变事后处理为事前防范，变事故管理为隐患管埋，变管理的对象为管理的动力，变静态被动管理为动态主动管理，从本质上实现安全管理的全面提升。

⑤ 以人为本的人本观。生产的主体是职工，安全生产本身就是对职工生命权益的维护。职工安全意识的强弱，安全文化素质的高低，直接决定安全生产的具体过程和结果。同时，在生产过程的人、机、环三要素中，人是最重要的。人在生理、安全、社交、尊重和价值实现五个层次上的需求，形成了安全价值体系的需求和观念。可以说，"以人为本"是安全文化建设的核心理念，"一切为了人"的人本观念是安全文化建设的基本准则，是安全行为文化、管理文化、物态文化的最终落脚点。

## 7.3.2　对于安全管理的理解

安全管理即是和风险做斗争，安全管理的对象是风险而不是事故。企业没有发生事故，未必是安全的企业，因为可能有重大隐患存在。组织准确地认知风险，使风险从可控到在控，风险尽在掌握之中，才能说是真正安全的组织。

看得见的风险就不再是风险。风险的最大特性是不确定，确定性是风险的克星。认识风险，辨识危害，削减风险，减少同类风险的发生。这不仅是安全管理的核心，也是企业经营所要遵守的路径。

安全管理把风险作为核心，并不是要彻底地杜绝风险，把风险程度降为零。应该注意到，消除风险是需要付出成本的。要遵从"安全第一"，同时兼顾安全和效益的平衡，在符合法律规定和政府监管、社会认可的前提下，实现"合理的尽可能低"（ALARP）的风险可接受性标准。风险削减要与三项内容达成平衡，即时间、费用、采取降低或消除风险方法的难易度。因为"safety"容易被误解为没有任何风险的安全，所以世界 500 强中已经有不少企业开始用"hazard reduction（风险减小）"代替"safety"。

世界 500 强企业安全管理的手段，主要可以归为三类。

① 安全管理系统，具有代表性的有：

英荷壳牌公司 HSE 健康安全环境管理系统；

通用电气 SHE 安全健康环境管理模式；

埃克森美孚 OIMS 完整性运作管理系统；

埃克森和道氏 SQAS 安全质量评定体系。

② 基于行为安全的管理活动，具有代表性的有：

杜邦公司 STOP 安全培训观察计划；

住友公司 KYT 伤害预知预警活动；

拜耳公司 BO 行为观察活动；

道氏公司 BBP 基于行为的绩效活动；

丰田公司防呆法和零事故六程序；

巴斯夫公司 AHA 审计帮助行动。

③ 政府或非官方机构确定被部分跨国企业采用的安全策略，包括：

日本劳动安全协会 5S 运动；

英国、澳大利亚、新西兰、挪威等 13 国标准组织制定的 OHSAS18001 体系；

国际劳工组织 OSHMS 系统；

南非 NOSA 安全五星管理评价系统；

各国职业安全管理机构制定的规章。

## 7.3.3 杜邦公司的安全文化与安全管理

### 7.3.3.1 杜邦公司的安全文化的发展过程

杜邦的安全文化是世界上最享有盛誉的安全文化之一。杜邦 1802 建厂至今，从最初的简易车间作坊式生产到现在的全球跨国公司，安全文化经历了四个发展阶段。

（1）第一阶段是自然本能反应阶段　该阶段企业和员工对安全的重视程度仅仅是一种本能的自然保护反应。没有或很少有安全的预防意识。员工以服从为目标，对安全是一种被动的服从，各级管理层认为安全是安全部门和安全经理的责任。缺少高级管理层的参与。

（2）第二阶段是依赖严格的监督　这一阶段已建立起了安全管理系统和规章制度，对各级管理层的责任做出了承诺，但员工安全意识和行为往往是被动的，员工遵守安全规定仅仅是害怕被解雇或受处罚，员工执行安全规章是被动的，各级管理层监督和控制安全行为并反复强调安全的重要性，制定具体的安全目标，企业把安全视为一种价值，管理层和员工参加安全培训。

（3）第三阶段是独立自主管理阶段　这时企业已具有良好的安全管理体系，安全获得各管理层的承诺，各级管理层和全体员工具备良好的管理技巧、能力及安全意识，表现出的安全行为特征是员工自觉按规章制度进行生产，安全意识深入员工之心，员工把安全作为个人价值的一部分，安全不但为自己也是为家庭和亲人，安全无时不在员工的工作和生活中受到重视，把安全视为个人成就。

（4）第四阶段是互助团队阶段　员工不但自己遵守各项规章制度，而且帮助别人遵守各项规章制度，不但观察自己岗位上而且留心别人岗位上的不安全行为和条件。员工将自己的安全知识和经验分享给其他同事，关心其他员工，关注其他员工的异常情绪变化，提醒安全操作，员工将安全视为一项集体荣誉。

### 7.3.3.2 杜邦公司的安全管理

在杜邦公司的四个发展阶段中，第一阶段事故发生率最高，尽管制定了"进厂马匹不得钉铁掌并包棉布、员工不能带火种、必须穿工作服"等一系列防范措施和操作规程，但杜邦公司仍为此付出了高昂的代价。在成立之初的十几年，黑火药生产使埃留特·伊雷内·杜邦家族几位亲人及公司员工付出血的代价。最严重的一次爆炸事故发生在 1818 年，拥有 100 多名员工的杜邦公司有 40 多位死亡或受伤，公司濒临破产。为此，埃留特·伊雷内·杜邦在 1818 年开始建立了安全管理的三项政策和一项制度。

拓展阅读：
"一二三四五六"
安全文化

（1）杜邦公司安全管理的三项政策和一项制度

① 管理层对安全负责的制度，即安全生产必须由生产管理人直接负责。从总经理、厂长、部门主管，到车间主任、班组长都对安全负责，而不是由安全部门负责。

② 建立了公积金安全保险制度，即现在的工伤保险制度和安保基金制度。员工安全公

积金个人缴一部分，公司拿出一部分。

③ 关注员工，关心员工，包括受伤害员工家属、子女的抚养安置，即现在的以人为本相关福利政策。

④ 除上述三项制度外，还规定：一项新的产品、工艺或一个新的工厂开工，最高管理层操作之前，任何员工不允许进入工厂，必须由厂长或经理先操作，目的就是体现管理者对安全的承诺和重视。

杜邦公司在互助团队的安全管理模式下，2000 年以来，370 个工厂和部门中 80％没有发生过因职业卫生所导致的病假及安全事故，至少 50％的工厂没有出现过可记录的伤害，20％的工厂超过 10 年以上没有发生过安全伤害纪录。

（2）杜邦安全管理理念中有四个核心价值：

① 对人的尊重。即善待员工，这是从事故中总结出来的。员工得不到尊重和保护，生产是不会安全的。

② 职业道德与操守。就是员工要认真遵守操作规程、工作标准。

③ 健康和环保。

④ 安全。生产条件、环境是安全的。

（3）杜邦十大安全管理基本原则　杜邦十大安全管理基本原则是在杜邦公司两百多年的发展过程中逐步形成的：

① 一切事故都可以防治；

② 管理层要抓安全工作，同时对安全负有责任；

③ 所有危害因素都可以控制；

④ 安全地工作是雇佣的一个条件；

⑤ 所有员工都必须经过安全培训；

⑥ 管理层"必须"进行安全检查；

⑦ 所有不良因素都必须马上纠正；

⑧ 工作外的安全和工作中的安全同样重要；

⑨ 良好的安全就是良好的业务；

⑩ 员工的直接参与是关键。

### 7.3.4　安全文化的延伸

（1）安全在企业中的定位　有一个小故事说的是"五官争功"。年终总结评比，评选先进部门，CEO"脑袋"让各部门发扬表扬与自我表扬的精神，推荐自己或者推荐别人。

销售部门经理"口腔"说，销路是他们打开的，效益好他们功劳最大；

品管部门经理"眼睛"说，销得好是因为质量好，质量好品管部功劳跑不了；

研发部门经理"耳朵"说，产品好是因为设计好，没有研发部门哪来的设计好；

财务部门经理"鼻子"说，效益好是因为成本控制好，财务人员心没少操。

各个部门都加入了争功大合唱，只有负责生命健康的安全部门经理没话说，好像这一年除了花钱没别的成果。

最高首长终于说，鼻子、眼睛、耳朵、口腔"五官争功"，都觉得自己重要。确实都很重要，可是你们知道谁最重要吗？命最重要，命没了五官都不需要。

这个故事在说，安全最重要，是基础，没有安全，其他工作都是白做。

现在企业有CEO（首席执行官）、COO（首席运营官）、CFO（首席财政官）等，安全管理方面则称"CSO"。

美国"9·11"恐怖袭击之后，安全问题被提升到了一个前所未有的高度，CSO（首席安全官）应运而生。如美国在线时代华纳公司、太阳微系统公司等大公司纷纷设置CSO。

CSO在不同的公司有不同的含义，有的负责职员人身安全和企业财产安全，有的防止公司网络免遭黑客攻击，有的主要保证提供产品的性能安全。CSO的注解也不断增加，现在已经被称为"首席安全策略家"了。职责范围要求CSO们，必须从管理角度而不是技术角度，预见并防止潜在的安全隐患，还要能够指挥对付已经发生或即将发生的各类安全问题。著名的"猎头"公司——克里斯蒂安·延伯斯公司调查了《财富》前1000强企业的390名执行总裁，高达95％表示对CSO感兴趣，25％称准备聘用CSO，8％已经着手招聘CSO。

（2）让岗位负起责任　企业是安全生产的责任主体，但它不能够自动承担主体责任，还必须在它的内部进行责任划分，实现责任分担，才能让各个环节共同承担起主体责任。

"责任落实到岗位"和"责任落实到人头"，代表了安全管理的两个认识角度。要承担安全责任，也需要相应的权利。责任落实到人头就会出现经验管理的盲区，我看张三顺眼就给他权利，看李四不顺眼就不给他权利。但如果责任落实到岗位，责任面前就没有了人的区别，只要在岗位上，无论是谁，都会给他配置相应的权利。

安全管理中权责一致非常重要。对每个岗位都要实行职权与职责一致的原则。有责无权，想安全做不到安全，主动负责意识就会受到抑制。有权无责，将必然导致滥用权力、官僚主义、瞎指挥。

岗位是企业中安全责任的主体。个人服从于岗位，在岗位上履行职务，在岗位上承担责任，在岗位上享受利益。美国前总统杜鲁门办公室的门上有句话"barrels stop here"，意思是麻烦的"水桶"传递到此为止。这个办公室是总统的岗位，任何问题到"我"这里结束，"我"不再传递给任何人。解决问题是这个办公室主人的责任。企业成员个人对安全负责，就是指对岗位负责，而不是对某一个人负责。因为，企业是岗位相互关联的责权结构，企业的安全责任是靠相互关联的权责机构共同支撑的，所以，企业成员既要对岗位的安全负责，还要对岗位相关联的安全负责，对岗位的上下工序负责，对岗位的前后流程负责，对岗位的上下级结构负责。

岗位是责任的核心。在安全管理中，每个岗位上的每位企业成员都应该属于高级管理层。德鲁克说过："不论一个人的职位有多高，如果只是一味地看重权力，那么，他就只能列入从属的地位；反之，不论一个人职位有多么低下，如果他能从整体思考并负起成果的责任，他就可以列入高级管理层。"

（3）安全是职业底线　科学的安全管理要让企业的员工明白敬畏，知道害怕。要树立安全是职业底线的信念。下面有个故事，说在第二次世界大战中期，德国生产的降落伞的安全性能差。虽然在厂商的努力下，合格率已经提升到99.9％，但还差一点点。军方要求产品的合格率必须达到100％。可是厂商不以为然，他们强调，任何产品都不可能达到绝对100％的合格，除非出现奇迹。但是，降落伞99.9％的合格率，就意味着每一千个跳伞军人中有一个人会送命。后来，军方改变了方法，决定从厂商前一周交货的降落伞中随机挑出一个，让厂商负责人背着这个伞，亲自从飞机上跳下去。这个方法实施后，奇迹出现了，不合格率立刻变成了0。

仅仅害怕是做不好安全生产的，需要的是科学，需要的是管理。但是，从人力资源角度来看，害怕作为应激的心理状态，会激发出责任人的强大的主观能动性，主动想办法采取措施保证安全。正因为降落伞生产商害怕了，才实现了合格率的100％，从物的安全状态上解决了空中跳伞的本质安全。

国内第一家上市的软件企业东软集团董事长刘积仁，在谈到企业发展经验时，说的竟然是"因为我们一直怕死，所以我们才活到今天"。

（4）安全是职业进步的阶梯　把员工的职业生涯分为五个阶段：探索期、建立期、职业中期、职业后期和衰退期。无论做什么工作的，都脱不开这五个阶段。在职业生涯的五个阶段中，安全都是首先需要考虑的问题。特别是在建立期、职业中期、职业后期，都会遇到各自阶段的安全问题。

建立期最大的安全之敌是生疏。最初进入工作岗位，由于不熟悉，很容易发生事故。要做的就是熟悉业务，提高技能，认识岗位的风险，了解具体的漏洞在哪里，适应工作环境。

职业中期面对的主要问题是疲倦感。任何有意思的工作，做时间久了都会出现厌倦的感觉。有人甚至"干一行，恨一行"。尤其是干了五年十年后，工作的环境、职位、业务范围没有太大变化，更容易出现提不起精神，注意力不集中，容易疲倦、烦躁的心理状态。

处于职业后期的人的进取心不再强烈，考虑最多的是"维持"，维持目前的职位和收入水平，"挺到"退休算了，希望有一个压力较轻的工作，正像强弩之末。职业后期中人绝不是企业的消极力量。因为，他们在工作中积累了大量的经验，能够安全地走到现在，都有自己的体会心得。这是企业的一笔财富，可以让他们担当起知识传递者的角色，让他们个人的安全经验成为全体员工共同的岗位收获。

企业要做好职业生涯的安全管理，要引导员工认识到，无论什么时候，安全都是职业阶梯，更是职业生涯的坚实底线，是晋升和保住饭碗的前提条件。

 **复习思考题**

（1）简述4种常见的安全文化的定义，并分析其共同点与区别。

（2）试分析"安全第一"公理的内涵及意义。

（3）简述安全文化的特性与主要功能。

（4）试分析安全文化的层次与安全文化的发展。

（5）试述安全文化与应急文化的区别。

（6）试分析核安全文化的"四种意识"。

（7）试分析安全文化与安全管理的关系。

（8）试分析安全文化与安全教育的关系。

（9）阐述安全文化建设的意义与建设的主要途径。

（10）分析企业安全文化的评价因素，并举例加以说明。

（11）综述杜邦公司的安全文化与安全管理，分析其对我们的启示。

（12）简述安全文化的延伸对安全生产的意义。

（13）简述"一二三四五六"安全文化。

（14）简述安全文化的时代新内涵。

# 8 心理压力疏导

随着社会的发展、时代的进步，各行各业的改革不断深入，竞争不断加剧，工作要求越来越严格，员工面临的心理压力逐渐加大。如果心理压力不能有效释放，将导致员工产生消极和抵触情绪，影响员工身心健康和安全生产。本章将就员工精神压力形成的原因以及如何构建精神压力的疏导机制等问题进行阐述。

## 8.1 心理压力概述

### 8.1.1 心理压力的概念

（1）心理压力的心理学定义 心理压力，一般也简称压力（stress），是心理压力源和心理压力反应共同构成的一种认知和行为体验的心理活动过程。压力（stress）是一个外来词，源于拉丁文"stringere"，原意是痛苦。现在所写的单词是"distress（悲痛、穷困）"的缩写。有"紧张、压力、强调"等意思，压力会影响人们的身心健康，早已被公认。心理学家汉斯·塞尔斯（Han Selye）是第一个使用术语"stress（压力）"的人。现在人们借用这个词来描述人类在紧张状态下的生理、心理和行为反应。

有心理学家认为，心理压力是某一情境使人产生特殊生理或心理需要，由此发生的不平常的或出人意料的反应。是促使一个人内心产生不平衡状态的原因，是高度焦虑经验的认知及反应，它是涉及威胁或危险的认知及反应。

【案例反思】 美国的一项研究发现，每天都会有人由于压力生病。根据英国官方对压力导致的疾病统计，估计每年会使英国累计损失8000万个工作日，每年的代价高达70亿英镑。北京易普斯企业咨询服务中心对IT行业2000多名员工所做的调查表明，有20%的企业员工压力过高，至少有5%的员工心理问题较严重，有75%的员工认为他们需要心理帮助。据美国职业压力协会估计，压力以及所导致的疾病缺勤、体力衰竭、精神健康问题，每年耗费美国企业界3000亿美元。目前在中国，虽然还没有专业机构对因职业压力为企业带来的损失进行统计，但北京易普斯企业咨询服务中心的调查发现，有超过20%的员工声称职业压力很大或极大。有关人士初步估计，中国每年因职业压力给企业带来的损失，至少在上亿元人民币以上。

（2）心理压力的组成结构 心理压力是一种复杂的身心历程，其组成结构如图 8-1 所示。

① 心理压力源（stressor）。任何情境或刺激具有伤害或威胁个人的潜在因素，统称为

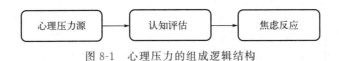

图 8-1　心理压力的组成逻辑结构

压力源，即压力来源。

② 认知评估（cognitive appraisal）。当事人认为经历的刺激或情境，对于个人确实有所威胁时，此时即构成心理压力，但如果认为是种解脱或乐趣而不是威胁时，则不构成心理压力，此历程即为认知评估。

③ 焦虑反应（anxiety reaction）。当事人意识到他生理的健康、身体的安全、心理的安静、事业的成败或自尊的维护，甚至自己所关心的人等正处于危险的状况或受到威胁时所做的反应，即为焦虑反应。

拓展阅读：
压力管理

### 8.1.2　心理压力的分类

（1）一般分类　通常将心理压力分为正性心理压力、中性心理压力和负性心理压力（急性压力和慢性压力）。

① 正性心理压力。正性心理压力是有益的压力，产生于个体被激发和鼓舞的情景中，当压力持续增加，正性压力会逐渐转化为负性压力，绩效或健康状况随之下降，对生理与心理的危险加大。

② 中性心理压力。中性心理压力是不会引发后续效应的一些感官刺激，它们无所谓好坏。比如，看到一则关于遥远的城市发生火灾的新闻，或是听说某明星的婚姻出现危机等。

③ 负性心理压力。负性心理压力是有害的压力，比如险些发生交通事故、工作中频繁地加班、夜晚隔壁邻居家吵闹的音乐声等。负性压力又可以分为两类：急性压力和慢性压力，前者来势汹汹但迅速消退；后者出现的时候不甚强烈，但旷日持久。

（2）按严重程度分类　心理压力按严重程度可分为轻度心理压力、中度心理压力、重度心理压力和破坏性心理压力等四种压力。

① 轻度心理压力。轻度心理压力的压力源不大，刺激比较轻，难度较小，稍微努力就能完成，对人动力影响也比较小，基本上不产生心理困惑。轻度压力一般无需关注和进行特别的调控。

② 中度心理压力。中度心理压力是介于轻度和重度之间，从压力源上来说适中，从难度上说要经过努力和采取一定措施才能完成，从动力上说对人的动力推动最大，从心理上来说容易让人产生焦虑情绪，也可能会伴有轻微的抑郁成分。中度心理压力在可自行调节范围，当个体按照制定的计划和措施实施，目标减少，压力减小，心理困惑逐步减轻。

③ 重度心理压力。重度心理压力是由于压力源大，给人造成了严重的心理冲突，导致的焦虑和抑郁持续的时间比较长，程度比较严重，在短时间内这种状态很难减弱。这种状态会使大多数人产生了逆反心理，会放弃现在的努力和改变这种状态的能力，导致所产生的心理问题长期得不到解决。

④ 破坏性心理压力。破坏性心理压力又称极端压力，包括战争、大地震、空难，以及被攻击、绑架、强暴等。破坏性心理压力的后果可能会导致创伤后心理压力失调、灾难症候群、创伤后心理压力综合征等。破坏性心理压力不仅可以影响一个人的身体素质，使得个体容易产生生理疾病，而且会引发个体在生物、心理、社会、行为等各个方面的变化，从而导

致心身障碍甚至心身疾病，应当被慎重对待。

（3）按压力性质分类

① 单一性生活心理压力。单一性生活心理压力指某一时间段内，经历某种生活事件并努力适应，其强度并不足以使个体崩溃。这类心理压力产生的结果往往是正面的，大多有利于个体提高抗压能力。

② 叠加性心理压力。这类心理压力从产生时间上又分为两种：一是同时性叠加心理压力，指同一时间内发生若干心理压力事件。二是继时性压力，指两个以上的心理压力事件相继发生，前者的压力效应尚未消除，后继的压力又已发生，此时所体验的压力即被称为继时性叠加压力。

## 8.1.3　心理压力的特性

心理压力具有下列基本特性。

（1）心理压力的客观性　心理压力的客观性就是体现在它不是以人们的意志为转移的客观存在。只要你生活在这个世界上，不管你愿不愿意，喜不喜欢，不管你是学生、工人、农民、管理者还是领导，不管你是男人还是女人，不管你生活在偏远落后的山村，还是生活在繁华喧闹的现代化高度发达的都市，这个世界上的每个人都有不如意、不顺心的事，都会承受心理压力。我们每个人从童年到老年的整个人生历程中，无时不充满着心理压力。

（2）心理压力的渐进性　心理压力的形成都会有一定的过程。当我们在遇到某种外界环境的刺激时，如果不加以释放和消除，心理压力就会像滚雪球一样越滚越大、越滚越沉。如我们在工作中，由于某一件事没有得到领导的认可，而使自己误认为领导对自己存在偏见，如果自己既不能正确对待，又不能找领导去解释，就会使自己产生"自己在领导心中无地位""领导处事不公平"等错误认识，对领导逐渐从不理解，最后可能还会发展到对领导有意见、情绪、怨气，甚至憎恨的局面，加大了自己的心理压力，从而影响自己的生活与工作。渐进性特征还表现在心理压力有着由强而弱逐渐衰减的过程。比如，我们在遇到心理压力时，如果自己能正确对待，并且通过一些行之有效的方法加以释放，那么心理压力就会由沉重到轻松地逐渐衰减，直到完全消除。

（3）心理压力的情绪性　心理压力总伴随有一定的紧张情绪体验。紧张本是人在某种压力环境的作用下所产生的一种适应环境的情绪反应。心理压力的情绪性表现是十分复杂的，有消极和积极之分。心理压力的情绪性往往是消极的，这是因为压力事件往往是不符合我们需要的。心理压力的情绪性是积极还是消极的关键要看个体的需要和认识。如果个体认为压力事件能满足自己某方面的需要，便可能产生积极的情绪，如探险者就乐于冒险，否则就产生消极的情绪。人的心理承受力是一定的，压力越大，形成的负面情绪越强烈，心里越紧张，越易出现忧郁、痛苦、惊慌、愤怒等不良情绪。反之，若压力小时，心理紧张度低，只会出现短暂的、微弱的负面情绪，如不悦、冷淡等。

当压力一定，心理的承受力越小，则心里越紧张，负面情绪越大。反之，心理的承受力大时，心里不紧张，负面情绪也小；当压力和心理承受力相当，或略大于心理承受力时，这种压力也称为适度压力，或轻度压力。适度压力下个体情绪虽有些紧张，在良好的教育和积极的引导下，往往能精神振奋，产生热情，有利于意志的锻炼和能力的提高。总之，心理压力的情绪性是显而易见的。

（4）心理压力的动力性　心理压力对个体行为的调节作用就是心理压力的动力性。在日常生活中，人们常说要变压力为动力。之所以能变压力为动力，是由于个体产生心理压力时，不会无动于衷，而会采取一定的行为处理所处的具有威胁性的刺激情境。心理压力的动力性表现为对适应行为的积极增力作用和消极减力作用两个方面。

有研究表明，当个体心理压力过大时，人的理智一般难以控制，个体常表现出两种极端的行为反应，要么呆若木鸡，完全停止行动，要么兴奋激越，突然暴起攻击。中度心理压力一般会使人的行为能力降低，产生重复和刻板动作。

心理压力较小，情况就较复杂化，一般适应行为增多。在适度压力或轻度压力状况下，个体可能在理智控制下，充分发挥主观能动作用，对压力事件较妥善处理，从而也使自己心理承受力得到增强，使个体生物性行为和正向的适应性行为增多，动力性随之增长。

但在适度压力或轻度压力状况下，个体若不能理智控制或失去理智，不能发挥主观能动作用，而对压力事件漠然置之，不及时妥善处理，只会使自己心理承受力得不到增强，动力性将随之降低。

没有一定的心理压力，人难以增强心理承受力，人的正向适应性行为得不到学习提高，一旦面临较大压力，将不知所措，容易造成心理障碍。如果只看到心理压力的情绪性，并夸大其负面影响，忽视心理压力的动力性，或者只看到其消极减力作用方面，这是不切实际的，也是错误的。

此外，心理压力还具有一定的偶然性和内发性。这是由于常人所说的"天有不测风云，人有旦夕祸福"，以及"庸人自扰"所造成的。全面理解心理压力的特性有助于我们对心理压力的积极应对，有助于人的身心健康。

## 8.2　心理压力疏导

心理压力的疏导是以人为中心而展开的一项复杂的"人-机-环"系统管理工程，对有效促进安全生产、创建和谐社会具有重要意义。

拓展阅读：
心理疏导

### 8.2.1　心理压力的疏导程序

由于人的心理状态千差万别，所处生活、学习、工作环境的时空变迁，不存在统一不变的疏导模式。对于具体的心理压力疏导对象要因地（时）制宜采取灵活有效的对策措施。进行心理压力疏导的一般程序如图8-2所示。

图 8-2　心理压力疏导的一般程序

（1）正确认识心理压力　个人在学习、生活和工作中不可避免地会遇到这样或那样的变化（如生活事件等），这些变化将对个体产生身体上和情绪上的压力。这些变化的数量和大小对人的身体、情绪将产生不同的影响，形成各种各样的心理压力。

当产生心理压力时，能够正确认识心理压力是有效进行心理压力疏导的前提。正确认识心理压力就是厘清心理压力产生的原因（条件）、发展过程（机制）及可能产生的结果。

（2）自我测量心理压力　当感觉到心理压力产生时，要能够进行自我测量，较为客观地掌握自身压力状态及大小，为心理压力的调节与疏导提供指导。

心理压力的测量有各种方法，主要有主观体验法和客观测量法。主观体验法是从定性角度对心理压力的度量，主要依据自我的主观体验，对心理压力进行定性的评估与分析。客观测量法就是应用一些仪器设备、测量量表等进行定量的测量，据此进行心理压力的评估与分析。

心理压力测量量表（生活事件量表，LES）是应用较广泛的方法，该方法就是以自身在学习、生活与工作中遇到的生活事件为基础进行打分，量表中使用的常见生活事件共 48 种，参见第 2 章表 2-2 生活事件名称表。生活事件分为三类：家庭生活方面 28 个，工作学习方面 13 个，社交及其他方面 7 个。

每个人都有可能遇到的一些日常生活事件究竟是好事还是坏事，可根据个人情况自行判断。这些事件可能对个人有精神上的影响（体验为紧张、压力、兴奋或苦恼等），影响的轻重程度是各不相同的，影响持续的时间也不一样。要根据自己的情况，实事求是地进行评估与分析。

心理压力测量量表使用的基本原则：

① 测量步骤。首先，填写者要理解量表，逐条一一过目。其次，将某一时间范围内（通常为一年内）的事件记录下来。有的事件虽然发生在该时间范围之前，如果影响深远并延续至今，可作为长期性事件记录。再者，由填写者根据自身的实际感受，而不是按常理或伦理道德观念去判断那些经历过的事件对本人来说是好事或是坏事，影响程度如何，影响持续的时间有多久。最后，对于表上已列出但并未经历的事件应一一注明"未经历"，不留空白，以防遗漏。

② 自测记分。首先，一次性的事件，如流产、失窃要记录发生次数，长期性事件如住房拥挤、夫妻分居等不到半年记为 1 次，超过半年记为 2 次。其次，影响程度分为 5 级，从毫无影响到影响极重分别记 0、1、2、3、4 分，即无影响＝0 分、轻度＝1 分、中度＝2 分、重度＝3 分、极重＝4 分。最后，影响持续时间分三个月内、半年内、一年内、一年以上共四个等级，分别记 1、2、3、4 分。

③ 生活事件刺激量的计算方法。某事件刺激＝该事件影响程度分×该事件持续时间分×该事件发生次数；正性事件刺激量＝全部好事刺激量之和；负性事件刺激量＝全部坏事刺激量之和；生活时间总刺激量＝正性事件刺激量＋负性事件刺激量。

计算得出的总分越高反映个体承受的精神压力越大，也就心理压力越大。

（3）自我调节心理压力　自我调节是心理压力疏导的关键环节，要正确把握自己的心理过程，根据自我测量的结果，有针对性地开展自我调节。

自我心理压力调节本质就是创造一定的心理空间，让心理体验有一种"松弛感"。心理空间就是能够容纳一些未知事件的发生，并且当事情发生时，失控的感觉不会把自己击碎。因此心理空间越大，心理压力越小。反之，心理空间越小，心理压力越大。

如何通过自我心理压力调节，使自己的心理空间增大是需要思考的关键。在现实生活中，很多人都没有心理空间的概念，也不注意构建自己的心理空间，遇到一点点小事就会引发内在惊涛骇浪，产生巨大的心理压力。

心理空间不是与生俱来的，而是在后天的成长过程中逐渐形成的要在自己的学习、生活与工作过程中不断地自觉修养，顺其自然。

（4）外部调节心理压力　外部调节是心理压力疏导的最后环节，是对自我调节的补充与加强。外部调节主要是单位、同事、朋友、亲人等的参与，对心理压力的疏导具有重要意义。外部调节也具有多种形式，由于人的心理过程的复杂性，其调节过程要因人而异、灵活应用。

常用的外部调节方式有：

① 营造适合人的心理活动的工作环境；

② 开展积极的心理健康咨询与培训；

③ 构建有效的人-机-环系统；

④ 建立营造和睦的家庭关系；

⑤ 建立营造和谐的人际关系。

### 8.2.2　心理压力的疏导方法概述

人的心理过程是复杂、多变的，不同的个体可能对方法有不同的适应程度，即使同一个体在不同时间、环境条件下，对疏导方法也具有不同的反应，如何选择心理压力的疏导方法是一个重要问题。

（1）心理压力疏导的方法原则　心理压力疏导的方法原则主要有：

① 情绪转移原则。该原则就是不要把不好的情绪憋在心里，要找人倾诉，让他们分担你的烦恼，达到心理压力疏导的目的。

在心理学上，也像物理学中的作用与反作用定律一样，存在"情绪转移定律"。在物理世界中，如果将手推向墙，你同时感觉到墙也在回推你。在心理学里，情绪转移是人的一种心理防御机制，正确理解与使用对心理压力的疏导具有重要意义。

在使用情绪转移原则时，特别是要注意情绪的发泄，不要随意地发向身边的人。即由于自己某种喜欢或愤怒无法直接向对象发泄，而将这种情绪转移至比自己级别更低的对象上，以此来化解心理上的压力和焦虑。例如在职场里，部门经理被公司老总训了，经理敢怒不敢言，而后，他就会把这种愤怒的情绪向自己的下属发泄。这种发泄虽然缓解了自己的心理压力，却给更多的发泄对象带来了心理问题。

根据有关心理学的研究，坏情绪就如同细菌病毒一样具有很强的传染性，而且传染速度非常之快。美国洛杉矶大学医院的心理学家伽力斯梅尔做过一个心理学实验：把一个长吁短叹、愁眉苦脸的人和一个活泼、乐观、开朗的人放在一个办公室里，然后观察他们之间的变化，结果不到半小时，原本那位乐观开朗的人也受到那位长吁短叹的坏情绪所感染，变得也是唉声叹气起来，原本乐观者一开始满怀信心地工作，也因坏情绪的到来，而严重地影响了工作效率。

② 松弛包容原则。该原则就是当在有心理压力时让自己松弛下来，并且最大限度地包容自己和别人，一切问题都是可以解决的。

这里有个很好的例子，有一家人共同出去旅游，当到机场办理登机时，因为一个小孩证件过期无法登机，妈妈就陪着孩子回家了。而其他家人登机继续行程，但当时由于时间紧张等原因没有仔细考虑其他问题，挂在妈妈名下的所有行李也被集体退回了，上飞机的家人就等于只带了身份证去旅游了。但这里全家人都没有受到这件事的影响，更没有互相指责，而是以非常松弛的心情并相互包容，叫人回来拿行李、寄箱子，全程气氛轻松和谐。

由此可见，松弛包容对于我们来说是如何重要，要学会松弛包容，才能在学习、工作与生活中应对自如。松弛包容的本质就是一定程度的心理空间。有了这个心理空间，就能够容纳一些未知事件的发生，并且当事情发生时，失控的感觉不会把自己击倒。

心理空间并不是与生俱来的，而是在后天的成长过程中逐渐形成的，如何建立与保持一个人的心理空间是非常重要的。下面的例子再一次说明心理空间的建立与意义。

这个例子说的是在遇到突发事件时的心理变化，一个初中生在一场重要比赛前突然高烧40度，浑身疼痛，对着妈妈号哭不止。同时这个比赛对这个初中生的学习前途又具有重要意义。这里你作为孩子的父母会如何？可能会有如下几种情景：

第一种情景是，要么焦虑得想直接"解决掉"孩子的情绪。会直接说，哭也没用啊！哭对身体不好，你还发着烧呢，快别哭了！

第二种情景是，要么焦虑地替孩子做决定。不比了，咱们不比了！

第三种情景是，再要么，比孩子还着急。急得团团转，急得直哭，最后还得孩子忍着难受来安慰她，没事妈妈，我好点了，你别着急了。

上述三种情景都是父母自己缺乏心理空间的表现，因为自己没有心理空间，就容不下孩子的焦虑，甚至还需要孩子匀出点空间来承接自己。

还有一种情景是，孩子的妈妈，稳定得就像暴风骤雨中的灯塔一样。对着撕心裂肺、号啕大哭的女儿，她只是关切地、语气平稳地给女儿一些感受方面的回应，这么疼啊、难受是吧等。既没有试图解决掉女儿的情绪，也没有被女儿扔过来的焦虑击碎。只是做一个结实稳定的外挂容器，充分容纳女儿的焦虑和痛苦。

父母的这种做法（容器功能法），实质是在培育开拓孩子的心理空间，为孩子以后面对更大挑战时，依然能保持冷静、镇定、松弛的心理奠定了心理基础，这也是心理学上称为以空间换空间的心理空间拓展法。

（2）心理压力自我疏导的主要方法　在进行心理压力疏导的具体操作时，根据上述情绪转移原则与松弛包容原则，结合具体的个体情况选择科学的自我疏导方法，才能有效地疏导心理压力。

① 运动减压法。运动减压法是最普遍、使用最广，也是最容易开展的方法，运动不但可以减缓心理压力，同时也可以锻炼身体。在使用运动减压法时，可根据个体的具体情况与运动条件选择不同的运动形式，常见的运动方式有慢跑减压、远足减压、登山减压、团体运动减压、游泳减压、瑜伽减压等。

有研究表明，运动之所以能够缓解心理压力，主要与腓肽效应有关。腓肽是身体的一种激素，被称为"快乐因子"。当运动达到一定量时，腓肽效应能愉悦神经，甚至可以把压力和不愉快带走。

② 想象放松法。想象是人的一种思维方式，时刻伴随在我们的日常生活之中，对我们的行为方式产生深远的影响。神经生物学家 Adam Perkins 博士发现焦虑的人更具有想象力。深受焦虑困扰的人可能会整天想象一些令人不安的景象，这种感觉就像是一些恐怖电影情节在脑海中不停地播放。虽然想象可能是焦虑之源，但想象也可以成为放松之法。

通过对想象的培育，训练思维向积极的方向"游逛"。想象一个让人感觉放松的场景，进而达到身心放松的目的。如"蓝天白云下，我坐在平坦绿茵的草地上""我舒适地泡在浴缸里，听着优美的轻音乐"等。在想象过程中可以让身心放松、得到休息、恢复精力，让自己的精神觉得安详、宁静与平和，最终让心理压力减缓下来。

③ 深呼吸法。深呼吸就是胸腹式呼吸联合进行的呼吸，能够使人的胸部、腹部的相关

肌肉、器官得以较大幅度地运动，可以排出肺内残气及其他代谢产物，吸入更多的新鲜空气，使血液循环得以加强，对于解除疲惫、放松情绪，都是有益的。

深呼吸是自我放松的最好方法，它不受时间、空间、环境等条件的限制，可以根据自身的需要随时进行。通过深呼吸可以转移人在压抑坏境中的注意力，并提高自我意识。当人们知道自己能够通过深呼吸来保持镇静时，就能够重新控制情感，缓解焦虑情绪。因此平时加强深呼吸的训练是非常重要的。

④ 心理暗示法。心理暗示法就是当个人有负面情绪而产生心理压力时，通过积极的自我暗示、从好的方面进行自我鼓励，告诉自己失败常有的，要以平常心面对成败，不要过分放大失败。

人的自我评价实际上就是人对自我的一种暗示作用，我们无论做什么都要客观地分析对自己有利和不利的因素，尤其要看到自己的长处和潜力，而不是妄自嗟叹、妄自菲薄。消极的自我暗示导致消极的行为，而积极的暗示则带来积极的行动。

拓展阅读：
心理暗示

⑤ 目标转移法。目标转移法是心理学常见的方法之一，通过将人的意识从一件事物转移到另一件事物上，从而降低对原本事物的心理压力。

人们一般在产生消极情绪的时候，往往会产生厌倦怠慢等感觉，无论是工作还是学习都提不起劲，浪费时间、浪费精力。此时不妨将注意力转移到其他事情上，让自己有一个全新的开始，从而更好解决消极情绪，缓解心理压力。

心理压力是很常见的，不必独自面对，也没必要刻意隐藏自己的心理压力，要学会善待自己，对自己好一些，一切问题都是可以解决的。

# 8.3 心理压力管理

压力是一种对人的作用力，现代社会竞争激烈，人们的生活、工作压力越来越大，有调查发现，越来越多的员工感到职业压力很大或极大，压力过大会使职工产生心理问题，出现焦虑、紧张、厌倦等不良情绪，直接影响到工作效率与组织的发展。因此心理压力管理就变得尤其重要。

## 8.3.1 心理压力管理的概念

心理压力管理在我国还是一个比较新的概念，也就是运用心理学和医学的方法，对企业员工进行心理缓解的过程。

心理压力管理要以专业的方式，从不同层次和角度来缓解心理压力，避免心理压力对企业、个人带来不良的影响。要针对组织员工的实际身心健康和绩效，采取系统化的措施对组织内部职业进行预防和干预。通常这种心理压力管理是以组织为核心，但又更注重组织中的个体性。一个完整的职业心理压力管理过程包括：压力评估、组织改变、宣传推广、教育培训、压力咨询等内容。

拓展阅读：
心理压力

职业心理压力管理不一定能在短期内给组织带来效益，但这是具有潜在的、推动力的管理行为，将会对组织的生存与发展发挥重要作用。职业心理压力与员工的缺勤率、离职率、事故率、工作满意度等高度相关，而且对组织的影响将是潜在的、长期的。

通过心理压力管理可以减轻员工的压力和心理负担对其造成的不良影响。而企业在熟知员工心理压力来自何方时，要以切实有效的心理压力管理方式进行疏导，对于员工的内心压力源、意见等采取正确的态度来审视，这将会对企业的发展起到助推的作用，实际上也是一个良性循环，更重要的是心理压力管理在相当大的程度上延长了企业的生命周期。

## 8.3.2 职工心理压力反应及来源

（1）职工的心理压力反应　职工的心理压力反应大致分三个方面：

首先，是生理上的反应，如常常出现疲劳、头疼、胸闷等。

其次，是心理上的反应，如焦虑、紧张、情绪低落、注意力下降、记忆力下降。

最后，是行为反应，如吸烟次数增多、爱发脾气、对子女教育不如以前关心等等。

（2）职工的心理压力的形成　心理压力是压力源和压力反应共同构成的一种认知和行为体验过程。拿破仑·希尔认为：压力"是身体对一切加诸其上的需求所做出来的无固定形式的反应"。也就是说，任何加诸身体的负荷，不论是源于心理方面（如不愉快事件）还是物理因素（如环境因素）方面都是心理压力的来源，就会引起"一般适应综合征"。

心理压力有正反两种意义：既是行为的动力，又会对身心造成巨大的损伤。压力水平与个体的动力或绩效之间大体上是一条抛物线的函数关系。没有心理压力人则会懈怠，不可能有较高的工作绩效。长期的过高心理压力则会影响人的身心健康，严重的会导致死亡。而适当的心理压力水平才会使人保持较高的工作积极性，产生较高的工作绩效。

① 安全生产带来的职业心理压力是企业职工心中的无形压力。企业职工在安全问题上心里最敏感，每时每刻心里都惦记着安全，怕事故影响企业安全纪录，怕因为事故影响企业的声誉，怕出事故砸了自己的饭碗。这一系列的"怕"像无数把刀一样悬在企业职工的头上，无时不让企业职工的心里发紧，造成职工心理紧张和烦躁。

② 企业改革、调整带来的竞争压力是职工心中的头等压力。面对岗位竞争的压力，不同年龄段、不同工种、不同文化程度的职工采取了不同的应对态度。有些职工除做好本职工作，还利用业余时间抓紧时间自学技术、苦练基本功。有些没有竞争优势的职工则心有余而力不足，被动地等待命运的安排。无论哪种情况都会对职工形成心理压力。

③ 家庭生活压力是职工心中的沉重压力。如消费品物价的上涨、购房困难、子女就业艰难等问题让很多企业普通一线职工感到家庭经济生活压力偏大，久而久之累积成了心理上的压力。

④ 新技术新设备应用及高速度快节奏带来的压力是企业职工心中的现实压力。现代企业生产环节紧密衔接，工作流程紧凑，稍有疏漏就可能酿成大祸。很多企业流水线 24 小时运转、各岗位人员不允许分神、不允许差错，特别是那些关键领域的技术研发人员、重要部门的生产调度指挥人员、关键岗位作业人员的精神紧张和疲劳程度，是非亲身经历者难以想象的。例如，据调查，一名铁路机车司机牵引一趟列车，要观察上千个信号，有的要连续工作十多个小时，不得有丝毫疏忽。

当然，上述心理压力产生的原因也不是绝对的，这与每个职工的个人心理素质、心理承受能力、个人生活态度以及对各种压力的适应能力等有很大关系。如何正视这些压力的存在并合理科学地释放这些压力，如何关心企业职工心理健康，解决部分职工心理问题，是心理压力管理的重要任务。

### 8.3.3　建立健全企业职工心理压力的疏导机制

（1）转变思想观念，将心理健康教育纳入企业日常工作　企业要在日常工作中，科学安排有关心理健康教育的内容，对职工普遍存在的心理问题进行有针对性的辅导或咨询，对重点职工进行重点援助。"用一把钥匙开一把锁"帮助那些需要帮助的职工正视心理压力，挑战心理压力，并有效地缓解心理压力。及时主动地给有心理困惑、心理障碍的职工以必要的援助。把心理健康教育和心理疏导贯穿、渗透、体现于企业的日常工作中。

通过心理知识的普及和宣传，让职工了解自身心理发生变化的规律以及心理调节的方法，在遇到心理压力时能恰当地进行自我调适，通过情绪转移、自我宣泄、改变认知、寻求支持等方式将心理压力转化为工作动力。

（2）建立心理咨询引导机构，为解除职工心理压力提供组织保证　企业需要建立多层次的心理健康管理体系，设立心理咨询引导机构，这是开展职工心理辅导或咨询的组织保证。利用心理咨询引导机构定期对职工进行心理疏导、心理行为训练等培训，向职工提供经常、及时、有效的心理健康指导与服务。

（3）营造和谐的企业文化，开展丰富多彩的文化活动　建设积极健康向上和谐的企业人文环境，增强员工身心健康，引导员工牢固地树立公平竞争、共同发展的理念，养成宽容大度、和谐相处的交往态度。心理咨询机构要在企业的领导下，适时加强员工心态状况的监测、评估和预警工作，针对员工中存在的普遍的心理问题进行帮助。以畅通员工的情绪交流渠道，引导员工心态朝良性方向发展，达到员工身心的自我调适、自我和谐。

面对激烈竞争和日益加快的工作节奏，成功的企业都建立有一整套完善的帮助员工释放心理压力的做法。发挥企业文化的作用，凝聚员工。如开展多种形式的喜闻乐见、健康向上的员工广泛参与的文化、体育活动等。通过各类活动的开展，促使员工消除不良情绪，并从中获取成就感、自豪感、满足感和快乐感等良性情绪；通过各类活动的开展，有利于各级各类员工间的相互交流与沟通。

【案例反思】　某特大国企实行的"三不让""三必到"。"三不让"即"不让一名职工子女上不起学，不让一名职工看不起病，不让一名职工家庭生活在贫困线以下。""三必到"即"职工子女结婚必到，职工及其家属重病住院必到，职工亲人病逝必到"，让职工感受到了企业对职工的关心和爱护，从而使职工从心理上亲近企业，关心企业，维护企业，减少消极情绪和逆反心理，形成内部良好的人际关系和宽松的工作环境。

**复习思考题**

（1）根据自身的经历正确理解心理压力。
（2）简述心理压力的组成结构。
（3）简述心理压力的一般分类。
（4）心理压力的主要特性有哪些？
（5）如何正确掌握心理压力的疏导程序？
（6）如何进行自我测量压力？
（7）简述心理压力疏导的方法原则。

（8）什么是松弛包容原则?

（9）心理压力自我疏导的主要方法有哪些?

（10）你会应用运动减压法吗?

（11）如何理解心理压力管理?

（12）简述职工的心理压力反应类型。

（13）简述职工心理压力的形成。

（14）心理咨询引导机构的意义是什么?

# 参考文献

[1] 邵辉, 邢志祥, 王凯全. 安全行为管理 [M]. 北京: 化学工业出版社, 2008.

[2] 邵辉, 王凯全. 安全心理学 [M]. 北京: 化学工业出版社, 2007.

[3] 陈宝智. 安全原理 [M]. 北京: 冶金工业出版社, 2002.

[4] 叶龙, 李森. 安全行为学 [M]. 北京: 清华大学出版社 & 北京交通大学出版社, 2005.

[5] 田水承, 景国勋. 安全管理学 [M]. 北京: 机械工业出版社, 2009.

[6] 苏勇. 消费者行为学 [M]. 北京: 高等教育出版社, 2001.

[7] 陈士俊. 安全心理学 [M]. 天津: 天津大学出版社, 1999.

[8] 符文琛, 等. 劳动安全与心理 [M]. 北京: 中国标准出版社, 1995.

[9] 郭伏, 等. 人因工程学 [M]. 沈阳: 东北大学出版社, 2001.

[10] 谢庆森, 等. 安全人机工程 [M]. 天津: 天津大学出版社, 1999.

[11] 吴英. 安全卫生 [M]. 天津: 天津大学出版社, 1999.

[12] 张厚粲. 大学心理学 [M]. 北京: 北京师范大学出版社, 2001.

[13] 朱祖祥. 工程心理学 [M]. 上海: 华东师范大学出版社, 1990.

[14] 丁玉兰. 人机工程学 [M]. 北京: 北京理工大学出版社, 1992.

[15] 刘金秋, 等. 人类工效学 [M]. 北京: 高等教育出版社, 1994.

[16] 吴照云, 等. 管理学 [M]. 北京: 经济管理出版社, 2000.

[17] 孟庆茂, 等. 实验心理学 [M]. 北京: 北京师范大学出版社, 1999.

[18] 李宏, 杜学忠. 组织行为学 [M]. 合肥: 安徽人民出版社, 2002.

[19] 龙升照, 黄端生, 陈道木, 等. 人-机-环境系统工程 [M]. 北京: 科学出版社, 2004.

[20] 马建敏. 管理心理学 [M]. 北京: 中国商业出版社, 2006.

[21] (美) 斯蒂芬·罗宾斯, 蒂莫西·贾奇. 组织行为学精要 [M]. 吴培冠, 高永端, 张璐斐, 译. 北京: 机械工业出版社, 2000.

[22] 孙泽厚, 罗帆. 管理心理与行为学 [M]. 武汉: 武汉理工大学出版社, 2003.

[23] 王凯全, 邵辉, 等. 事故理论与分析技术 [M]. 北京: 化学工业出版社, 2004.

[24] 邵辉, 赵庆贤, 葛秀坤. 安全心理与行为管理 [M]. 北京: 化学工业出版社, 2011.

[25] 高存友, 任秋生, 甘景梨. 心理压力与调控 [M]. 北京: 九州出版社, 2018.

[26] 付龙, 徐浩桂. 专门化知觉预测训练对提升警院学员警务实战能力的探索研究 [J]. 云南警官学院学报, 2023 (5): 64-67.

[27] 曹孟勤. 感觉的人性化与生态文明 [J]. 马克思主义与现实, 2023 (5): 66-72.

[28] 曾天德, 等. 心理学 [M]. 2版. 厦门: 厦门大学出版社, 2008.

[29] 杜会明. 人体生物节律在安全管理工作中的应用 [J]. 云南水力发电, 2022, 38 (9): 224-226.

[30] 任林茂. 人体生物节律在道路交通安全中的应用 [J]. 大众科技, 2014, 16 (6): 297-299.

[31] 杨勇涛, 于淋, 孙延林. 静止眼动和动作表现关系的心理学机制 [J]. 天津体育学院学报, 2016, 31 (2): 216-221.

[32] 符文琛, 令俊华, 李星火. 操作者的性格对事故的影响 [J]. 工业卫生与职业病, 1994, 20 (1): 8-11.

[33] 杨如诗, 吴超, 高宇旭. 安全仪式感对人的安全心理和行为的影响研究 [J]. 科技促进发展, 2023, 19 (6): 460-465.

[34] 王玉松, 张代发, 张艺竞. 瑞典职业疲劳量表在中国驾驶人群体中的修订 [J]. 人类工效学, 2023, 29 (4): 39-45.

［35］田少平，张海波，张晓燕，等．飞行员疲劳评价方法研究［J］//第五届中国航空科学技术大会，2021：553-562.

［36］田水承，丁洋，匡秘妗．疲劳中介效应下矿工心理因素对不安全行为的影响［J］.西安科技大学学报，2023，43（1）：47-54.

［37］靳慧斌，陈健，刘文辉，等．眼动指标在实时测量心理负荷中的应用进展［J］.科学技术与工程，2015，15（30）：79-85.

［38］赵容，徐金平，杨璇，等．劳动密集型电子企业员工心理资本对职业紧张的影响［J］.中国职业医学，2018，45（6）：697-710.

［39］韩瑞，连玉龙，王磊，等．不同工龄职业人群心理健康与职业紧张相关性研究［J］.中国健康心理学杂志，2016，24（1）：45-48.

［40］李森，苏令波，宋守信．人机系统中作业者心理负荷问题研究综述及展望［J］.北京交通大学学报（社会科学版），2010，9（3）：54-58.

［41］吴超，王秉．行为安全管理元模型研究［J］.中国安全生产科学技术，2018，14（2）：5-11.

［42］唐帅帅．基于文献计量的员工不安全行为影响因素研究［J］.经营与管理，2022（7）：118-124.

［43］陈东旭，蒋永清，王博．行为安全方法论研究综述［J］.煤矿机械，2018，39（5）：4-7.

［44］王永刚，车卓君．飞行员不安全行为的内在影响因素研究［J］.中国民航大学学报，2023，41（3）：41-46.

［45］葛岩松．海上油田人员不安全行为根源分析及治理实践［J］.科学管理，2021（10）：77-82.

［46］苑红伟，肖贵平，聂磊．色彩与交通安全关系探析［J］.工业安全与环保，2006，32（5）：62-64.

［47］刘启示．行为安全管理元模型实践研究：以化工企业为例［J］.科学管理，2022（5）：220-221.

［48］何丽平．安全行为科学在安全管理中的应用［J］.安全，2020，41（11）：63-66.

［49］王治贵．工程建设行为安全管理［J］.电力安全技术，2021，23（10）：72-75.

［50］张蔚华，孟宪清，杨安丽，等．核安全公众沟通若干问题的探索［J］.辐射防护，2021，41（3）：271-275.

［51］赵青，芦旭熠，张逸涵，等．虚拟现实在铁路安全教育的应用概述［J］.数据与计算发展前沿，2023，5（1）：104-114.

［52］桂余才．安全文化：企业安全生产治本之策［J］.中国应急管理，2023（6）：44-47.

［53］陈春阳，卢芳革．安全文化与应急文化比较研究［J］.南宁师范大学学报（自然科学版），2023，40（1）：210-214.

［54］陈伟炯，韩伟佳，李新，等．一种安全文化新概念模型及其评价应用［J］.中国安全科学学报，2023，33（6）：11-19.

［55］顾健．贯彻核安全文化"四种意识"［J］.国防科技工业，2022（4）：46-47.

［56］刘少君，朱泽红，陈东，等．以安全文化为主线的安全生产管控体系构建与运行：以中车齐车集团为例［J］.安全，2023，44（9）：51-56.

［57］李远舟．挪威船级社安全文化评估在石化企业的应用［J］.广东化工，2021（20）：107-108，128.

［58］高立伟，胡慧，郭旭．某大型集团公司安全文化建设实例探讨［J］.现代职业安全，2022（11）：95-98.

［59］赵杨，赵严．企业安全文化与员工安全状态的层次对应关系［J］.化工管理，2022（33）：8-10.

［60］胡春梓，郁晓霞．企业安全文化建设新路径研究的思考［J］.劳动保护，2023（08）：41-43.

［61］高峰．浅谈企业安全文化创建："一二三四五六"安全文化建设［J］.现代职业安全，2023（06）：78-80.

［62］邓明辉，蔡春明，王念东．论美军战时心理疏导工作中的压力控制能力培养［J］.学理论，2012（12）：269-270.

［63］张晓丽，李衫杉．浅议职工的职业压力管理［J］.卫生软科学，2005，19（5）：357-359.

［64］王德惠．企业职工心理压力成因分析与疏导机制构建［J］.党政干部学刊，2008（9）：63-64.

［65］石东升，李积良，朱晓梅．油田企业生产一线职工心理疏导方法与策略［J］.科教汇，2013（14）：196-197.

［66］邵辉，赵庆贤，葛秀坤．安全心理与行为管理［M］.2版.北京：化学工业出版社，2017.

［67］朱永涛．工业革命催生"泰罗制"［J］.化工管理，2015（10）：55-61.

［68］车文博．西方心理学史［M］.杭州：浙江教育出版社，1998.

［69］舒尔茨．现代心理学史［M］.杨立能，译.北京：人民教育出版社，1981.

［70］梁开武，曹庆贵，王若菌．可靠性工程［M］.北京：国防工业出版社，2014.